变压器的应用

肖 明 李玉明 编著

黄河水利出版社
·郑州·

内 容 提 要

　　本书共分七章,比较系统地介绍了电力变压器的基本工作原理和结构,变压器电气试验,变压器安装、检修及运行,变压器故障分析,电压互感器和电流互感器,变压器继电保护的配置、原理和校验,变压器实际运行中出现的问题和解决方法等。

　　本书内容丰富,条理清晰,对专业知识的阐述追求现场的可操作性、可指导性和实用性。书中内容便于自学,可供电力行业从事变压器运行维护和检修的工程技术人员阅读、参考。

图书在版编目(CIP)数据

变压器的应用/肖明,李玉明编著. —郑州:黄河水利出版社,2013.3

ISBN 978 - 7 - 5509 - 0448 - 4

Ⅰ.①变… Ⅱ.①肖…②李… Ⅲ.①变压器 Ⅳ.①TM4

中国版本图书馆 CIP 数据核字(2013)第 069062 号

组稿编辑:简群　电话 0371 - 66026749　E-mail:w_jq001@163.com

出　版　社:黄河水利出版社
　　　　　地址:河南省郑州市顺河路黄委会综合楼 14 层　　　　邮政编码:450003
发行单位:黄河水利出版社
　　　　　发行部电话:0371 - 66026940、66020550、66028024、66022620(传真)
　　　　　E-mail:hhslcbs@126.com
承印单位:河南省瑞光印务股份有限公司
开本:787 mm ×1 092 mm　1/16
印张:15.25
字数:350 千字　　　　　　　　　　　　　　印数:1—1 000
版次:2013 年 3 月第 1 版　　　　　　　　　印次:2013 年 3 月第 1 次印刷

定价:39.00 元

前　言

电力变压器是发电厂和电网的重要设备,尤其在发电厂中,变压器的数量和种类较多。变压器运行的状况直接涉及发电厂运行的安全,影响企业的效益,严重时可能影响电网供电的可靠性。

本书对变压器的运行维护和管理做了较为详细的介绍,主要讲述变压器的基本原理和结构;详细介绍了变压器电气试验的内容和适用范围,电力变压器的安装、检修和运行的主要内容,变压器故障的类型、分析和解决办法,电流互感器和电压互感器的类型、电气试验方法,变压器继电保护的基本知识、配置原则和校验方法。对编者所在厂(小浪底水电厂)内发生的变压器故障较为详细地说明了现象、具体原因和解决措施,使读者在学习变压器基本原理的基础上,能够系统地了解和掌握变压器运行中的试验、维护和检修的程序和方法。

本书在编写的过程中,参考了许多专家的论文和书籍,在此向各位专家表示衷心感谢。

由于编者水平有限,书中难免存在不足之处,希望读者批评指正。

编　者
2012 年 10 月

前　言

目 录

第一章 变压器基本工作原理和结构

变压器是一种用于电能转换的电气设备,它可以把一种等级(电压、电流)的交流电能转换成相同频率的另一种等级(电压和电流)的电能。

在电力系统中,变压器是发电厂和变电站的重要设备。由于输送一定功率时,电压越高,电流越小,因此发电厂总是用升压变压器将发电机的电压升高,再经过输电线路把电能送到负荷地区,然后再经过降压变压器将电压降低,供用户使用。这样既可以降低输电线路造价,又可以减少线路损耗。

第一节 变压器的分类和工作原理

一、变压器的分类

变压器按用途大致可以分为以下几种类型。

(一)电力变压器

它在电力电网中用于输电、配电的升压和降压,是使用最广的一种变压器。电力变压器根据用途和结构可分为以下几类:

(1)按用途可分为升压变压器和降压变压器。

(2)按相数可分为单相变压器和三相变压器。

(3)按绕组数量可分为自耦变压器、双绕组变压器和三绕组变压器。

(4)按绕组材料可分为铜线变压器和铝线变压器。

(5)按冷却介质和冷却方式可分为油浸式变压器(冷却方式一般为自然冷却、强迫风冷、强迫油循环风冷、强迫油循环水冷等)和干式变压器(绕组置于空气或六氟化硫气体中,或浇注环氧树脂绝缘)。

(6)按铁芯型式可分为芯式、壳式、辐射式和卷铁芯式变压器。

(7)按调压方式可分为无载调压变压器和有载调压变压器。

(8)按使用条件可分为户内、户外、箱式和埋入式变压器。

(二)调压变压器

调压变压器用于中小容量负荷的电压调整,主要用作电力拖动用电源及试验变压器调压,也是实验室常用的变压器。

(三)试验变压器

试验变压器一般为单相,产生高压,用于电气设备的绝缘高压试验。

(四)启动变压器

启动变压器即小容量自耦变压器,用作鼠笼式异步电动机的降压启动。

（五）仪用互感器

仪用互感器主要用于测量仪表和继电保护装置。将高电压变为低电压或将大电流变为小电流，再输入检测仪表和继电保护装置，前者叫电压互感器，后者叫电流互感器。

（六）特殊专用变压器

特殊专用变压器如冶炼用的电炉变压器、电解用的整流变压器、电焊用的电焊变压器以及电力系统中的消弧线圈等。

下面以电力变压器为例，简单介绍一下变压器型号中各字母所表示的含义。电力变压器可以按照绕组的耦合方式、相数、冷却方式、绕组数、绕组导线材料和调压方式等分类，并在其型号中用各字母加以区分，使得使用者可以通过产品型号对其结构特点有大致的了解。电力变压器型号中各符号的含义如表1-1所示。

表1-1　电力变压器的分类及其代表符号

分类方式	类别	代表符号
绕组耦合方式	自耦	O
相数	单相	D
	三相	S
冷却方式	油浸自冷	一或J
	干式空气自冷	G
	干式浇注绝缘	C
	油浸风冷	F
	油浸水冷	S
	强迫油循环风冷	FP
	强迫油循环水冷	SP
绕组数	双绕组	一
	三绕组	S
绕组导线材料	铜	一
	铝	L
调压方式	无载调压	一
	有载调压	Z

电力变压器可按照相数分为单相变压器和三相变压器，可按照绕组数分为双绕组变压器和三绕组变压器等。但是，这样的分类包含不了变压器的全部特征，所以在变压器的型号中往往要把所有的特征均表达出来，并标记以额定容量和高压绕组额定电压等级。电力变压器产品型号的表示规则如图1-1所示。

例如，小浪底水电厂220 kV主变压器的型号为SSP10－360000/220，表示为三相强迫油循环水冷三绕组无载调压，额定容量为360 000 kVA，高压绕组额定电压220 kV的电力

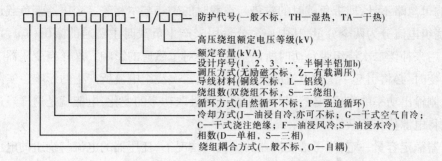

防护代号(一般不标，TH—湿热，TA—干热)
高压绕组额定电压等级(kV)
额定容量(kVA)
设计序号(1、2、3、…，半铜半铝加b)
调压方式(无励磁不标，Z—有载调压)
导线材料(铜线不标，L—铝线)
绕组数(双绕组不标，S—三绕组)
循环方式(自然循环不标，P—强迫循环)
冷却方式(J—油浸自冷，亦可不标；G—干式空气自冷；
C—干式浇注绝缘；F—油浸风冷；S—油浸水冷)
相数(D—单相，S—三相)
绕组耦合方式(一般不标，O—自耦)

图1-1　电力变压器产品型号表示规则

变压器。

二、变压器的基本工作原理

变压器的工作原理示意如图1-2所示。

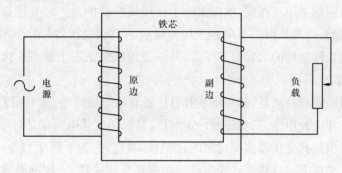

图1-2　变压器工作原理示意

在同一铁芯磁路上绕有两个或两个以上的线圈(也称绕组)，通过电磁感应作用实现电路之间的电能转换。我们把接到电源的绕组叫原绕组，接负荷的绕组叫副绕组，有时也把原绕组称为原边(或一次侧)，副绕组称为副边(或二次侧)。变压器原边接上交流电源时，原绕组中流过的交流电流的频率与外加电压频率相同，绕组感应电势的大小为 $E_1 = 4.44f\Phi_m w_1$。此交变磁通与绕在铁芯上的原边绕组同时相链，根据电磁感应定律可知，在副绕组上感应电势的大小为 $E_2 = 4.44f\Phi_m w_2$。由于变压器空载时电流很小，在一次侧产生的漏磁通通常小于主磁通的0.25%，因此在原绕组电阻上产生的电压降和漏磁电势可忽略不计，认为 $U_1 = -E_1$，同理 $U_2 = E_2$(通常变压器一次侧为电源侧，习惯上遵循电动机惯例规定正方向，电压与电势方向相反；二次侧为负荷侧，习惯上遵循发电机惯例规定正方向，电压与电势方向相同)。变压器一、二次绕组的匝数不同，所感应的电压和电势也不同。若原绕组为高压绕组，副绕组为低压绕组，则该变压器就是降压变压器；若原绕组为低压绕组，副绕组为高压绕组，则该变压器就是升压变压器。

当变压器副边接一负载时，便在副绕组电势的作用下，向负载供给电流。由于变压器一次绕组的阻抗压降在带负载时一般只有额定电压的5%左右，它对变压器一次绕组电

势 E_1 的影响可忽略不计,即带负载时的磁势与空载时的磁势基本相等。变压器带负载运行时,一次绕组电流分为两个分量,其中一个分量用来产生负载时主磁通的激磁($I_0 w_1$),另一个分量用来补偿二次绕组带负荷时所产生的磁势对主磁通的影响。这样当变压器二次侧电流改变时,必将引起一次侧电流的改变,以平衡二次绕组电流所产生的影响。实际上也是二次侧输出功率的变化,必然引起一次侧电网吸取功率的变化,电能就是这样经过电压的变化将电源传到负载的。

在变压器额定容量一定,不考虑变压器的损耗的情况下,变压器的电流与绕组的电压和匝数成反比,即电压等级高、绕组匝数多的一侧电流小,电压等级低、绕组匝数少的一侧电流大。

第二节 电力变压器的应用

由于高压电网均采用三相制,所以实际上使用最广泛的是三相变压器。三相变压器在形式上分为两类:一类是由三个单相变压器组成的三相变压器(或称组式变压器),主要运用于受运输条件制约的大容量变压器;另一类用磁轭把三个铁芯连接起来构成三相变压器(也称芯式变压器)。

组式变压器的磁路特点是:各相磁通有自己独立的磁通路径,互不相关。若变压器原边接一对称的三相电源电压,三相磁通一定对称,其三相空载电流也是对称的。三相芯式变压器实际上是由组式变压器演变过来的,在实际制造时,为了简便和叠片方便,将三个芯柱排列在同一平面上。这样芯式变压器三相磁路互相关联,一相的磁通要通过另外两相磁路闭合。由于三相磁路长度不相等,中间 B 相最短,两边的 A、C 相较长,所以三相磁阻不相等。当外加三相对称电压时,三相空载电流中 B 相最小,A、C 两相稍大。但由于变压器的空载电流本身很小,这种不对称对变压器负载运行影响不大,可忽略不计。

一、三相变压器的绕组连接及组别

为了便于三相绕组的连接,变压器原边的首段用大写字母 A、B、C 表示,末端用 X、Y、Z 表示,中点用 O 表示,副边首段用小写字母 a、b、c 表示,末端用 x、y、z 表示。三相变压器绕组不论是原边还是副边一般都连接成星形或三角形,个别有曲折连接(或叫 Z 形)。星形连接是各相线圈的一端结成一个公共点(中性点),其他端子接到相应的线端上;三角形连接是三个绕组互相串联形成闭合回路,由串联处接至相应的线端;曲折连接是每相绕组等分成两半,将一相绕组的上一半与另一相绕组的下一半反接串联组成新的一相,相绕组接成星形,但相绕组由感应电压相位不同的两部分组成(不在同一铁芯芯柱上)。变压器常用连接组的特征见表1-2。

表 1-2　变压器常用连接组的特征

连接组	向量图	连接图	特性及应用
单相 I,I (I,I0)			用于单相变压器时没有单独特性。不能接成 Y 型,Y 型连接的三相变压器组,因此时三次谐波磁通完全在铁芯中心流通,三次谐波电压较大,对绕组绝缘极不利;能结成其他连接的三相变压器组
三相 Y,yn (Y,yn0)			绕组导线填充系数大,机械强度高,绝缘用量少,可以实现四线制供电,带用于小容量三柱式铁芯的小型变压器上。但有三次谐波磁通,将在金属结构件中引起涡流损耗
三相 Y,zn (Y,zn11)			在二次或一次侧遭受冲击过电压时,同一芯柱上的两个半线圈的磁势相互抵消,一次侧不会感应过电压或逆变过电压,适用于防雷性能高的配电变压器。但二次绕组需增加 15.5% 的材料用量
三相 Y,d (Y,d11)			二次侧采用三角形接线,三次谐波电流可以循环流动,消除了三次谐波电压。中性点不引出,常用于中性点非死接地的大中型变压器上
三相 YN,d (YN,d11)			特性同上。中性点引出,一次侧中性点是稳定的,用于中性点死接地的大型高压变压器上

三相组式变压器或芯式变压器,除绕组间有极性关系外,因三相绕组的连接方式和引出端标号不同,其原绕组和副绕组的连接方式不同,变压器原、副边的线电压之间有着不同的相位差,不同的相位差代表不同的接线组别。不管绕组的连接方式和引出线标志方式怎样变化,最终原、副间对应线电压的相位差只有 12 种不同的情况,且都是 30°的倍数(即 $n \times 30°$, $n = 1 \sim 12$)。我们将原边线电压超前对应副边线电压 30°($n = 1$)称为 1 组;60°($n = 2$)称为 2 组……直至 360°($n = 12$)原、副边线电压向量重合,为 12 组。这恰如时钟表面被 12 小时所等分,相邻两数间为 30°角。因此,可以按时钟系统来确定接线组别。方法是以分针代表原边线电压向量,固定指向 12;以时针代表对应的副边线电压向量,它所指的钟点数,就是接线组别数。同一接线组别的变压器,绕组可以有不同的连接方式,例如 12 组变压器的原、副边绕组连接,可以是星形/星形(Y/Y)的,也可以是三角形/三角形(△/△)或星形/曲折形(Y/Z)。电力系统中广泛使用的有 Y/Y$_0$—12,Y/△—11 和 Y$_0$/△—11 接线组别的三相变压器。

变压器的有些组别,可以在完全不改变绕组本身连接的情况下,用重新排列原、副边各相标号的方法来改变。如果将变压器原边侧原标记 A 改为 B、B 改为 C、C 改为 A,相当于原边高压侧电压向量逆时针旋转 120°(或副边低压侧电压向量顺时针旋转 120°),组别应加 4,原来的 12 组可以变成 4 组,类似还可以变成 8 组,原来的 11 组可变成 3 组等。此外,单数的任何组别还可在不改变内部接线的情况下,在只改变外部编号的条件下互相变换,以满足并列要求。

二、三相变压器的并联运行

(一)三相变压器并联运行的优点

三相变压器的并联运行,是变压器经常采用的运行方式,其优点如下:

(1)可以根据负荷的大小,增减变压器运行的台数,使每台变压器经常运行在高效率之下。

(2)可减少总的备用容量,还可以根据地区负载的增加分批进行扩容。

(3)可以提供供电的可靠性,如有某台变压器计划或故障检修,不影响对外供电。

(二)变压器并联运行的条件

变压器并联运行时,最理想的运行情况应当是:

(1)空载时并联运行变压器之间不产生环流。

(2)带负载时总的负载电流按各变压器容量的比例分配。

(3)每台变压器的输出电流相位应当一样。

为了达到最理想的并联运行条件,并联运行的各台变压器应满足下列条件:

(1)各台变压器的原、副边额定电压应相等,即各台变压器的变比相等;

(2)各台变压器的连接组别必须相同;

(3)各台变压器的短路阻抗、短路电抗的标幺值应相等。

如不满足上述变压器的并联运行条件,将对变压器的运行产生一定的影响或危害,主要有以下几点:

(1)变比不等时会在空载运行的变压器之间产生环流,环流的大小正比于变压器变比倒数之差,因此变比相差不大,也会产生较大的环流。为保证变压器并联运行时空载环流不超过额定电流的10%,规定并联运行的变压器的变比差值不应大于1%。

（2）如果两台并联运行的变压器的变比和短路阻抗相等,但是组别不同,则其后果十分严重。即使是副边线电压的相位相差最小值30°,其电压差产生的空载环流也可达额定电流的若干倍,因此连接组别不同的变压器严禁并联运行。

（3）变压器的负载电流与变压器的短路阻抗成反比,如果变压器的短路阻抗不一样,在相同容量的情况下,短路阻抗小的变压器先达到满载,造成并联运行变压器的额定容量不能有效发挥。因此,在实际运行时,规定各变压器的短路阻抗值相差不超过10%。

第三节　变压器的基本结构

变压器的基本结构部件是铁芯和绕组,由它们组成变压器的器身。为了改善散热条件,大中容量变压器的器身浸入盛满变压器油的封闭油箱中,各绕组与外电路的连接则经绝缘套管引出。为了使变压器安全可靠地运行,还设有油枕、气体继电器和压力释放阀（安全气道）、吸湿器和分接开关等附件,如图1-3所示。

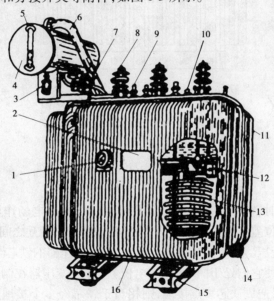

1—信号式温度计;2—铭牌;3—吸湿器;4—储油柜(油枕);5—油面指示器(油标);
6—安全气道(防爆管);7—气体继电器;8—高压套管;9—低压套管;10—分接开关;
11—油箱;12—铁芯;13—绕组及绝缘;14—放油阀;15—小车;16—接地端子
图1-3　油浸式电力变压器结构示意图

下面分别介绍电力变压器的基本结构部件和附件。

一、铁芯

铁芯是变压器的基本部件,由磁导体和夹紧装置组成,既作为变压器的磁路,又作为变压器的机械骨架。

在原理上,铁芯的磁导体是变压器的磁路。它把一次电路的电能转换为磁能,又把自己的磁能转换成二次电路的电能,是能量转换的媒介。为了提高导磁性能,减少交变磁通在铁芯中引起的损耗,变压器的铁芯都采用厚度为 0.23 ~ 0.35 mm 的电工钢片(硅钢片)叠装而成。电工钢片的两面涂有绝缘层,起绝缘作用。大容量变压器多采用高磁导率、低损耗的冷轧电工钢片。

在结构上,铁芯的夹紧装置不仅使磁导体成为一个机械上完整的结构,而且在其上面套有带绝缘的线圈,支持着引线,几乎安装了变压器内部的所有部件。

电力变压器的铁芯一般都采用芯式结构,其铁芯可分为铁芯柱(有绕组的部分)和铁轭(连接两个铁芯柱的部分)两部分。绕组套装在铁芯柱上,铁轭使铁芯柱之间的磁路闭合,如图 1-4 所示。

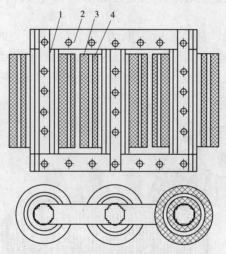

1—铁芯柱;2—铁轭;3—高压绕组;4—低压绕组

图 1-4　芯式变压器结构

变压器正常运行时,铁芯和夹件等金属构件处于线圈的电场作用下,具有不同的电位。当两点之间的电位差达到能够击穿两者之间的绝缘时,相互之间就会产生放电,使固体绝缘损坏,油浸式变压器还能造成油的分解。为此,变压器的铁芯与其他金属间必须由油箱连接,然后接地,使它们处于同电位(零电位)。如果变压器在制造、检修过程中由于工艺控制不严等原因,造成铁芯多点接地,则相当于铁芯经多个接地点形成短路,短路回路中就会产生一定的感应环流,使铁芯局部损耗增加,产生局部过热,油浸式变压器还可导致油分解,产生可燃气体,最终可导致变压器事故的发生。因此,铁芯必须接地,且只能有一点接地。

在铁芯柱与铁轭组合成整个铁芯时,多采用交叠式装配,使各层的接缝不在同一地点,这样能减少励磁电流,但缺点是装配复杂,费工费时。在一般变压器中,铁芯柱截面采用外接圆的阶梯形。只有当变压器容量很小时才采用方形。

交流磁通在铁芯中会引起涡流损耗和磁滞损耗,使铁芯发热。在大容量变压器的铁芯中往往设置油道。铁芯浸在变压器油中,当油从油道中流过时,可将铁芯中的热量带走。

(一)变压器铁芯(有外引接地引线)绝缘电阻的测量方法

变压器铁芯(有外引接地引线)绝缘电阻的测量方法为:将变压器铁芯的外引接地引线打开,测量变压器铁芯的绝缘电阻。

(二)变压器铁芯(有外引接地引线)绝缘电阻的测量标准

(1)与以前测试结果无显著差别,一般不小于 200 MΩ。

(2)运行中铁芯接地电流一般不大于 0.1 A。

二、绕组

绕组是变压器的电路部分,用来传输电能,一般分为高压绕组和低压绕组。接在较高电压上的绕组称为高压绕组,接在较低电压上的绕组称为低压绕组。从能量的变换传递来说,接在电源上,从电源吸收电能的绕组称为原绕组(又称一次绕组或初级绕组),与负载连接,给负载输送电能的绕组称副绕组(又称二次绕组或次级绕组)。绕组一般是用绝缘的铜线绕制而成的。高压绕组的匝数多,导线横截面小;低压绕组的匝数少,导线横截面大。为了保证变压器能够安全可靠地运行以及有足够的使用寿命,对绕组的电气性能、耐热性能和机械强度都有一定的要求。

绕组是按照一定规律连接起来的若干个线圈的组合。根据高压绕组和低压绕组相互位置的不同,绕组可分为同心式和交叠式两种。如图 1-5 所示为同心式绕组结构。

变压器高、低压绕组的排列方式由多种因素决定。但就大多数变压器来说,同心式绕组是将高压绕组和低压绕组同心地套装在铁芯柱上,低压绕组紧靠着铁芯,高压绕组则套装在低压绕组的外面。这主要是从绝缘方面考虑的。理论上,不管高、低压两个绕组怎样排列,都能起到变压的作用,但变压器的铁芯是接地的,低压绕组紧靠着铁芯,从绝缘角度容易做到。如果将高压绕组靠近铁芯,由于高压绕组电压较高,要达到绝缘的要求,需要比较厚的绝缘材料和较大的绝缘距离,这样就会增大变压器的体积,既浪费了材料也不便运输。高、低压绕组之间还留有

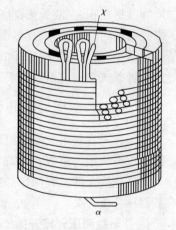

α—低压绕组首端;χ—低压绕组末端

图 1-5　同心式绕组结构

油道,油道一是作为绕组间的绝缘间隙;二是作为散热通道,使油从油道中流过,从而冷却绕组。在单相变压器中,高、低压绕组均分为两部分,分别套装在两铁芯柱上,这两部分可以串联或并联;在三相变压器中,属于同一相的高、低压绕组全部套装在同一铁芯柱上。同心式绕组结构简单,制造方便,芯式变压器一般都采用这种结构。

交叠式绕组是将高压绕组和低压绕组分成若干线饼,沿着铁芯柱交替排列而构成的,如图 1-6 所示。

为了便于绝缘和散热,高压绕组与低压绕组之间留有油道,并且在最上层和最下层靠近铁轭处安放低压绕组。交叠式绕组的机械强度高,引线方便,壳式变压器一般采用这种结构。

三、油箱及附件

容量较大或户外使用的电力变压器,为了便于冷却和防止绝缘受潮,一般采用油浸式变压器,也就是把变压器的铁芯和绕组一起装入充满油的油箱内(小浪底水电厂 6 台型号为 SSP10－360000/220 的主变压器和 1 台型号为 SFZ9－CY－20000/220 的厂用变压器均为采用拱顶油箱的油浸式变压器)。为了迅速将铁芯和绕组产生的热量散发到周围空气中去,可采用增加散热面积的方法。

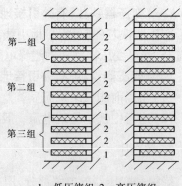

1—低压绕组;2—高压绕组

图1-6　交叠式绕组结构

变压器油箱主要有平顶油箱和拱顶油箱两种。平顶油箱为桶形结构,下部主体为油桶形,顶部为平面箱盖,在油箱的下部和箱盖之间加入胶条,用螺栓均匀对称把合形成整体;拱顶油箱为钟罩式结构(如图 1-7 所示),下底为盘形或槽形,上部为钟形箱罩,其间也用箱沿和胶条结合成整体。

桶形结构主要用于容量较大的变压器,采用在油箱壁的外侧装有散热管的管式油箱来增加散热面积,当油受热膨胀时,箱内的热油上升到油箱的上部,经散热管冷却后的油下降到油箱的底部,形成自然循环,把热量散发到周围空气中。钟罩式结构主要用于大容量变压器,一般采用强迫冷却的方法,如用风扇吹或水冷却器来冷却变压器油以提高散热效果。钟罩式结构油箱如图 1-7 所示。

四、变压器调压分接开关

变压器通常利用改变绕组匝数的方法进行调压。为了改变绕组的匝数(通常改变变压器高压侧绕组的匝数),把高压侧绕组分出若干个抽头,这些抽头叫作分接头,用以连接及切换分接头的装置叫作分接开关(见图 1-8)。分接开关又分为无载调压分接开关和有载调压分接开关。

(一)无载调压分接开关

无载调压分接开关必须在变压器完全停电的情况下进行分接开关的切换。调压电路按照线圈抽头分接方式的不同分为四种形式:

(1)中性点调压电路,一般适用于电压等级为 35 kV 以下多层圆筒式线圈。

(2)中性点"反接"调压电路,适用于电压为 15 kV 以下连续式线圈。

(3)中部调压电路,适用于电压等级为 35 kV 以上连续式、纠结式线圈。

(4)中部并联调压电路,适用范围同(3)。

其中第(1)种和第(2)种调压电路采用三相中性点调压无励磁分接开关;第(3)种和第(4)种调压电路则采用三相或单相中部调压无励磁分接开关。其调压范围为 ±5% 或 ±2×2.5%。

目前规定在变换分接挡位时,顺时针方向旋转,使线圈的匝数增多,终了的挡位数为 1。无载调压开关是变压器的重要部件,必须保证其工作的可靠性,分接开关的触头应接触良好,并且有足够的绝缘距离。分接开关不管触头(一般为黄铜)的形式如何,受转动

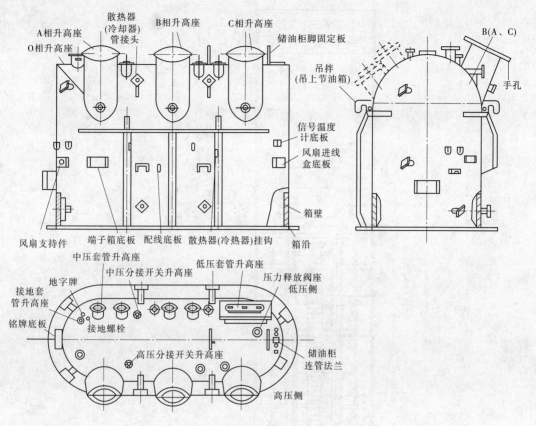

图 1-7　钟罩式结构油箱示意图

力矩限制,压力不宜太大;不管接触方式如何,在保持一定压力的情况下接触电阻越小越好。

大型变压器的无载调压分接开关分为楔形和夹片式两种,分别为 DWP 楔形和 DWJ 夹片式分接开关,均为单相中部调压方式。小浪底水电厂 6 台型号为 SSP10 – 360000/220 的主变压器采用的是 DWP 楔形无载调压分接开关。

此分接开关的型号为 DWP – 220/1000,符号说明:D—单相、W—无激磁;P—楔形(即分接开关动触头为楔形);220—额定电压(kV);1000—额定电流(A)。

楔形无载调压分接开关安装在变压器的器身上,操作机构安装在变压器油箱上,其转动方向必须按照分接开关座上的标记方向转动。此开关采用偏转推进机构,主轴旋转 300°,动触头变换一个分接。操作方法是:现拧下 M6 螺钉,取下外罩,将手柄杆向一端拉出,再提起定位销钉并旋转 45°,然后按照座上标注的旋转方向转动手柄旋转 300°。当定位件缺口对准运行所需的位置后,再慢慢反方向转动一下,到转不动时,即确认分接开关已正位,放下定位销钉起到定位锁定的作用。

(二)有载调压分接开关

若安装有有载调压分接开关,调整运行变压器的分接头改变电源电压时,无须切断变压器所带的负荷,保证了对用户的供电可靠性。小浪底水电厂共有 3 台变压器安装了有

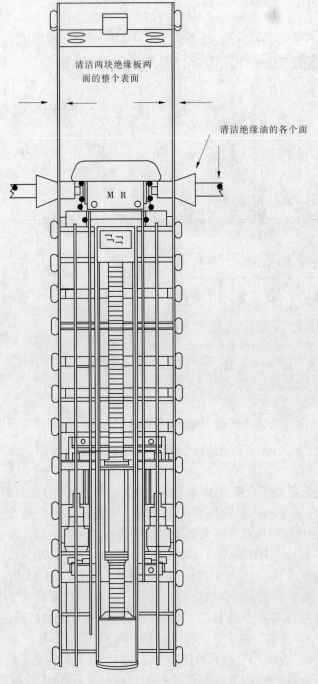

清洁两块绝缘板两
面的整个表面

清洁绝缘油的各个面

M R

图 1-8　分接开关结构

载调压分接开关,其中 SFZ9－CY－20000/220 油浸式厂用变压器采用的是莱茵豪森机械
制造公司生产的型号为 VACUTAP® VV 的有载分接开关;另外还有 3 台干式厂用变压器
采用的是莱茵豪森机械制造公司生产的型号为 VACUTAP® VT1500 的有载分接开关。

VV 和 VT 型分接开关结构紧凑,每台都有一个分接选择器和一个带电阻式快速分接切换装置的有载切换开关。可移动的分接选择器触头系统、有载切换开关以及弹簧储能器组合成一个切换元件,由螺杆集中驱动。真空断路管充当有载切换的触头元件。由于采用了先进的真空管作为切换的触头,避免了原有过渡电阻回路切换断开时用油作为介质灭弧,减少了弧光使油分解产生的炭化物,延长了绝缘油的使用寿命,大大提高了变压器的工作可靠性。

两种分接开关技术参数见表 1-3。

表 1-3　两种分接开关技术参数对比

型号	额定电流(A)	额定分级电压(V)	最高对地电压(V)	分级级数
VACUTAP®VV	600	2 000	76	23
VACUTAP®VT	500	900	36	9

两种分接开关的工作原理基本一致,VACUTAP® VT1500 分接开关的工作示意如图 1-9 所示。

五、变压器油枕(储油柜)

油浸式变压器在运行过程中,由于环境温度和负荷的变化,它本身的温度也要随之变动,油的体积就会热胀冷缩,其变化为 0.000 7 ~ 0.000 8 L/℃。对于没有油枕的变压器,油膨胀时排出油箱里的空气,油收缩时又吸入外界的空气,使油受到空气中带入的氧与潮气的影响而加速劣化。因此,为了减少油与空气的接触面,减小不良影响,故在油箱顶盖上安装油枕(储油柜)。通常变压器的油枕装在油箱的斜上方,用油管和油箱相通。当变压器油的体积随油温变化而膨胀和缩小时,油枕起着储油和补油的作用。

油浸式变压器均安装有油枕(储油柜),其有三种基本形式:容量在 630 kVA 及以下时为不带安全气道、气体继电器的油枕;容量在 800 ~ 6 300 kVA 时为带有安全气道、气体继电器的油枕;容量在 8 000 kVA 及以上时油枕里装有隔膜或胶囊或金属膨胀盒,以减少和防止油与空气接触而被氧化及受潮。油枕上装有油标管(油位计),用以观察油位的变化。油位计的结构如图 1-10 所示。

油枕下部设有集泥器,其作用是收集油中沉淀下来的机械杂质、油泥和水分。集泥器下部设有排污阀门。一般油枕的容积为变压器油箱的 1/10。小浪底水电厂使用的是隔膜式油枕,结构见图 1-11。

在储油柜内装有一个可承受较高压力的空心薄膜胶囊,浮在油面上,胶囊内侧通过吸湿器与大气相连通,油面升降时,胶囊随之浮动。当变压器本体温度上升时,压迫胶囊经气嘴和吸湿器排气。反之,油温降低,储油柜油面下降,胶囊吸入大气,使之扩张,自动平衡胶囊内外侧压力。胶囊吸气和排气过程中,油与大气隔绝,从而达到保护绝缘油的目的。

六、气体继电器

气体继电器一般用于 800 kVA 及以上的油浸式变压器,主要作为变压器和分接开关

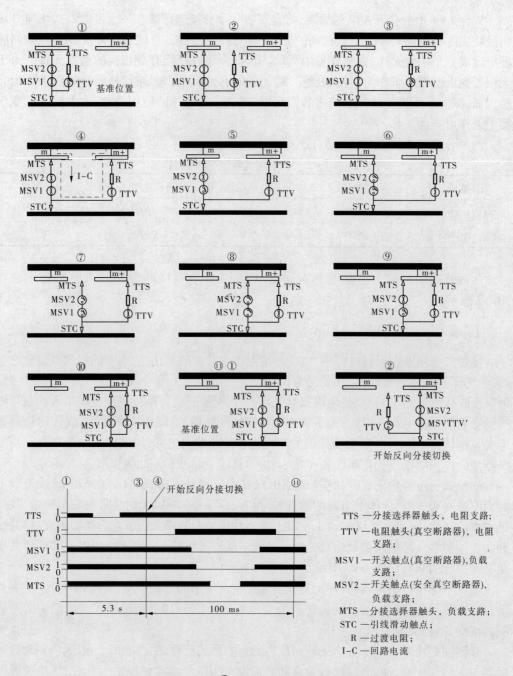

图 1-9 VACUTAP® VT1500 分接开关的工作示意

的保护装置。气体继电器安装在变压器油枕(储油柜)和油箱箱盖之间的连接管上,在变压器内部故障使油分解产生气体或造成冲动时,气体继电器的接点动作,接通相应的控制回路,发出信号或切除故障变压器。

气体继电器芯子结构如图 1-12 所示。气体继电器上部由开口杯(浮子)、重锤、磁铁和干簧接点构成动作于信号的气体容积装置,下部由挡板、弹簧、调节杆、磁铁和干簧接点

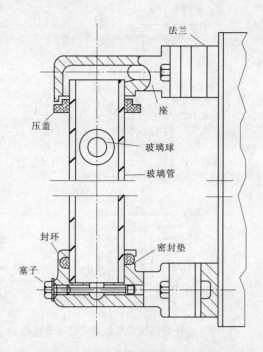

图 1-10　变压器储油柜油位计的结构

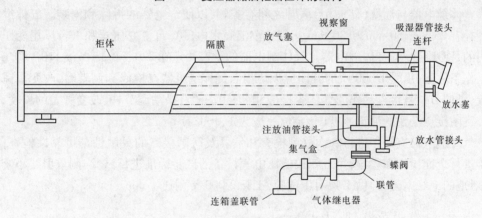

图 1-11　隔膜式油枕结构

构成动作于跳闸的流速装置。嘴子上的气塞供安装和大修后排气以及运行中抽取故障气体之用。探针供检查跳闸机构的灵活性和可靠性之用。

气体继电器的工作原理为:正常运行时气体继电器内部是充满油的,开口杯(浮子)处于上部的上倾位置,在变压器出现渗漏进气进水、分接开关和内部引线过热、绕组匝间短路放电以及绝缘夹件老化等原因产生可燃和不可燃的气体时,气体聚集在气体继电器上部的气室内,迫使其油面下降,开口杯随之下降到一定的位置,开口杯上的磁铁使干簧继电器的接点接通,发出轻瓦斯动作报警信号。同理,当变压器漏油,油枕(储油柜)油面下降到一定位置时,也要发出轻瓦斯动作报警信号。当变压器内部出现绕组烧损、绕组接地和绕组间短路等严重的故障时,油箱内压力瞬时升高,将会出现油流涌浪冲击挡板,使挡板旋转。当挡板旋转到一定位置时,其上所带的磁铁使干簧接点闭合,接通跳闸控制回

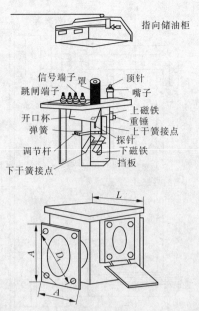

图 1-12　QJ₂ 型挡板式气体继电器芯子结构

路,切除故障变压器。

气体继电器与油枕(储油柜)联管之间有蝶阀,以便继电器的拆除和安装。气体继电器管径有 25 mm、50 mm 和 80 mm 三种。小浪底水电厂 6 台主变压器和 1 台厂用变压器使用的是 QJ - 80 型气体继电器。气体继电器的干簧接点在 220 V/0.3 A 或 110 V/0.6 A 的工作条件下,承受 1 000 次的开闭应无烧损。气体继电器在检修和调整时,改变重锤的位置,可调节信号接点动作的气体容量(250 ~ 350 cm³);松动调节杆,改变弹簧的长度,可调节跳闸接点动作的油流速度(整定值一般为 1.0 m/s)。

气体继电器应每年进行一次外观检查和信号及跳闸接点的灵敏性与可靠性检查;每两年进行全面检查和整定;每五年按低压电气设备的试验标准进行试验,测量引线小套管间、对地的绝缘电阻,并做工频耐压试验,工频 2 000 V 耐压 1 min。

七、变压器吸湿器(呼吸器)

吸湿器(呼吸器)是变压器的一个重要附件,主要起到过滤净化空气的作用。当变压器负荷增大时油受热,油枕内的油膨胀,油枕内部的胶囊呼出多余的空气;当变压器油降温收缩时,油枕内部的胶囊又从吸湿器吸入外部空气,在吸入空气的同时对空气中的水分及杂质进行过滤,从而保证了变压器油的清洁度。

吸湿器分为座式和吊式两种结构。座式吸湿器一般安装在 6 300 kVA 及以下的中小型变压器上,大型变压器主要采用吊式吸湿器(小浪底水电厂 6 台主变压器和 1 台厂用变压器采用吊式吸湿器)。吊式吸湿器的结构如图 1-13 所示。

吸湿器内部装有粒径为 2.7 ~ 7 mm 的吸附剂硅胶。硅胶有白色和变色的,为了能显示硅胶受潮的程度,一般采用变色硅胶。变色硅胶利用二氯化钴($CoCl_2$)所含结晶水数量不同时显示不同的颜色来变色。二氯化钴含 6 个分子结晶水时,呈粉红色;含 2 个分子结

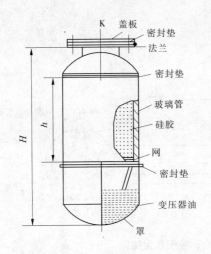
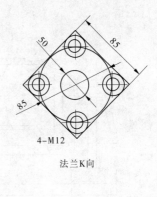

法兰K向

4—M12

图 1-13　吊式吸湿器的结构　（单位：mm）

晶水时，呈紫色；不含结晶水时，呈蓝色。

正常情况下，吸湿器内的硅胶受潮变色的部分不应超过总的硅胶高度的2/3，当发现吸湿器内的硅胶受潮接近规定的高度时，应予以更换。更换的程序为：将吸湿器拆下，倒出内部受潮变色的硅胶，将玻璃罩清理干净，装入干燥的硅胶，并在吸湿器的顶部留出1/5～1/6高度（玻璃罩）的气隙，下部的油封罩内注入合格的变压器油至正常的油位线，再将吸湿器安装牢固即可。更换过程中应事先准备充分，更换过程应尽可能短。

八、变压器压力释放阀

当变压器内部发生故障时，电弧的高温使变压器绝缘油分解产生大量的气体，这些气体将使变压器油箱内部压力急剧增大。由于液体不具有压缩性，因此如不在短时间内将此压力释放，轻者可能造成变压器油箱变形，重者造成变压器油箱开裂喷油，甚至引发火灾。变压器压力释放装置就是为了解决此问题而设计产生的。小型变压器上安装有安全气道，端部用玻璃膜封堵，在变压器内部发生故障产生压力时，压力作用在玻璃膜上，使玻璃膜破裂，起到释放压力，保护变压器的目的。大中型变压器则采用压力释放阀起到保护变压器的作用，其内部结构见图1-14。

密封圈用于阀座与变压器升高座法兰及膜盘和阀座之间的密封。正常情况下膜盘在弹簧的作用下压在阀座上使阀关闭，当变压器油箱内部的压力大于压力释放阀的整定压力（即克服弹簧的阻力）时，膜盘在不超过2 ms的时间内开启；在油箱内部的压力下降到关闭压力时，膜盘在弹簧的作用下重新关闭。压力释放阀的阀罩外装有红色标志的标志杆，在压力释放阀开启时，膜盘将推动标志杆上升30～46 mm，在膜盘复位后，需手动将标志杆复位。

压力释放阀通常安装在变压器油箱顶部或侧壁上，随着变压器体积和油量增加，相应增大压力释放阀的尺寸和数量。它与变压器油枕（储油柜）的配合见表1-4。

当变压器油总质量超过31.5 t时，应在变压器的两侧各安装一个压力释放阀。压力释放阀开启和关闭压力在使用温度 −30～90 ℃ 范围内应符合表1-5的规定，开启时间应

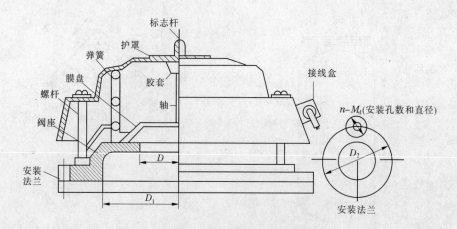

图 1-14　YSF 型压力释放阀典型结构

小于 2 ms。压力释放阀的密封性能必须良好,并能防雨、防潮、防烟雾。压力释放阀外应加装导流罩,起到定向喷油的作用。压力释放阀开启后应接通电气或机械信号报警或切除变压器。

表 1-4　压力释放阀与变压器油枕的配合

变压器油枕直径(mm)	压力释放阀的型号
180 ~ 310	YSF - 25
440 ~ 610	YSF - 80
760 ~ 900	YSF - 130

表 1-5　压力释放阀的开启压力和关闭压力

开启压力(kPa)	15	25	35	55	70	85
关闭压力(kPa)	8	13.4	19	29.5	37.5	45.5

　　小浪底水电厂 6 台主变压器各安装 2 个型号为 YSF8 - 130K 的压力释放阀,整定开启压力为 70 kPa,关闭压力为 37.5 kPa。

　　压力释放阀安装前应按照有关规程进行校验。压力释放阀校验后,应安装在变压器上部容易导油和导气的部位,以在长轴 A、C 相绕组主孔道正上方为佳。对于芯式变压器来说,压力释放阀以卧装方式为宜,壳式变压器则以侧装方式为佳。

　　压力释放阀安装时应注意的事项如下:

　　(1)首先拆除压力释放阀的试验板或试验片,拆除后必须拧紧螺栓或压帽。对于带电信号的压力释放阀,信号线应用胶布包扎,并把防雨小红帽拧在标志杆上,以防止进水。

　　(2)紧固压力释放阀螺母时应按照对角线均匀拧紧,紧固后的法兰盘间隙应均匀一致,以防安装孔崩裂。

　　(3)严禁压力释放阀的喷油口对着套管升高座或油箱顶部的其他部件。

　　(4)在变压器最终注油完成后,变压器送电前,必须全部排出压力释放阀升高座处的气体。

九、变压器温度控制器

变压器在运行时,线圈绕组和铁芯产生热量,由于变压器各部发热很不均匀,各部分温升通常都用平均温升和最大温升计算。绕组或变压器油的最大温升是指其最热处的温升,而绕组或油的平均温升是指整个绕组或全部油的平均温升。根据国标规定,变压器额定使用条件为:最高气温 + 40 ℃(储油柜的油位约为储油柜直径的 0.55),最高日平均气温 + 30 ℃,最高年平均温度 + 20 ℃(储油柜的油位约为储油柜直径的 0.45),最低温度 - 30 ℃(储油柜的油位约为储油柜直径的 0.25),并且变压器各部的温升不得超过表 1-6 的规定。

表 1-6　变压器各部温升允许值

项目	自然油循环自冷的变压器	强迫油循环风冷的变压器
绕组对空气的温升(℃)	65(平均值)	65(平均值)
绕组对油的温升(℃)	21(平均值)	30(平均值)
油对空气的温升(℃)	44(平均值) 55(最大值)	35(平均值) 45(最大值)

用于测量主变压器油温的温度计有三种:水银温度计、信号温度计和电阻温度计。它们在安装时采用安装座及安装板。所有油浸式变压器均有用于水银温度计的安装座。1 000kVA 及以上的变压器安装水银温度计,8 000 kVA 及以上变压器除安装信号温度计外再安装电阻温度计,40 000 kVA 及以上变压器沿长轴两端各有一个信号和电阻温度计。

为了便于观察变压器顶层的油温和变压器绕组温度,小浪底水电厂在变压器的箱壁上安装有瑞典爱克姆 34 系列油温控制器。其温包插入变压器油箱盖上注有油的安装座中,而控制器安装在油箱壁上。温包中的氯甲烷等蒸发气体的饱和压力经毛细管使控制器中的指针偏转,到设定的位置时,控制器中的电接点接通电路启动冷却器或发出信号。

爱克姆 34 系列油温控制器的参数为:

测温范围:0 ~ 150 ℃,设定温度可调范围:300 ~ 150 ℃,温度误差不超过 ±3 ℃。

温度控制器可配有 2 ~ 5 个接点,接点容量:交流 220 V 为 15 A,直流 220 V 为 0.3 A。环境温度 + 70 ~ - 40 ℃。

在变压器正常运行时,其绕组和油温之间存在温差,温差 ΔT 取决于绕组电流的大小,而绕组电流的大小正比于电流互感器。为了间接测量变压器绕组的温度,在变压器油箱壁上安装有瑞典爱克姆 35 系列油温控制器,其原理为通过电流互感器取出与负荷成正比的电流,经变流器调整后,输入到绕组温度控制器弹性元件内的电热元件,电热元件产生的热量使弹性元件产生一个附加位移,从而产生一个比油温高一个温差的绕组温度指示值。

为了便于远距离监视变压器油温和绕组的温度,采用电阻型温度计(PT100 铂电阻),接至电站计算机监控系统的模拟量输入板上,设置合适的量程范围,即可显示主变压器的油温和绕组温度。

十、变压器冷却系统

变压器的冷却系统是将变压器在运行中所产生的热量散发出去,以保证变压器的上层油温不超过规定值(小浪底电厂1~6号主变压器为55 ℃),使变压器能够连续安全可靠运行。

小容量变压器铁芯和线圈的损耗所产生的热量,使油受热温度上升,热油沿箱壁以及散热管片向下流动的过程中,把热量传给箱壁和散热管片,再由它们向周围冷却介质(如空气)散发热量。设计油箱体积和散热管片数量时,应考虑环境温度和最高气温。在铁芯和线圈损耗产生的热量和散发热量达到平衡时,油箱上层油温不会超过规定值,可保证变压器在额定温升下正常运行。

由于变压器损耗的增加与容量的3/4次方成比例,而冷却表面的增加与容量的1/2次方成比例,所以大型变压器在体积一定的情况下必须采用冷却装置,以散发足够的热量。变压器所采用的冷却系统具体分为如下几种。

(一)油浸自冷式

较小容量的变压器采用这种结构,它分为平滑式箱壁、散热筋式箱壁、散热管或散热器式冷却三种形式。

(二)油浸风冷式

在大中型变压器的拆卸式散热器的框内,可装上风扇,依靠风扇的吹风,使散热管内流动的热油迅速得到冷却,冷却效果比自然冷却的好。小浪底水电厂型号为SFZ9 - CY - 20000/220的厂用变压器即采用此种冷却方式。

(三)强迫油循环冷却

这是变压器最常用的冷却方式,它又分为强迫油循环风冷和强迫油循环水冷两种方式,详细介绍如下。

1. 强迫油循环风冷

强迫油循环风冷的变压器上均装有风冷却器,装用冷却器的数量是按变压器总损耗选择的。

风冷却器是用潜油泵强迫油循环,使油与冷却介质(空气)进行热交换的冷却器,它由风冷却器本体、潜油泵、风扇电动机、导风筒、流速继电器、冷却器支架(或拉杆)、联管、活门及塞子、分控箱等组成。

风冷却器本体为一组带有螺旋肋片的金属管,两端各有一个集油室,金属管的端部在集油室的多孔板上。由于冷却器是多回路的,在集油室内焊有隔板,用以形成多回路的油循环路径。潜油泵装在本体的下方,导风筒在本体的外侧,风扇电动机装在导风筒内。流速继电器装在潜油泵出油端的联管上,如果油的流速低于规定速度,流速继电器可自动发出报警信号。每台变压器有一个总控制箱,每组冷却器装一个分控制箱,可以控制油泵和风扇的自动投入或切除。

2. 强迫油循环水冷

强迫油循环水冷的变压器上均装有YS型水冷却器,其数量是按变压器的总损耗选择的。

强迫油循环水冷却器是用潜油泵强迫油循环,使油与冷却介质(水)进行热交换的冷却器,它由水冷却器本体、潜油泵、净油器、压差继电器、流速继电器、电动阀门、普通阀门、压力计、温度计等组成。每台变压器的冷却系统均有一个总控制箱。

早期国产水冷却器本体通常由一个油室和两个水室构成。油室为一圆钢筒,两端为多孔端板,两端板间装有冷却铜管,管内通水。管外空间沿高度方向有数块横隔板,形成曲折通道,热油流由进油口流入油室,在冷却铜管外自上向下流动,且被横隔板阻隔,从而呈"S"形流动。下水室内设一隔板,水流由下水室进水口流入,沿多管区上升到上水室,再从少管区向下流入下水室,经出水口流出,呈"n"形流动。由此,形成油水热量交换的冷却系统,从而使变压器油充分冷却。

压差继电器是水冷却器的重要保护装置,其高压端接在油出口处,低压端接在冷却水进口处。为防止水管损伤时水渗入到油通路中,油压必须大于水压 $58.8 \sim 98$ kPa,否则发出报警信号。

同强迫油循环风冷却器相比,强迫油循环水冷却器具有冷却效率高、噪声小和对环境要求低的特点。加上从水电厂取水方便和地下厂房需降低噪声的角度考虑,小浪底水电厂6台主变压器均采用了强迫油循环水冷却装置。在设计时也充分考虑到了黄河多泥沙的特点,在变压器水冷却器运行时又分为两个阶段:

(1)非汛期时黄河所含泥沙少,变压器冷却水取自水轮发电机的蜗壳,同水轮发电机各部位的轴承冷却水采用同一水源;

(2)汛期时黄河泥沙含量大,容易造成变压器冷却器管路的堵塞,降低变压器的冷却效果,此时变压器的冷却水取自地下厂房外容积为 $10~000~m^3$ 的清水蓄水池(在黄河两岸打出深井,用深井泵将水输送到蓄水池)。

按照变压器的总损耗,小浪底水电厂每台主变压器配有3台冷却器,冷却器选用日本多田电机公司生产的型号为 DEW-473-V-M 的水冷却器。该冷却器为双重管水冷却器,冷却管外管采用磷脱氧铜 TP2 材料,形成尺寸合适的翅片,胀接到承油托板上;内管采用 $\phi 14$ mm 铁白铜 BFe10-1-1 材料,胀接到承水托板上。在提高冷却水流速的同时增强了抗冲刷性,流速的提高使泥沙不易沉积、黏附在内管壁上。而且内管具有良好的抗腐蚀性能,可适用于各种水质,提高了冷却器的换热能力和使用寿命。冷却器的上部水室和下部水室均为曲面形结构,进水管口和出水管口偏离中心一定距离。这样,冷却水在进入水室后和排出水室前,将沿着水室内壁的曲面形成涡流,利用水的出入口间的压力差,将部分泥沙排放到出口侧。同时还在冷却器总进水管前安装有滤水器(也称为排沙箱),用以过滤3 mm 以上的杂质。通过以上措施,大大降低了冷却器被泥沙堵塞的可能性,保证了变压器的冷却效果。

由于采用了双重管冷却器,即使内管出现漏水,也可通过内外管之间的沟槽排出,不会渗入油中,在一定程度上降低了油压必须大于水压的要求。并在中间油室的底部安装了漏水传感器,当冷却器的内管发生渗漏时,渗水通过内外管之间的沟槽流入漏水传感器,及时发出报警。按照预防为主的原则,为确保能发现冷却器内管渗漏的缺陷,定期采用涡流探伤仪对冷却器水管路进行探伤检查(1~3 年),并进行耐压试验(试验压力1.0

MPa,保持时间为 30 min）。

十一、变压器的绝缘和高压套管

绝缘材料又称电介质，是电阻率高、导电能力低的物质。绝缘材料可用于隔离带电或不同电位的导体，使电流按一定方向流通。绝缘材料按耐热程度不同，一般分为 Y（90 ℃）、A（105 ℃）、E（120 ℃）、B（130 ℃）、F（155 ℃）、H（180 ℃）、C（220 ℃）等几级。在变压器中，绝缘材料还起着散热、冷却、支撑、固定、灭弧、改善电位梯度、防潮、防霉和保护导体等作用。变压器的绝缘分内绝缘和外绝缘两大类，而内绝缘又分主绝缘和纵绝缘两类。

变压器器身绝缘是主绝缘，是线圈到接地部分铁芯和油箱的绝缘（主要是端部绝缘）及线圈到其他线圈的绝缘（主要是同相高低压线圈间的主绝缘），这种绝缘多为油—隔板和纸筒—油隙的形式。在油浸式变压器中，变压器器身绝缘件是由电工纸板制成的块、筒、板、圈、条等零件。变压器在运行中承受的电压分为三种：长期工作电压（包括局部放电电压）、内部过电压（包括工频试验电压）和外部过电压。其中外部过电压（雷电过电压）对变压器的绝缘而言是最重要的，其次是工频试验电压和局部放电电压。

雷电过电压主要考验变压器主绝缘和纵绝缘承受雷电冲击的能力，雷电过电压不是变压器直接承受的雷击过电压，而是保护避雷器先动作后雷电流在其阀片电阻上产生的残压作用于变压器上的过电压。220 kV 变压器的雷电冲击试验电压按照采用普通阀式避雷器其截波电压为 630 kV 计算，试验电压一般为全波 850 kV，截波 935 kV。此试验用于变压器型式试验。

工频耐压试验主要考核变压器主绝缘的强度。工频耐压试验属于破坏性试验，试验电压远高于变压器正常运行电压。工频耐压试验时间通常取 1 min，一方面为了便于观察被试品的情况，使有弱点的绝缘充分暴露（固体绝缘发生热击穿需要一定的时间）；另一方面，又不致时间过长引起不应有的绝缘击穿。1 min 工频试验电压是操作过电压或截波冲击试验电压的等值电压。220 kV 变压器的工频耐压试验的试验电压为 400 kV。由于 1 min 工频耐压试验主要考核变压器主绝缘的强度，所以另外还需进行 2 倍额定电压的感应耐压试验，考核变压器的纵绝缘强度。为了使变压器在施加 2 倍额定电压进行试验时，变压器铁芯不饱和，保持变压器铁芯磁通密度不变，试验电压的频率也应为工频电压频率的 2 倍。此试验用于变压器出厂、交接和大修后。

在油纸绝缘的变压器中，在内部带电的电极上，固体绝缘的表面（油与绝缘材料的分界面）或固体绝缘材料内部、变压器油的内部局部所产生的放电统称为局部放电。在固体绝缘的表面和内部，制造和运行过程中产生的气泡在不太高的电场下即可击穿放电，但一般不超过几百皮库，且时间较短，一般为 0.01 ~ 0.1 μs。变压器因制造、安装或大修工艺不当，使局部场强过高，可导致油内部产生放电，放电量可达几千皮库。长期放电致使油和纸板分解、老化而造成闪络和击穿，所以应对变压器进行局部放电试验，及时发现变压器存在的缺陷，避免变压器损坏事故的发生。变压器局部放电试验用于出厂、交接、大修后和必要时。试验电压和试验时间见第二章第九节。

（一）变压器器身绝缘部件和绝缘结构

变压器内绝缘由铁轭垫块和铁轭绝缘、铁轭隔板和相间隔板、正角环和反角环以及纸筒和围屏等部件组成。变压器内部的主绝缘结构主要为油—固体复合绝缘，共分三种形式：覆盖、绝缘层和隔板。

覆盖是用包缠或浸渍方法在电极（线圈上）上形成小于 1 mm 的固体覆盖层（电缆纸、皱纹纸及绝缘漆），它不改变电场强度，但能阻止导电小桥的形成，提高均匀电场条件下的工频击穿电压。

绝缘层较厚，可达十几毫米，常用于电场较集中的电极，如线饼的加强绝缘、静电环和引线绝缘。

隔板主要用于变压器的主绝缘（隔板为绝缘纸筒、角环和相间隔板），在低压绕组和铁芯芯柱之间以及高低压和相间绕组之间设置多层厚度为 3～4 mm 的纸筒，构成变压器的主绝缘，根据电压等级的高低决定纸筒板的张数。在结构上，它分为厚纸筒大油隙和薄纸筒小油隙，通常 60 kV 以下采用厚纸筒大油隙结构，110 kV 以上采用薄纸筒小油隙结构。所构成的油隙除满足所要求的电气强度外，还是绕组和铁芯芯柱、同相高低压绕组、相间绕组之间的散热通道。

在场强不均匀或集中的地方（绕组端部和引线）还需设置角环和静电环来改善电场强度。每相绕组的上、下两端，即绕组与上部的钢压板、下部的铁轭之间的绝缘称为铁轭绝缘，主要由纸圈—垫块交叉放置数层构成。

对变压器线圈进行辐向和轴向紧固，作用是保持线圈与铁芯、线圈与线圈的同心，抵御短路时产生的辐向和轴向的电磁机械力所受的拉力和压力，防止线圈产生变形和松动。紧固方式主要是在辐向上借助于绝缘纸筒、圆形和矩形撑条进行紧固；小容量变压器轴向采用连接上下铁轭夹件的垂直拉力螺杆进行紧固，大容量变压器在线圈端部采用压板，以压钉或拉板进行紧固。

（二）变压器套管

变压器套管是将变压器内部的高、低压引线引到油箱外部的出线装置。它不但作为引出线对地的绝缘，并且担负固定引线的作用。因此，变压器套管必须具有规定的电气强度和机械强度。同时，在变压器运行过程中长期通过负载电流，套管应能承受短路时的瞬时过热，又必须具有良好的热稳定性。

变压器套管由带电部分和绝缘部分组成。带电部分包括导电杆、导电管、电缆或铜排、管道母线和 GIS（气体绝缘开关装置）等。绝缘部分分为外绝缘和内绝缘，外绝缘为瓷套，内绝缘（主绝缘）为变压器油、附加绝缘和电容型或树脂型绝缘。

小浪底水电厂主变压器的容量为 360 000 kVA，变压器低压侧的额定电压为 18 kV，电流为 11 547 A；高压侧额定电压为 220 kV，电流为 880 A。变压器低压侧为封闭母线，高压侧为 SF_6 气体的 GIS 结构。变压器的低压侧选用 BD－20/16 000 油纸绝缘大电流电容式套管。套管外绝缘为瓷套，内绝缘（主绝缘）为电容式绝缘。油纸电容芯子由 0.08～0.12 mm 厚的电缆纸和 0.01 mm 厚的铝箔或织带加压交替卷在载流体上，如此交替地包下去，直到包够需要的层数为止，然后将电容芯子的两端切割成阶梯状，在 125 ℃ 左右以及 1.333～13.33 Pa 的真空下干燥处理，当介损和电容两个指标达到合格后，再在 1.333～

13.33 Pa 的真空下浸油而成。铝箔形成与中心载流体并列的同心圆柱体电容屏，导电管处于最高电位，最外面一层铝箔（叫地屏或末屏）是接地的，在运行时相当于多个电容器相串联的电路，其个数与铝箔层数相对应。根据串联电路的分压原理，导电管对地的电压应等于各电容屏间的电压之和，而电容屏之间的电压与其电容量成反比，因此在制造过程中控制各屏间的电容值，可以使电压均匀地分配在电容芯子的全部绝缘上。

小浪底水电厂主变压器的高压侧连接的导体为 SF_6 气体的 GIS 结构，需要采用油气型高压套管。小浪底水电厂主变压器采用瑞典 ASEA 公司生产的树脂浸纸型干式油气套管，套管的主绝缘为由油纸和铝箔均压电极组成的电容芯子，电容芯子的计算均用计算机编制程序进行。芯子的最外层电极与接地法兰上的测量引线端子连接（电容芯子的末屏），其方式有两种：一种为焊接绝缘引线经小绝缘子引出；另一种为弹簧压紧式经抽头绝缘子引出，供测量套管介质损耗角正切值、电容量及局部放电量用（运行时，装上引线护罩，自动接地）。芯子外面有瓷套保护。

套管为全密封结构，其整体连接是用预应力管形成轴向力压紧耐油橡皮垫圈来实现的，连接处均采用优质耐油橡胶密封圈及合理的密封结构，保证套管对油及 SF_6 气体的密封。当套管在 0.55 MPa（表压力）的 SF_6 气体中工作时，能确保 SF_6 气体不进入套管及变压器中。套管中部的连接套筒共有两个安装法兰，其一供套管安装在变压器油箱盖上，另一法兰供与 SF_6 侧母线筒连接安装用。两个法兰之间设有储油柜，以调解套管内部变压器油因温度变化引起的压力变化。两个法兰之间还设有油塞，必要时可通过油塞孔检查储油柜的油位。法兰上有放气塞，供变压器充油时放气用。连接套筒上设有供测量套管 $\tan\delta$、电容量 C 及局部放电量的测量引线装置，供抽取套管内部油样的取油阀，以及可直读套管内部油压的压力表。该压力表有磁助电接点，当套管内部压力值超过规定范围时报警。套管尾部（变压器侧）设有改善套管尾部电力分布的均压球，套管的头部（SF_6 侧）也设有改善 GIS 接线部分电场的屏蔽罩。

套管多为直接载流式。套管在总装配前，对套管的油枕和连接套筒进行了表压为 0.7 MPa，维持 10 min 不得渗漏的气密性试验，以保证金属附件具有良好的密封性能。套管总装配在引进的立式升降装配台上进行，装好后经正压（表压 0.2 MPa）水浴检漏，主绝缘电容芯子绝缘处理时真空度高（剩余压力在 10 Pa 以下），并经测量真空泄漏率合格后方可注变压器油。在表压 0.14 MPa 下油压浸渍，浸入的变压器油经多次真空脱气、过滤处理，电气性能好，微量水分含量低。套管出厂试验时，逐个试验项目除测量介质损耗角正切（$\tan\delta$）、电容量、局部放电量、60 s 工频耐受电压试验外，对 252 kV 以上等级的套管，还应做雷电全波冲击耐受电压试验。此外，还增加了套管内油中溶解气体含量试验、微量水分含量试验以及油中 SF_6 气体含量试验等，以保证套管在使用时的可靠性。

第四节　干式变压器

随着城市供电负荷的不断增长，住宅的密集化以及高层建筑、地下建筑的增多，人们迫切需要一种既深入负荷中心，又能防火、防爆且环保性能优越的变压器，而油浸式变压器在这方面却有它不可避免的缺陷。一种新式变压器——干式变压器应运而生，它具有结构简单、维护方便、防火、阻燃、防尘等特点，正好能够满足一些特殊场合的需要，因此近年来在国内得到了迅猛发展。

一、干式变压器的种类

(一)按结构不同分类

根据结构不同，干式变压器可分为开启式、封闭式和浇注式。

(1)开启式：开启式是常用的型式，其器身与空气直接接触，适用于比较干燥而洁净的室内环境(环境温度 20 ℃时，相对湿度不超过 80%)，一般有空冷和风冷两种冷却方式。

(2)封闭式：器身处在封闭的外壳内，与外部空气不直接接触，可用于较为恶劣的环境中。由于密封、散热条件差，主要用于矿山等场所。封闭式也可充 0.2～0.3 MPa 的 SF_6 气体，并加以强迫循环，则变压器的绝缘和散热能力与油浸式相同，适用于高电压等级的用户。

(3)浇注式：浇注环氧树脂或其他树脂作为主绝缘，结构简单、体积小，适用于较小容量的用户。

(二)按绕组的绝缘形式不同分类

按照绕组的绝缘形式分为浸渍式和环氧树脂式两大类。

1.浸渍式干式变压器

浸渍式干式变压器的结构与油浸式变压器的结构非常相似，就像一个没有油箱的油浸式变压器的器身。早期的浸渍式干式变压器的结构就是从油浸式变压器演化过来的。它的低压绕组一般采用箔式绕组或圆筒式(层式)绕组，高压绕组一般为饼式绕组。由于空气的冷却能力要比油差很多，为保证有足够的冷却效果，变压器轴向的冷却孔道不能小于 10 mm，辐向冷却孔道不能小于 6 mm。

浸渍式干式变压器的制造工艺比较简单，通常采用铜或铝导线绕制完成的绕组浸渍以耐高温的绝缘漆，并进行干燥处理。根据需要可选用不同等级的耐热绝缘材料，分别制成 B 级、E 级、F 级和 H 级。这种变压器存在易受潮，投运前要进行加热，运行可靠性较低等缺点。

2.环氧树脂式干式变压器

环氧树脂式干式变压器分为包绕式和浇注式两类，它的主要绝缘材料为环氧树脂。

1)包绕式绝缘干式变压器

包绕式绝缘干式变压器又称缠绕式树脂全包封干式变压器。绕组采用浸有树脂的长玻璃纤维丝，用直绕和斜绕的方法把绕组包封起来。绕组在烘箱中边旋转边加温烘干。由于不需要模具，因此生产的灵活性较好。这种结构的绕组防开裂，抗短路能力优于浇注式变压器。但是，由于无模成型，绕组外观不如浇注式。另外，绕组制造时对环境的要求较浇注式高，绕线操作比较复杂，效率比浇注式低，制造成本高于浇注式干式变压器。

2)浇注式绝缘干式变压器

浇注式绝缘干式变压器使用环氧树脂加石英砂填充进行浇注。在环氧树脂中加入石英粉作为填料，可使树脂机械强度增加，膨胀系数减小，导热性能提高，从而降低材料成本,且绕组外观较好。有填料树脂浇注又分厚层有填料树脂浇注和薄层有填料树脂浇注两种形式。早期的环氧浇注式干式变压器都是采用厚绝缘的浇注式线圈,树脂层的厚度一般为6~8 mm。高低压绕组采用玻璃丝包铜导线绕制成分段圆筒式,用绝缘薄膜作为层间绝缘,绕组两端用玻璃布板(条)作为绝缘端圈,绕制成的分段圆筒式绕组在浸漆处理后装入模具,然后在真空状态下进行环氧浇注。由于环氧树脂的热膨胀系数和绕组导线的热膨胀系数不相同,当变压器运行后,由于发热极易导致环氧浇注层的开裂,并形成小的气隙,以致引发局部放电,这将严重威胁变压器的运行可靠性。此外,局部放电所引起的电腐蚀还将大大缩短变压器的使用寿命。环氧浇注式干式变压器的外形如图1-15所示。

图1-15 环氧浇注式干式变压器的外形

　　为了解决绝缘层在运行中开裂的现象,技术人员经进一步研究环氧树脂浇注技术,推出了玻璃纤维增强环氧树脂浇注(即薄绝缘结构)。这种纯树脂浇注的干式变压器内外绝缘厚度一般为1.5~2 mm,属于薄绝缘。目前我国使用的产品以这种结构为最多,其结构特点为:变压器高、低压绕组内外层用玻璃纤维增强,在真空状态下采用环氧树脂用模具进行浇注,线圈导体外部形成富有弹性的既韧又薄的树脂包封层,它可随线圈一起膨胀和收缩,因而不再担心会发生开裂。另外,由于包封绝缘层的厚度很薄,既达到了包封的效果,又减小了包封绝缘层的温差,因而对改善浇注线圈的热传导是非常有益的。薄绝缘结构还可以在线圈内设置轴向气道,这样就可以增加线圈的散热面,从而散热能力好,给制造大容量干式变压器提供了有利的条件,也大大提高了干式变压器运行的可靠性。

　　薄绝缘树脂浇注式干式变压器也可以做成带填料的结构,一般采用石英粉作为填料,这时绕组绝缘层的厚度将增加为2.5~4 mm。这种变压器低压绕组用铜线或铜箔绕制成圆筒形,高压绕组采用铜线绕制成分段圆筒形,然后将高、低压绕组分别装入模具,在真空状态下采用以超细石英粉为填料的环氧树脂进行浇注。这种方式必须在严格的工艺、先进的工装下进行,否则就会出现搅拌不均匀或者在浇注过程中发生石英粉沉积现象,就可能使树脂的各部分膨胀系数不相同,这样的线圈在温度变化时就可能发生开裂,降低变压器的抗短路能力,影响变压器的运行。

二、干式变压器的特点

下面以目前广泛使用的环氧树脂浇注式干式变压器为例,介绍干式变压器的特点。

环氧树脂是一种早就广泛应用的化工原料,它不仅是一种难燃、阻燃的材料,且具有优越的电气性能,后来逐渐为电工制造业所采用。自从1964年德国制造出首台环氧浇注式干式变压器后,这项技术在欧洲发展得很快,并不断推出各种新的专利制造技术,这些技术也不断推向世界。由于我国的干式变压器制造技术主要是从德国等欧洲国家引进的,所以迄今全国生产的干式变压器中,绝大多数都是环氧浇注式。

这里应当强调的是:由于环氧树脂与空气和变压器油相比具有很高的绝缘强度,加之浇注成型后又具有机械强度高以及优越的防潮、防尘性能,所以特别适合于制造干式变压器。早期的环氧浇注式干式变压器为B级绝缘,目前国内产品大多数均为F级绝缘,也有少数为H级绝缘的。目前,从全面的技术经济性来看,世界上公认的环氧浇注式干式变压器的最高电压为35 kV(个别产品曾达66/77 kV),最大容量为20 MVA,基准冲击水平(BIL)不超过250 kV。环氧树脂浇注式干式变压器具有以下几个特点:

(1)绝缘强度高。浇注用环氧树脂具有18~22 kV/mm的绝缘击穿场强,且与电压等级相同的油浸式变压器具有大致相同的雷电冲击强度。

(2)抗短路能力强。由于树脂的材料特性,加之绕组是整体浇注,经加热固化成型后成为一个刚体,所以机械强度很高,经突发短路试验证明,浇注式变压器因短路而损坏的极少。

(3)防灾性能突出。环氧树脂难燃、阻燃并能自行熄灭,不致引发爆炸等二次灾害。

(4)环境性能优越。环氧树脂是化学上极其稳定的一种材料,防潮、防尘,即使在大气污秽等恶劣环境下也能可靠地运行,甚至可在100%湿度下正常运行,停运后无须干燥预热即可再次投运。可以在恶劣的环境条件下运行,是环氧浇注式干式变压器较之浸渍式干式变压器的突出优点之一。

(5)维护工作量很小。由于有了完善的温控、温显系统,目前环氧浇注式干式变压器的日常运行维护工作量很小,从而可以大大减轻运行人员的负担,并降低运行费用。

(6)运行损耗低,运行效率高。

(7)噪声低。

(8)体积小、重量轻,安装调试方便。

(9)不需单独的变压器室,不需吊芯检修,节约占地面积,相应节省土建投资。

三、干式变压器的运行维护

(一)运行前检查及要求

(1)检查所有紧固件、连接件是否松动,并重新紧固一次。但紧固铜螺母时,扭矩不能过大,以免造成滑丝。

(2)检查运输时拆下的零部件是否重新安装妥当,并检查变压器内是否有异物存在,特别是变压器风道内、下垫块上,应作仔细检查。

（3）检查风机、温度控制装置以及其他辅助器件能否正常运行。

（二）运行前的试验

（1）测量三相绕组在所有分接头位置的直流电阻和电压比，并进行连接组别的判定。

（2）检查变压器箱体与铁芯是否已永久性接地。

（3）绕组绝缘电阻的测试。一般情况下（温度20～30 ℃，湿度≤90%），高压—低压及地≥300 MΩ（2 500 V兆欧表），低压—地≥100 MΩ（2 500 V兆欧表）。

在比较潮湿的环境条件下，其绝缘电阻值会有所下降。一般情况下，若每1 000 V额定电压其绝缘电阻值不小于2 MΩ（1 min，25 ℃时的读数），就能满足运行要求。但若变压器受潮而发生凝露现象，则不论其绝缘电阻如何，在其进行耐压试验或投入运行前，必须进行干燥处理。

（4）铁芯绝缘电阻的测试。一般情况下（温度20～30 ℃，湿度≤90%），铁芯—夹件及地≥2 MΩ（2 500 V兆欧表），穿心螺杆—铁芯及地≥2 MΩ（2 500 V兆欧表）。

同样，在比较潮湿的环境下，其绝缘电阻值会有所下降。一般情况下，其绝缘电阻值≥0.1 MΩ就能运行。但若变压器受潮严重，则在其进行耐压试验或投入运行前必须进行干燥处理。

（5）对于有载调压变压器，应根据有载调压分接开关使用说明书作投入运行前的必要检查和试验。

（6）若对变压器作外施工频耐压试验，其试验电压为出厂试验电压的85%。

（三）投网运行及监视

（1）变压器投入运行前，应根据电网电压测试值，按其铭牌和分接指示牌将其分接片（对有载调压变压器将有载分接开关）调到合适的位置。如变压器输出电压偏高，在确保高压一次侧断电的情况下，将分接头的连接片往上（①挡方向）调；如变压器输出电压偏低，在确保高压一次侧断电的情况下，将分接头的连接片往下（②挡方向）调。

（2）变压器有温度控制箱和温度显示仪时，请参看其使用说明书先将其单独调试运行正常。将变压器投入运行后，再将温度控制箱和温度显示仪投入运行。

（3）变压器应在空载时合闸投入运行，其合闸涌流峰值可达10倍额定电流，对变压器的电流速动保护设定值应大于涌流峰值。

（4）变压器投入运行后，所带负载应由轻到重，且随时检查变压器有无异响，切忌盲目一次大负载投入。

（5）变压器负载运行应参照《干式电力变压器负载导则》（GB/T 17211—1998）或各公司的《干式变压器技术手册》中的过载能力曲线。

（6）变压器退出运行后，一般不需要采取其他措施即可重新投入运行。但若是在高温下且变压器已发生凝露现象，那么必须经干燥处理后变压器才能重新投入运行。

（四）正常运行方式及其处理

为了保证变压器能正常运行，需对它进行定期检查和维护：

（1）一般在干燥清洁的场所，每年或更长一点时间进行一次检查；而在其他场所，如可能有灰尘或化学烟雾污染的空气进入时，每3～6个月进行一次检查。

（2）检查时，如发现过多的灰尘聚集，则必须清除，以保证空气流通和防止绝缘击穿。

特别要注意清洁变压器的绝缘子、下垫块凸台处,以及高压绕组表面,并使用干燥的压缩空气(2~5个大气压)吹净通风气道中的灰尘。

(3)检查紧固件、连接件是否松动,导电零部件有无生锈、腐蚀的痕迹。还要观察绝缘表面有无爬电痕迹和炭化现象,必要时应采取相应的措施进行处理。

(4)干式变压器运行若干年(建议5年)后可通过进行绝缘电阻及直流电阻的测试来判断变压器能否继续运行。一般无须进行其他测试。

(五)日常检查和维护

干式变压器运行中的维护性检修及维修项目应综合分析各种因素确定。

干式变压器运行监视应符合下列规定:

(1)应经常监视温控温显仪表的显示值,其抄表次数由现场用户规定;当干式变压器超过额定电流运行时,应及时作好记录;应在最大负载运行期间测量三相电流,并设法保持其基本平衡。

(2)干式变压器运行中应按规定检查外观,确认其处于正常运行状态;若发现事故症状,应及时处理。日常检查项目有:

①运行状态。电流、电压、负荷、频率、功率因数有无异常。

②温度有无异常。这是日常检查项目中很重要的一项,要认真做好。在进行温度测量时,必须确保测量仪表本身的准确性。若确认温度出现异常,则应立即采取措施。

③有无异常响声和振动。外壳内有无共振音,铁板有无共振音,有无接地不良引起的放电声,附件有无异常响声和振动。

④风机冷却装置。除声音外,确认有无振动和异常温度。

⑤引线接头、电缆母线。根据示温涂料变色和油漆判断引线接头和电缆、母线有无过热。若发现异常,应退出运行并作检查修理。

⑥有载分接开关、触头等有无过热或异常。若发现异常,应退出运行并作检查修理。

⑦绕组、铁芯等污染情况。浇注绕组是否附着脏物,铁芯、套管上是否有污染。有异常时应尽早清扫。

⑧臭味。强度高时,附着的脏物或绝缘件有无烧焦、发出臭味。有异常时应尽早清扫、处置。

⑨绝缘件、绕组外观。绝缘件、绕组表面有无炭化和放电痕迹,是否有龟裂。有异常时应尽早清扫、处置。

⑩外壳。检查是否有异物进入、雨水滴入和污染。

⑪变压器室。门窗、照明是否完好,温度是否正常。

(3)下列情况下,干式变压器应增加巡视检查次数:

①新设备或经过检修、改造后投运72 h内。

②有严重缺陷时。

③天气突变(如大风、大雨、大雪、冰雹、寒冷等)时。

④雷雨季节,特别是雷雨后。

⑤高温季节,高峰负载期间。

⑥急救超载运行时。

（4）干式变压器在投入运行后,每隔一定时间(每年至少一次)应进行一次停电检查,检查内容如下:

①干式变压器各部位有无尘埃堆积,有无生锈。

②温控温显仪表的显示值准确度,记录曾出现过的最高温度。

③接头及各导电部位是否过热、松弛。

④风机冷却装置是否能按设定可靠运行。

⑤各部位绝缘是否有变色、脱层、龟裂,情况严重要及时向制造厂反映。

⑥检查、检测干式变压器接地系统:接地导体有无损伤、断裂,连接头是否松弛、损坏,检测整个接地系统是否坚固可靠——这一检测对变压器及其配电系统是非常重要的!

（5）干式变压器的投运和停运应符合下列规定:

①在投运前,检查和确认变压器及其保护装置是否具备带电运行条件。

②新投运的变压器应按有关规定先试运行。

③变压器明显受潮或进水时,在投运前应先进行干燥处理,使绝缘电阻符合表1-7的规定。

表1-7　绝缘电阻测定基准

额定电压(kV)	<1	3	6	10	20	35
绝缘电阻(MΩ)	5	20	20	30	50	100

④备用的变压器具备随时投运的条件,长期停运时应定期充电和启动风冷装置。干式变压器投运时,先空载投电源侧;停运时先停负载侧,后停电源侧。

⑤干式变压器在停运和保管期间应注意防水、防潮和污染,以防绝缘受潮、构件生锈。

（六）不正常运行方式及其处理

干式变压器在运行中有不正常现象出现时,应尽快设法消除并及时作好处理。

（1）有下列情况之一时,应立即停运:

①响声异常、明显增大,或存在局部放电响声,发生异常过热现象。

②冒烟、着火。

③发生危及安全的故障而其保护装置拒绝动作。

④附近设备着火、爆炸或发生其他对变压器构成严重威胁的情况。

当上述情况发生时,若有备用干式变压器,应尽快投入运行。

（2）变压器温升超过规定时,应按下列步骤检查处理:

①当同时装有温度控制及温度显示装置时,可分别读取其温度显示值,判定测温装置的正确性。

②检查变压器的运行负载和各绕组的温度,并与运行记录中同一负载条件下的正常温度进行比较核对。

③检查变压器冷却装置或变压器室的通风情况。当温度升高的原因是由于风冷装置的故障时,值班人员可按现场规程的规定,调低变压器运行负载,使变压器的温度下降。

④在正常负载和风冷条件下,干式变压器温度不正常且不断上升,并已证明测温装置

指示值正确,且认为变压器发生内部故障时,应立即停运。

⑤当干式变压器在超铭牌电流方式下运行,温升值超过最高允许值时,立即降低负载。

(3)干式变压器在低负载运行、温升较低时,风机不投入运行。

(4)铁芯多点接地而接地电流较大时,安排检修处理。在缺陷消除前采取措施将电流限制在100 mA左右,并加强监视。

(5)系统发生单相接地故障时,监视消弧线圈和接有消弧线圈变压器的运行情况。

(6)干式变压器在保护动作跳闸时,查明原因,应根据以下因素作出判断:

①保护及直流等二次回路是否正常。

②温控与温显装置的示值是否一致。

③外观上有没有明显反映故障的异常现象。

④输出侧电网和设备有没有故障。

⑤必要的电气试验结果。

⑥其他继电保护装置的动作情况。

(7)干式变压器跳闸和着火时,应按下列要求处理:

①干式变压器跳闸后,经判断确认跳闸不是由内部故障所引起的,可重新投入运行,否则作进一步检查。

②干式变压器跳闸后,停用风机。

③干式变压器着火时,立即断开电源,停止风冷装置,并迅速采取灭火措施。

第二章 变压器的交接试验和预防性试验

变压器从制造开始到使用寿命终止,一般要经过三个阶段的试验。第一阶段——出厂试验,这是试验项目最多最全的一个试验段,试验目的是检查变压器在制造过程中工艺、材料是否符合设计要求;第二阶段——安装交接试验,目的是检查运输和安装过程中变压器是否受到撞击或损伤,安装质量是否良好;第三阶段——运行中的预防性试验,目的是在运行中防患于未然,保证变压器在运行中安全可靠。

一方面,个别变压器在制造过程中可能存在潜伏性故障,或是在运输和安装过程中不慎也可能产生潜在的缺陷,特别是绝缘或绕组紧固件等要害部位的缺陷,在出厂、交接试验中未发现而遗留在设备中,经过若干年运行后,该缺陷开始恶化,同时变压器运行管理单位在日常运行管理过程中放松了对带有缺陷变压器的监测,则必然威胁着变压器的安全运行,甚至可能造成设备的恶性故障;另一方面,即便变压器在制造、运输和安装过程中没有遗留隐患,但在运行中因各种异常也有可能损伤变压器绝缘或造成某一部位异常而引发故障,若不及时发现,同样会发生突发运行事故。实践表明,通过常规的预防性试验可以发现变压器运行中存在的缺陷,有效地避免事故的发生。

变压器的电气试验通常包括:绝缘试验、泄漏电流测量、介质损耗试验、直流电阻测量、局部放电试验、变压器变比测量、交流耐压等试验。下面简单介绍各项试验的目的、用途、原理和判别依据。

第一节 变压器绕组直流电阻的测量

一、试验目的

检查绕组各接头的焊接质量和绕组有无匝间短路,分接开关的各个位置接触是否良好以及分接开关的实际位置与指示位置是否相符,引出线有无断裂,多股导线并绕的绕组是否有断股的情况。

二、适用范围及使用的仪器

适用范围:交接、大修、预试、无载调压变压器改变分接位置后、变压器故障后。
使用的仪器:QJ42 型单臂电桥、QJ44 型双臂电桥或直流电阻测试仪。

三、试验方法

(一)电流电压表法

电流电压表法又称电压降法。电压降法的测量原理是在被测量绕组中通以直流电流,因而在绕组的电阻上产生电压降,测量出通过绕组的电流及绕组上的电压降,根据欧姆定律,即可计算出绕组的直流电阻。测量接线如图2-1所示。

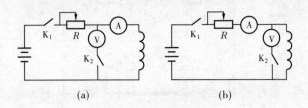

图2-1 直流电阻测量接线

测量时,应先接通电流回路,待测量回路的电流稳定后再合开关 K_2,接入电压表。当测量结束,切断电源之前,应先断 K_2,后断 K_1,以免感应电动势损坏电压表。测量用仪表准确度应不低于0.5级,电流表应选用内阻小的,电压表应尽量选内阻大的4位高精度数字式万用表。当试验采用恒流源,数字式万用表内阻又很大时,一般来讲,都可使用图2-1(b)所示的接线测量。

根据欧姆定律,由式(2-1)即可计算出被测电阻的直流电阻值。

$$R_X = U/I \tag{2-1}$$

式中 R_X——被测电阻,Ω;

　　　U——被测电阻两端电压降,V;

　　　I——通过被测电阻的电流,A。

电流表的导线应有足够的截面,并应尽量地短,且接触良好,以减小引线和接触电阻带来的测量误差。当测量电感量大的电阻时,要有足够的充电时间。

(二)平衡电桥法

应用电桥平衡的原理测量绕组直流电阻的方法称为电桥法。常用的直流电桥有单臂电桥与双臂电桥两种。单臂电桥常用于测量1 Ω 以上的电阻,双臂电桥适宜测量准确度要求高的小电阻。

双臂电桥的测量步骤如下:

(1)测量前,首先调节电桥检流计机械零位旋钮,置检流计指针于零位。接通测量仪器电源。具有放大器的检流计应操作调节电桥电气零位旋钮,置检流计指针于零位。

(2)接入被测电阻时如图2-2所示,双臂电桥电压端子 U_1、U_2 所引出的接线应比由电流端子 C_1、C_2 所引出的接线更靠近被测电阻。

(3)测量前首先估计被测电阻的数值,并按估计的电阻值选择电桥的标准电阻 R_N 和适当的倍率进行测量,使"比较臂"可调电阻各挡充分被利用,以提高读数的精度。测量时,先接通电流回路,待电流达到稳定值时,接通检流计。调节读数臂阻值使检流计指零。被测电阻按式(2-2)计算

$$被测电阻 = 倍率 \times 读数臂指示 \tag{2-2}$$

(4)如果需要外接电源,则电源应根据电桥要求选取,一般电压为2~4 V。接线不仅要注意极性正确,而且要接牢靠,以免脱落致使电桥不平衡而损坏检流计。

(5)测量结束时,应先断开检流计按钮,再断开电源,以免在测量具有电感的直流电阻时其自感电动势损坏检流计。选择标准电阻时,应尽量使其阻值与被测电阻在同一数

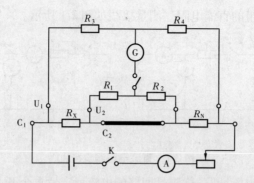

G—检流计；R_1、R_2、R_3、R_4—桥臂电阻；R_X—被测电阻；R_N—标准电阻；
C_1、C_2—被测电阻电流接头；U_1、U_2—被测电阻电压接头

图 2-2　双臂电桥测绕组直流电阻原理接线图

量级,最好满足下列关系式

$$0.1R_X < R_N < 10R_X \tag{2-3}$$

(三)用数字式直流电阻测量仪测量绕组的直流电阻

数字式直流电阻测量仪是为变压器直流电阻测量而设计的快速测试设备。数字式直流电阻测量仪具有输出电压稳定、输出电流大等特点。整机由微机控制,自动完成自校、稳流判断、数据处理、阻值显示及打印放电指示等功能。

数字式变压器直流电阻测量仪可极大地节省时间,使之更适合于变压器绕组的常态和温升试验。并且数字式直流电阻测量仪同时具有操作简便、精度高,内置不掉电存储器、可长期保存测量数据,抗干扰、防震、携带方便等特点,可以测试 1 μΩ ~ 3 MΩ 的电阻,最大显示 30 000 位。最高测试速度 60 次/s,测试速度在 15 次/s 下,依然可以保证 0.05% 的准确度。

数字式直流电阻测量仪一般由恒流电源、放电电路、放大和模数转换电路、计算机、打印机、显示、按键几部分构成,见图 2-3。$R_测$ 为测试绕组的直流电阻。$R_标$ 为已知的机内电流采样电阻。当回路通过恒定电流 I 时,绕组的电压降

$$V_1 = IR_测$$

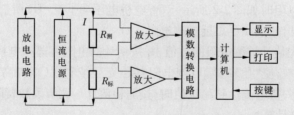

图 2-3　系统工作框图

采样电阻 $R_标$ 电压降

$$V_标 = IR_标$$

因此可以计算出

$$R_测 = V_1/I = V_1/V_标 \times R_标$$

数字式直流电阻测量仪的接线方式如图2-4所示。

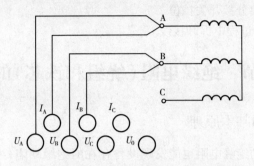

图2-4 数字式直流电阻测量仪的接线方式

数字式直流电阻测量仪必须满足以下技术要求,才能得到真实可靠的测量值:

(1)恒流源的纹波系数要小于0.1%(电阻负载下测量)。

(2)测量数据要在回路达到稳态时读取,测量电阻值应在5 min内测值变化不大于0.5%。

(3)测量软件要求为近期数据均方根处理,不能用全事件平均处理。

四、试验结果的分析判断

(1)16 000 kVA以上的变压器,各相绕组电阻相互的差别不应大于三相平均值的2%,无中性点引出的绕组,线间差别不应大于三相平均值的1%;

(2)16 000 kVA以下的变压器,相间差别一般不大于三相平均值的4%,线间差别一般不大于三相平均值的2%;

(3)与以前相同部位测得值比较,其变化不应大于2%;

(4)三相电阻不平衡的原因:分接开关接触不良,焊接不良,三角形连接绕组其中一相断线,套管的导电杆与绕组连接处接触不良,绕组匝间短路,导线断裂及断股等。

五、注意事项

(1)不同温度下的电阻换算公式

$$R_2 = R_1(T + t_2)/(T + t_1) \qquad (2-4)$$

式中 R_1、R_2——温度 t_1、t_2 时的电阻值;

  T——计算用常数,铜导线取235,铝导线取225。

(2)测试应按照仪器或电桥的操作要求进行。

(3)连接导线应有足够的截面,长度相同,接触必须良好(用单臂电桥时应减去引线电阻)。

(4)准确测量绕组的平均温度。

(5)测量应有足够的充电时间,以保证测量准确;变压器容量较大时,可加大充电电流,以缩短充电时间。

(6)如电阻相间差值在出厂时已超过规定,制造厂已说明了造成偏差的原因,则按标准要求执行。

（7）使用数字式直流电阻测量仪测量时，在切换无载分接开关挡位前必须退出放电，待放电结束后方可切换分接开关挡位。

（8）不允许在试验过程中拆卸接线。

第二节　绝缘电阻（绕组和铁芯）的测量

一、试验目的和基本原理

通过测量变压器的绝缘电阻也能发现设备存在的绝缘缺陷，绝缘电阻测量具有接线简单、操作简便、读数直观的特点。通常采用手动或电动兆欧表来测量变压器的绝缘电阻和吸收比（或极化指数），能有效发现绝缘受潮及局部缺陷，如瓷套管表面脏污或破裂，绝缘油劣化，引出线接地等。

在测量变压器的绝缘电阻时，测量端和接地端之间构成充有油纸复合绝缘介质的电容器，而兆欧表加在被试变压器的测量端子上，测量的是直流电压，兆欧表呈现出电阻快速上升变化，随着时间的延长，最终趋于某一个稳定值。这种现象是由被测变压器的复合绝缘介质电容器充电电流的变化引起的，而这个电流可以看作由以下三个电流组成：

（1）电容电流（i_c）：指在直流电场的作用下，绝缘介质的电子或离子快速定向极化过程中形成的位移电流。该电流的特点是建立时间短，电荷移动迅速，所呈现的电流就很大，持续时间短。

（2）电导电流（i_g）：指在直流电场的作用下，受约束力薄弱的少数带电质点做有规律的定向运动，形成的微弱电流，且电流的大小不随时间的变化而变化。在场强不高时，其回路符合欧姆定律，电导电流的大小取决于电介质的电阻率。

（3）吸收电流（i_a）：是一种随时间的延长缓慢衰减的电流（如图 2-5 所示）。变压器的复合油纸绝缘是一种由多层介质组成的不均匀介质（也称为夹层电介质或绝缘），由于各层的介电系数和电导系数不相同，在电场作用之下，各层中的电位，最初按介电系数分布（即按电容量分布），以后逐渐过渡到按电导系数分布（即按电阻分布）。此时，在各层电介质的交界面上的电荷必然移动，以适应电位的重新分布，最后在交界面上积累起电荷。在施加电压的初期，电容在电压的作用下开始充电，一旦充电完毕，电容就呈现出隔直通交的状态，此时在各层电介质交界面上聚集的电荷全部通过电导电流来实现，直到电荷聚满为止。这样就表现出电流随时间的延长缓慢衰减，最后趋向电导电流达到稳定的特点。

综上所述，在实际测试工作中，可利用夹层绝缘的吸收电流随时间变化非常明显这一特征来判断绝缘的状态，如图 2-5（a）表示绝缘良好，图 2-5（b）表示绝缘受潮。由于随时间的延长，吸收电流变化越来越慢，所以在测试绝缘电阻时要规定时间，在现行的电气设备交接和预防性试验标准中，一般利用 60 s 和 15 s 时的绝缘电阻比值（即 R_{60}/R_{15}，统称为吸收比），或 10 min 和 1 min 的比值（也称为极化指数），作为判断绝缘受潮程度或脏污状况的一个指标。绝缘受潮或脏污，泄漏电流增加，吸收现象就不明显了。

二、试验时使用的仪器

试验时使用的仪器主要为 2 500 ~ 5 000 V 手动或电动兆欧表。小浪底水电厂使用的

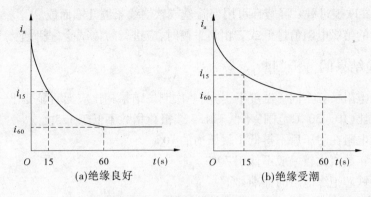

(a)绝缘良好　　　　　　　　(b)绝缘受潮

图 2-5　绝缘介质的吸收电流

AVO 数字式电动兆欧表采用中大规模集成电路,由表内电池经 A/D 变换产生高压直流由 E 到 L 极的电流,经过 I/V 变换,再经过除法器完成运算,直接将绝缘电阻值显示在表面的 LCD 上。其具有自放电功能,输出直流电压为 100 V、250 V、500 V、1 000 V、1 500 V、2 000 V、2 500 V 和 5 000 V。原理见图 2-6 所示。

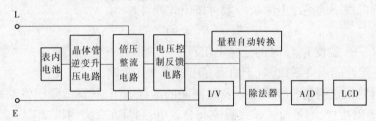

图 2-6　数字式电动兆欧表原理

三、试验步骤

(1)断开被试品的电源,拆除或断开对外的一切连线,并将其接地放电。此项操作应利用绝缘工具(如绝缘棒、绝缘钳等)进行,不得用手直接接触放电导线。

(2)用干燥、清洁、柔软的布擦去被试品表面的污垢,必要时可先用汽油或其他适当的去垢剂洗净套管表面的积污。

(3)将兆欧表放置平稳,驱动兆欧表,此时兆欧表的指针应指"∞",将被试品的接地端接于兆欧表的接地端头"E"上,测量端接于兆欧表的火线端头"L"上。如遇被试品表面的泄漏电流较大时,或对重要的被试品,如发电机、变压器等,为避免表面泄漏的影响,必须加以屏蔽。屏蔽线应接在兆欧表的屏蔽端头"G"上。选择适当的电压量程,按下启动按钮,表盘上的红灯开始闪烁,测量开始。

(4)读取绝缘电阻的数值,分别读取 15 s 和 60 s 或 1 min 和 10 min 时的绝缘电阻值。

(5)读取绝缘电阻值后,按下停止按钮,这时表盘上红灯熄灭,放电自动完成,先取下接至被试品的火线,再取下接地线。

(6)在湿度较大的条件下进行测量时,可在被试品表面加等电位屏蔽。此时在接线时要注意,被试品上的屏蔽环应接近加压的火线而远离接地部分,减少屏蔽对地的表面泄漏,以免造成兆欧表过载。屏蔽环可用保险丝或软铜线紧缠几圈而成。

(7)测得的绝缘电阻值过低或三相不平衡时,应进行解体试验,查明绝缘不良部位。

四、试验结果的分析判断

(1)绝缘电阻换算至同一温度下,与前一次测试结果相比应无明显变化。

(2)吸收比(10~30 ℃范围)不低于1.3或极化指数不低于1.5。

(3)绝缘电阻在耐压后不得低于耐压前的70%。

(4)与历年数值比较一般不低于70%。

(5)测量铁芯绝缘电阻的标准如下:

①与以前测试结果相比无显著差别,一般对地绝缘电阻不小于50 MΩ;

②运行中铁芯接地电流一般不大于0.1 A;

③夹件引出接地的可单独对夹件进行测量。

五、注意事项

(1)不同温度下的绝缘电阻值一般可按下式换算

$$R_2 = R_1 \times 10^{\alpha(t_1-t_2)} \tag{2-5}$$

式中　R_1、R_2——温度 t_1、t_2 时的绝缘电阻;

　　α——绝缘的温度系数,对于油浸变压器为0.017 24。

(2)测量时依次测量各线圈对地及线圈间的绝缘电阻,被试线圈引线端短接,非被试线圈引线端短路接地,测量前被试线圈应充分放电;测量在交流耐压试验前后进行。

(3)变压器应在充油后静置5 h以上,8 000 kVA以上的应静置20 h以上才能测量。

(4)吸收比指在同一次试验中60 s与15 s时的绝缘电阻值之比,极化指数指10 min与1 min时的绝缘电阻值之比,220 kV、120 000 kVA及以上变压器需测极化指数。

(5)测量时应注意套管表面的清洁及温度、湿度的影响。

(6)读数后应先断开被试品一端,后停摇兆欧表,最后充分对地放电。

第三节　介质损耗角正切值的测量

一、绕组的 tanδ 及其电容量

在交流或直流电场中,电介质都要消耗能量,统称电介质的损耗。电介质的损耗通常分为电导损耗、游离损耗以及极化损耗,下面一一进行叙述。

(1)电导损耗。电导损耗是指电介质在电场的作用下,电导电流使电介质发热产生的损耗。一般情况下,电介质的电导损耗是很小的,但当绝缘表面的电导急剧增大时,这一损耗也急剧增大。

(2)游离损耗。在电介质中,当出现局部场强集中的地方,电场场强高于某一个值时,就会产生游离放电,又称局部放电。局部放电伴随着很大的能量损耗,这些损耗即为游离损耗,是因游离和电子柱轰击而产生的,只是在外加电压超过一定的值时才会出现,

且随电压的升高而急剧增加。

（3）极化损耗。在外施交流电源的情况下，电介质在交变场强的作用下，内部带电质点沿着电场变化的方向作反复转动或往返的有限度的移动和重新排列（极化），在反复极化的过程中，带电质点的活动要克服质子相互之间的束缚力或分子之间的摩擦力，因此也要消耗能量。这些损耗即为极化损耗。

正常情况下，变压器对地的主绝缘被看成是一个电容，在交变电场的作用下，流过介质的电流为容性电流，且电流超前电压的角度为 90°。但是由于电介质损耗的存在，流过电介质的电流为有功分量，所以电流超前电压一个角度 ϕ，ϕ 小于 90°。δ 为 ϕ 的余角，称为介质损耗角。我们将电介质看成由一个电阻与一个理想的无损电容 C 并联而成的等值电路，δ 的大小决定于电介质中有功电流与无功电流之比。

由等值电路的分析计算可知，介质损耗功率 P 与外施电压的平方和电源频率成正比。如外加电压和频率不变，则介质损耗与 $\tan\delta$ 也成正比；如果其电容 C 与介电常数 ε 成正比，则介质损耗也正比于 ε 和 $\tan\delta$。对于固定形状和结构的被试品来说，其介电常数 ε 是定值，故同类变压器绝缘的优劣，可以直接以 $\tan\delta$ 的大小来判断。

二、试验目的

测量 $\tan\delta$ 是一种使用较多而且对判断绝缘较为有效的方法。通过测量 $\tan\delta$ 可以反映出绝缘的一系列缺陷，如绝缘受潮，油或浸渍物脏污或劣化变质，绝缘中有气隙发生放电等。

三、适用范围

交接、大修、预试、必要时（35 kV 及以上，10 kV 容量大于 1 600 kVA）。

四、试验时使用的仪器

自动介损测量仪、QS1 型西林电桥。

五、试验方法

（一）QS1 型西林电桥

1. 技术特性

QS1 型电桥的额定工作电压为 10 kV，$\tan\delta$ 测量范围是 0.5% ~60%，试品电容 C_X 是 30 pF ~0.4 μF（当 C_N 为 50 pF 时）。该电桥的测量误差为：$\tan\delta = 0.5\%$ ~3% 时，绝对误差不大于 ±0.3%；$\tan\delta = 3\%$ ~60% 时，相对误差不大于 ±10%。被试品电容量 C_X 的测量误差不大于 ±5%。如果工作电压高于 10 kV，通常只能采用正接线法并配用相应电压的标准电容器。电桥也可降低电压使用，但灵敏度会下降，这时为了保持灵敏度，可相应增加 C_N 的电容量（例如并联或更换标准电容器）。

2. 接线方式

1）正接线

所谓正接线，就是正常接线，如图 2-7 所示。在正接线时，桥体处于低压，操作安全方便。因不受被试品对地寄生电容的影响,测量准确。但这时要求被试品两极均能对地绝缘(如电容式套管、耦合电容器等),由于现场设备外壳几乎都是固定接地的,故正接线的采用受到了一定限制。

2)反接线

反接线适用于被试品一极接地的情况,故在现场应用较广,如图2-8所示。这时的高、低电压端恰与正接线相反,D点接往高压而C点接地,因而称为反接线。

在反接线时,电桥体内各桥臂及部件处于高电位,所以在面板上的各种操作都是通过绝缘柱传动的。此时,被试品高压电极连同引线的对地寄生电容将与被试品电容 C_X 并联而造成测量误差,尤其是 C_X 值较小时更为显著。

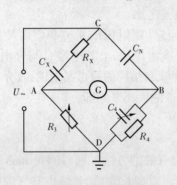
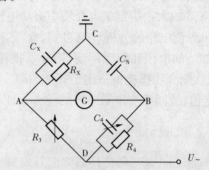

| 图2-7　正接线原理 | 图2-8　反接线原理 |

3)对角接线

当被试品一极接地而电桥又没有足够绝缘强度进行反接线测量时,可采用对角接线,如图2-9所示。在对角接线时,由于试验变压器高压绕组引出线回路和设备对地(包括对低压绕组)的全部寄生电容均与 C_X 并联,给测量结果带来很大误差。因此,要进行两次测量,一次不接被试品,另一次接被试品,然后按式(2-6)、式(2-7)计算,以消除寄生电容的影响。

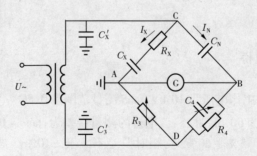

C'_X—高压端寄生电容;C'_3—低压端寄生电容

图2-9　对角接线原理

$$\tan\delta = (C_2 \tan\delta_2 - C_1 \tan\delta_1)/(C_2 - C_1) \tag{2-6}$$

$$C_X = C_2 - C_1 \tag{2-7}$$

式中　$\tan\delta_1$——未接入被试品时的测得值;

$\tan\delta_2$——接入被试品后的测得值;

C_1——未接入被试品时测得的电容;

C_2——接入被试品后测得的电容。

这种接线只有在被试品电容远大于寄生电容时才宜采用。用 QS1 型电桥作对角线测量时,还需将电桥后背板引线插头座拆开,将 D 点的输出线屏蔽与接地线断开,以免与地接通将 R_3 短路。此外,在电桥内装有一套低压电源和标准电容器,供低压测量用,通常用来测量低压(100 V)大容量电容器的特性。当标准电容 $C_N = 0.001\ \mu F$ 时,试品电容 C_X 的范围是 300 pF ~ 10 μF;当 $C_N = 0.01\ \mu F$ 时,C_X 的范围是 3 000 pF ~ 100 μF。$\tan\delta$ 的测量精度与高压测量法相同,C_X 的误差应不大于 ±5%。

(二)数字式自动介损测量仪

数字式自动介损测量仪的基本原理为矢量电压法。数字式自动介损测量仪为一体化设计结构,内置高压试验电源和 BR26 型标准电容器,能够自动测量电气设备的电容量及介质损耗等参数,并具备先进的干扰自动抑制功能,即使在强烈电磁干扰环境下也能进行精确测量。通过软件设置,能自动施加 10.5 kV 或 2 kV 测试电压,并具有完善的安全防护措施,能由外接调压器供电,可实现试验电压在 1 ~ 10 kV 范围内的任意调节。当现场干扰特别严重时,可配置 45 ~ 60 Hz 异频调压电源,使其能在强电场干扰下准确测量。

数字式自动介损测量仪为一体化设计结构,使用时把试验电源输出端用专用高压双屏蔽电缆(带插头及接线挂钩)与试品的高电位端相连,把测量输入端(分为不接地试品和接地试品两个输入端)用专用低压屏蔽电缆与试品的低电位端相连,即可实现对不接地试品或接地试品(以及具有保护的接地试品)的电容量及介质损耗角正切值的测量。

在测量接地试品时,接线原理见图 2-10,它与常用的闭型电桥反接测量方式有所不同。现以单相双绕组变压器为例,说明具体的接线方式。

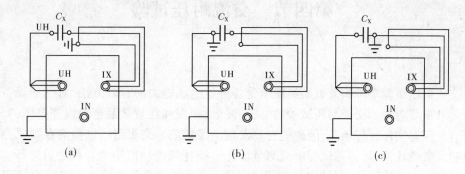

图 2-10 单相双绕组变压器接线原理

测量高压绕组对低压绕组的电容 C_{H-L} 时,按照图 2-10(a)所示方式连接试验回路,低压测量信号 IX 应与测试仪的不接地试品输入端相连,即相当于使用 QS1 型电桥的正接测试方式。

测量高压绕组对低压绕组及地的电容 $C_{H-L} + C_{H-G}$ 时,应按照图 2-10(b)所示方式连接试验回路,低压测量信号 IX 应与测试仪的接地试品输入端相连,即相当于使用 QS1 型电桥的反接测试方式。

当仅测量高压绕组对地之间的电容 C_{H-C} 时,按照图 2-10(c)所示方式连接试验回路,低压测量信号 IX 应与测试仪的接地试品输入端相连,并把低压绕组短路后与测量电缆所提供的屏蔽 E 端相连,即相当于使用 QS1 型电桥的反接测试方式。

六、试验结果的分析判断

(1)20 ℃时 tanδ 不应大于下列数值:330 ~ 500 kV,0.6%;66 ~ 220 kV,0.8%;35 kV 及以下,1.5%。

(2)tanδ 值与历年的数值比较不应有显著变化(一般不大于 30%)。

(3)试验电压如下:绕组电压 10 kV 及以上为 10 kV,绕组电压 10 kV 以下为 U_n(额定电压)。

(4)用 M 型试验仪器时试验电压自行规定。

七、注意事项

(1)采用反接法测量,加压 10 kV,非被试线圈短路接地。

(2)测量按试验时使用仪器的有关操作要求进行。

(3)应采取适当的措施消除电场及磁场干扰,如屏蔽法、倒相法、移相法。

(4)被试绕组应接地或屏蔽。

(5)测量温度以顶层油温为准,尽量使每次测量的温度相近。

(6)尽量在油温低于 50 ℃时测量,不同温度下的 tanδ 值一般可按下式换算

$$tanδ_2 = tanδ_1 × 1.5^{(t_1-t_2)/10} \tag{2-8}$$

式中　　$tanδ_1$、$tanδ_2$——温度 t_1 和 t_2 时的 tanδ 值。

第四节　交流耐压试验

一、试验目的

交流耐压试验是考验被试品绝缘承受各种过电压能力的有效方法,对保证设备安全运行具有重要意义。交流耐压试验的电压、波形、频率和在被试品绝缘内部电压的分布,均符合变压器实际运行情况,因此能有效发现绝缘缺陷。交流耐压试验应在被试品的绝缘电阻及吸收比测量、直流泄漏电流测量及介质损耗角正切值测量合格之后进行。如在这些试验中已查明绝缘有缺陷,则应设法消除,并重新试验合格后才能进行交流耐压试验,以免造成不必要的损坏。

交流耐压试验对于变压器绕组绝缘来说,会使原来存在的绝缘弱点进一步发展,使绝缘强度逐渐衰减,形成绝缘内部劣化的累积效应,这是我们所不希望的。因此,必须正确地选择试验电压的标准和耐压时间。试验电压越高,发现绝缘缺陷的有效性越高,但被试品击穿的可能性越大,积累效应也越严重。反之,试验电压低,不能有效发现绝缘存在的缺陷,造成设备在运行中因制造存在的缺陷而引发绝缘击穿。另外,绝缘击穿电压值与加压的持续时间有关,其击穿电压随加压时间的增加而逐渐降低,现行标准规定,试验加压

时间为 1 min,这样既能使存在弱点的绝缘来得及暴露缺陷,又不至于因时间过长造成不应有的绝缘击穿。国家根据各种设备的绝缘材质和可能遭受的过电压倍数,规定了相应的试验电压标准。

二、适用范围

交接、大修、更换绕组后,必要时,6~10 kV 站用变压器 2 年一次。

三、试验时使用的仪器

试验变压器、调压器、球隙、分压器、水阻等。

四、试验方法

交流耐压试验的接线,应按被试品的要求(电压、容量)和现有试验设备条件来决定。通常试验时采用成套设备(包括控制及调压设备),现场常对控制回路加以简化,例如采用图 2-11 所示的试验电路。试验回路中的熔断器、电磁开关和过流继电器,都是为保证在试验回路发生短路和被试品击穿时,能迅速可靠地切断试验电源而设置的;电压互感器用来测量被试品上的电压;毫安表和电压表用以测量及监视试验过程中的电流和电压。

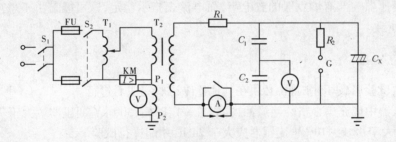

图 2-11 交流耐压试验接线示意图

进行交流耐压试验的被试品一般为容性负荷,当被试品的电容量较大时,电容电流在试验变压器的漏抗上就会产生较大的压降。由于被试品上的电压与试验变压器漏抗上的电压相位相反,有可能因电容电压升高而使被试品上的电压比试验变压器的输出电压还高,因此要求在被试品上直接测量电压。

此外,由于被试品的容抗与试验变压器的漏抗是串联的,因而当回路的自振频率与电源基波或其高次谐波频率相同而产生串联谐振时,在被试品上就会产生比电源电压高得多的过电压。通常调压器与试验变压器的漏抗不大,而被试品的容抗很大,所以一般不会产生串联谐振过电压。但在试验大容量的被试品时,若谐振频率为 50 Hz,应满足 $C_X <$ 3 184$/X_L(\mu F)$ 即 $X_C > X_L$,X_L 是调压器和试验变压器的漏抗之和。为避免三次谐波分量谐振,可在试验变压器低压绕组上并联 LC 串联回路或采用线电压。当被试品闪络击穿时,也会由于试验变压器绕组内部的电磁振荡,在试验变压器的匝间或层间产生过电压。因此,要求在试验回路内串入保护电阻 R_1,将过电流限制在试验变压器与被试品允许的范围内。但保护电阻不宜选得过大,太大了会由于负载电流而产生较大的压降和损耗;R_1 的另一作用是在被试品击穿时,防止试验变压器高压侧产生过大的电动力。R_1 按 0.1 ~

0.5 Ω/V 选取(对于大容量的被试品可适当选小些)。

五、试验结果的分析判断

(1)油浸变压器(电抗器)试验电压值按试验规程执行。

(2)干式变压器全部更换绕组时,试验电压值按出厂试验电压值;部分更换绕组和定期试验时,按出厂试验电压值的0.85倍。

(3)被试设备一般经过交流耐压试验,在规定的持续时间内不发生击穿,耐压前后绝缘电阻不降低30%,取耐压前后油样做色谱分析正常,则认为合格;反之,则认为不合格。

(4)在试验过程中,若空气湿度、温度或表面脏污等的影响,仅引起表面滑闪放电或空气放电,应经过清洁和干燥等处理后重新试验;如由于瓷件表面釉层损伤或老化等引起放电(如加压后表面出现局部红火),则认为不合格。

(5)电流表指示突然上升或下降,有可能是变压器被击穿。

(6)在升压阶段或持续时间阶段,如发生清脆响亮的"当当"放电声音,像用金属物撞击油箱的声音,这是由于油隙距离不够或是电场畸变引起绝缘结构击穿,此时伴有放电声,电流表指示发生突变。当重复进行试验时,放电电压下降不明显。如有较小的"当当"放电声音,表计摆动不大,在重复试验时放电现象消失,往往是由于油中有气泡。

(7)如变压器内部有炒豆般的放电声,而电流表指示稳定,这可能是由于悬浮的金属件对地放电所致。

六、注意事项

(1)此项试验属破坏性试验,必须在其他绝缘试验完成后进行。

(2)变压器中应充满合格的绝缘油,并静置一定时间,500 kV 变压器应大于 72 h,220 kV 变压器应大于 48 h,110 kV 变压器应大于 24 h,才能进行试验。

(3)接线必须正确,加压前应仔细进行检查,保持足够的安全距离,非被试线圈需短路接地,并接入保护电阻和球隙,调压器回零。

(4)升压必须从零开始,升压速度在40%试验电压内不受限制,其后应按每秒3%的试验电压均匀升压。

(5)试验可根据试验回路的电流表、电压表的突然变化,控制回路过流继电器的动作,被试品放电或击穿的声音进行判断。

(6)交流耐压前后应测量绝缘电阻和吸收比,两次测量结果不应有明显差别。

(7)如试验中发生放电或击穿,应立即降压,查明故障部位。

第五节 绕组泄漏电流试验

变压器绕组绝缘泄漏电流的测量,其原理在本质上同绝缘电阻测量大致是相同的。在直流高电压的作用下,流过被试变压器的电流同样是由电导电流、瞬时充电电流(电容电流)和吸收电流组成的,只不过施加的电压比测量绝缘电阻时的电压高出很多,所以充电电流衰减时间比绝缘电阻测量短,在 1 min 左右就衰减到零,即此时流过被试品的电流几乎就只剩下较稳定的电导电流。在此状态下,被试品的伏安特性,即电导电流与外施电压的低值区域的关系曲线是呈线性的。当外施电压继续升高时,此曲线将转为非线性,电导电流会急剧增加,产生更大的热损耗,形成绝缘击穿。在线性段的伏安关系成正比关系的特性,恰好为此试验查找被试变压器的缺陷提供了较有说服力的判据。若被试变压器存在绝缘老化、机械损伤或局部受潮等类型的缺陷,就会导致电导电流增大,区段的线性关系遭到破坏。

一、试验目的

直流泄漏电流试验的电压一般都比兆欧表电压高,并可任意调节,因而它比兆欧表发现缺陷的有效性高,能灵敏地反映瓷质绝缘的裂纹、夹层绝缘的内部受潮及局部松散断裂、绝缘油的劣化、绝缘的沿面炭化等。

二、适用范围

交接、大修、预试、必要时(35 kV 及以上,不含 35/0.4 kV 变压器)。

三、试验时使用的仪器

试验变压器或直流发生器、微安表。

四、试验方法

试验回路一般是由自耦调压器、试验变压器、高压二极管和测量表计组成的半波整流试验接线,根据微安表在试验回路中所处的位置不同,可分为两种基本接线方式,现分述如下。

(一)微安表接在高压侧

微安表接在高压侧的试验原理接线,如图 2-12 所示。

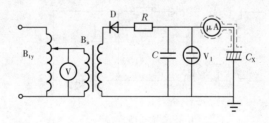

B_{ty}—自耦调压器;B_s—试验变压器;D—高压二极管;R—保护电阻;

C—稳压电容;V_1—高压静电电压表;C_X—被试品;μA—微安表

图 2-12 微安表接在高压侧的试验原理接线图

由图 2-12 可见,试验变压器的高压端接至高压二极管 D(硅堆)的负极,由于空气中负极性电压下击穿场强较高,为防止外绝缘闪络,直流试验常用负极性输出。由于二极管的单向导电性,在其正极就有负极性的直流高压输出。选择硅堆的反峰电压时应有20%的裕度;如用多个硅堆串联,应并联均压电阻,电阻值可选约 1 000 MΩ。为减小直流电压的脉动,在被试品 C_X 上并联滤波电容器 C,电容值一般不小于 0.1 μF。对于电容量较大的被试品,如发电机、电缆等可以不加稳压电容。半波整流时,试验回路产生的直流电压为

$$U_d = U_2 / \sqrt{2} - I_d / (2\pi f C) \tag{2-9}$$

式中 U_d——直流电压(平均值),V;

$\quad\quad\ C$——滤波电容,μF;

$\quad\quad\ f$——电源频率,Hz;

$\quad\quad\ I_d$——整流回路输出直流电流,A;

$\quad\quad\ U_2$——试验变压器输出电压。

当回路不接负载时,直流输出电压即为变压器二次输出电压的峰值。因此,现场试验选择试验变压器的电压时,应考虑到负载压降,并给高压试验变压器输出电压留一定裕度。

这种接线的特点是:微安表处于高压端,不受高压对地杂散电流的影响,测量的泄漏电流较准确。但微安表及从微安表至被试品的引线应加屏蔽。由于微安表处于高压,故给读数及切换量程带来不便。

(二)微安表接在低压侧

微安表接在低压侧的接线图如图 2-13 所示。这种接线微安表处在低电位,具有读数安全、切换量程方便的优点。

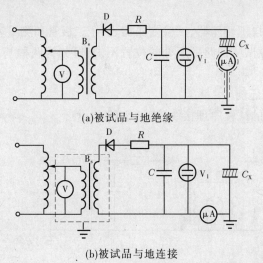

(a)被试品与地绝缘

(b)被试品与地连接

图 2-13　微安表接在低压侧

当被试品的接地端能与地绝缘时,宜采用图 2-13(a)所示的接线。若不能分开,则采用图 2-13(b)所示的接线。由于这种接线的高压引线对地形成的杂散电流将流经微安表,从而使测量结果偏大,其误差随周围环境、气候和试验变压器的绝缘状况而异。所以,一般情况下,应尽可能采用图 2-13(a)所示的接线。

五、试验结果的分析判断

(1)试验电压见试验规程。

(2)与前一次测试结果相比应无明显变化。

(3)泄漏电流最大容许值应符合试验规程的规定。

六、注意事项

(1)35 kV 及以上的变压器(不含 35/0.4 kV 的配电变压器)必须进行,读取 1 min 时的泄漏电流。

(2)试验时的加压部位与测量绝缘电阻时相同,应注意套管表面的清洁及温度、湿度对测量结果的影响。

(3)对测量结果进行分析判断时,主要是与同类型变压器、各线圈相互比较,不应有明显变化。

(4)微安表接于高压侧时,绝缘支柱应牢固可靠,防止摇摆倾倒。

(5)试验设备的布置要紧凑、连接线要短,宜用屏蔽导线,既安全又便于操作;对地要有足够的距离,接地线应牢固可靠。

(6)应将被试品表面擦拭干净,并加屏蔽,以消除被试品表面脏污带来的测量误差。

(7)能分相试的被试品应分相试验,非试验相应短路接地。

(8)试验电容量小的被试品应加稳压电容。

(9)试验结束后,应对被试品进行充分放电。

(10)泄漏电流过大,应先检查试验回路各设备状况和屏蔽是否良好,在排除外因之后,才能对被试品作出正确的结论。

(11)泄漏电流过小,应检查接线是否正确,微安表保护部分有无分流与断线。

(12)高压连接导线对地泄漏电流的影响。由于与被试品连接的导线通常暴露在空气中(不加屏蔽时),被试品的加压端也暴露在外,所以周围空气有可能发生游离,产生对地的泄漏电流,尤其在海拔高、空气稀薄的地方更容易发生游离,将影响测量的准确度。用增加导线直径、减少尖端或加防晕罩、缩短导线、增加对地距离等措施,可减少对地泄漏电流对测量结果的影响。

(13)空气湿度对表面泄漏电流的影响。当空气湿度大时,表面泄漏电流远大于体积泄漏电流,若被试品表面脏污,易于吸潮使表面泄漏电流增加,所以必须擦净表面,并用屏蔽电极。

第六节　变压器的空载电流、空载损耗试验

变压器的空载试验,是从变压器的任何一侧绕组施加正弦波额定频率的额定电压,其他绕组开路,测量变压器的空载损耗和空载电流的试验。空载电流以实测的空载电流 I_0 占额定电流 I_e 的百分数来表示,记为 i_0。按定义有

$$i_0 = \frac{I_0}{I_e} \times 100\% \qquad (2\text{-}10)$$

当试验测得的空载电流数值与设计计算值、出厂值、同类型变压器或大修前的数据有明显差异时，应查明原因。

空载损耗主要是铁损，即消耗于铁芯中的磁滞损耗和涡流损耗。空载时激磁电流流过原边绕组也要产生电阻损耗，如果激磁电流数值较小，可以忽略不计。空载损耗和空载电流的大小取决于变压器的容量、铁芯的构造、硅钢片的质量和铁芯制造工艺等因素。

导致空载损耗和空载电流增大的原因主要有：硅钢片间绝缘不良；某一部分硅钢片短路；穿心螺栓或压板、上轭铁以及其他部分的绝缘损坏形成短路匝；磁路中硅钢片性能不好制造工艺不良、接缝过大，或运行中松动，出现气隙，使磁阻增大；绕组匝间短路或并联支路间产生环流使空载功率增大。

一、试验目的

检查变压器磁路是否符合设计值，大修后与大修前是否有明显变化。

二、适用范围

设备交接时、更换绕组后、必要时。

三、试验时使用的仪器

调压器、升压变压器、电流互感器、电压互感器、电流表、电压表、功率表等。

四、试验方法

(一)额定条件下的试验

试验采用图2-14～图2-16的接线。所用仪表的准确度等级不低于0.5级，并采用低功率因数功率表(当用双功率表法测量时，也允许采用普通功率表)。

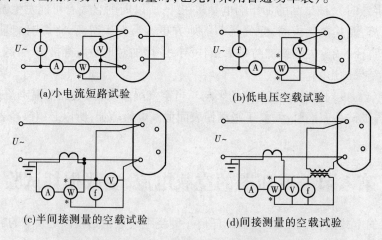

(a)小电流短路试验　　　(b)低电压空载试验

(c)半间接测量的空载试验　　　(d)间接测量的空载试验

图2-14　单相变压器损耗试验的测量接线图

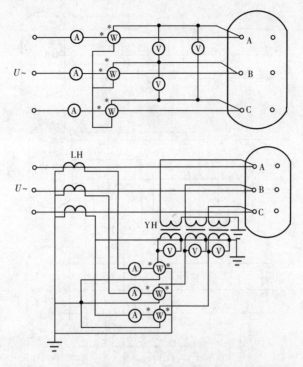

图 2-15　三功率表法直接和间接测量变压器损耗接线图

互感器的准确度应不低于 0.2 级。根据试验条件，在试品的一侧（通常是低压侧）施加额定电压，其余各侧开路，运行中处于低电位的线端和外壳都应妥善接地。空载电流应取三相电流的平均值，并换算为额定电流的百分数，即

$$i_0 = \left[(I_{0A} + I_{0B} + I_{0C})/(3I_e) \right] \times 100\% \tag{2-11}$$

式中　I_{0A}、I_{0B}、I_{0C}——三相实测的电流；

　　　I_e——试验加压线圈的额定电流。

试验所加电压应该是实际对称的，即负序分量值不大于正序值的 5%；试验应在额定电压、额定频率和正弦波电压的条件下进行。但现场往往难以满足这些条件，因而要尽可能进行校正，校正方法如下。

1. 试验电压

变压器的铁损可认为与负载大小无关，即空载时的损耗等于负载时的铁芯损耗，但这是额定电压时的情况。如电压偏离额定值，空载损耗和空载电流都会急剧变化。这是因为变压器铁芯中的磁感应强度取在磁化曲线的饱和段，当所加电压偏离额定电压时，空载电流和空载损耗将非线性地显著增大或减小，这中间的相互关系只能由试验来确定。

由于试验电源多取自电网，如果电压不好调，则应将分接开关接头置于与试验电压相应的位置试验，并尽可能在额定电压附近选做几点。例如，改变供电变压器的分接开关位置，再将各电压下测得的 P_0 和 I_0 作出曲线，从而查出相应的额定电压下的数值。如在小于额定电压，但不低于 90% 额定电压值的情况下试验，可用外推法确定额定电压下的数值，即在半对数坐标纸上录制 I_0、P_0 与 U 的关系曲线，并近似地假定 I_0、P_0 是 U 的指数函

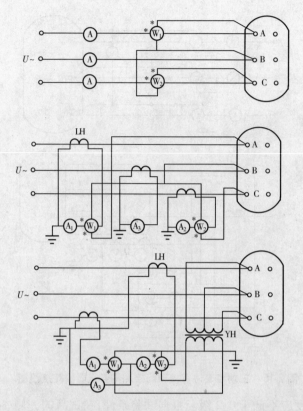

A—电流表;W—功率表;LH—电流互感器;YH—电压互感器

图 2-16 双功率表法直接和间接测量变压器损耗接线图

数,因而曲线是一条直线,可延长直线求得 U_e 下的 I_0、P_0。应指出,这一方法会有相当误差,因为指数函数的关系并不符合实际。

2. 试验电源频率

变压器可在与额定频率相差 ±5% 的情况下进行试验,此时施加于变压器上的电压应为

$$U_1 = U_e \cdot (f_1 / f_e) = U_e \cdot (f_1 / 50) \tag{2-12}$$

式中 f_1——试验电源频率;

f_e——额定频率,即 50 Hz;

U_1——试验电源电压;

U_e——额定电压。

由于在 f_1 下所测的空载电流 I_1 接近于额定频率下的 I_0,所以这样测得的空载电流无须校正,空载损耗按照下式换算

$$P_0 = P_1(60/f_1 - 0.2) \tag{2-13}$$

式中 P_1——在频率为 f_1、电压为 U_1 时测得的空载损耗。

(二)低电压下的试验

低电压下测量空载损耗,在制造和运行部门主要用于铁芯装配过程中的检查,以及事故和大修后的检查试验。主要目的是检查绕组有无金属性匝间短路、并联支路的匝数是

否相同、线圈和分接开关的接线有无错误、磁路中铁芯片间有无绝缘不良等缺陷。

试验时所加电压,通常选择在 $5\% \sim 10\%$ 额定电压范围内。低电压下的空载试验,必须计及仪表损耗对测量结果的影响,而且测得数据主要用于相互比较,换算到额定电压时误差较大,可按照下式换算

$$P_0 = P_1 (U_e / U_1)^n \qquad (2\text{-}14)$$

式中　U_1——试验时所加电压;

　　　U_e——绕组额定电压;

　　　P_1——电压为 U_1 时测得的空载损耗;

　　　P_0——相当于额定电压下的空载损耗;

　　　n——指数,数值决定于铁芯硅钢片种类,热轧的取 1.8,冷轧的取 $1.9 \sim 2$。

(三)三相变压器分相试验

经过三相空载试验后,如发现损耗超过国家标准,应分别测量单相损耗。通过对各相空载损耗的分析比较,观察空载损耗在各相的分布情况,以检查各绕组或磁路中有无局部缺陷。事故和大修后的检查试验,也可用分相试验方法。进行三相变压器分相试验的基本方法,就是将三相变压器当作三台单相变压器,轮换加压,也就是依次将变压器的一相绕组短路,其他两相绕组施加电压,测量空载损耗和空载电流。短路的目的是使该相无磁通,因而无损耗。

1. 加压绕组为三角形连接

采用单相电源,依次在 ab、bc、ca 相加压,非加压绕组依次短路(即 bc、ca 、ab),分相试验接线如图 2-17 所示。加于变压器绕组上的电压应为线电压,测得的损耗按照下式计算

$$P_0 = (P_{0ab} + P_{0bc} + P_{0ca})/2 \qquad (2\text{-}15)$$

式中　P_{0ab}、P_{0bc}、P_{0ca}——ab、bc、ca 相三次测得的损耗。

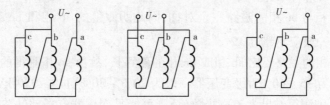

图 2-17　单相试验接线(三角形连接)

空载电流按下式计算

$$I_0 = 0.289(I_{0ab} + I_{0bc} + I_{0ca})/I_e \times 100\% \qquad (2\text{-}16)$$

2. 加压绕组为星形连接

依次在 ab、bc、ca 相加压,非加压绕组应短路,如图 2-18 所示。若无法对加压绕组短路,则必须将二次绕组的相应相短路,如图 2-19 所示,施加电压 U 应为二倍相电压,即

$$U = \frac{2U_L}{\sqrt{3}}$$

式中　U_L——线电压。

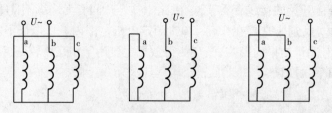

图2-18 单相试验接线(星形连接)

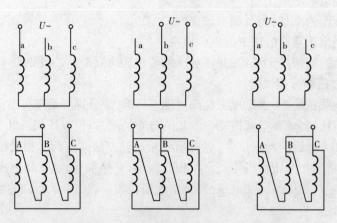

图2-19 单相试验时二次侧绕组对应相短路

测量的损耗仍然按照式(2-15)进行计算,空载电流百分数为

$$I_0 = 0.333(I_{0ab} + I_{0bc} + I_{0ca})/I_e \times 100\% \tag{2-17}$$

由于现场条件所限,当试验电压达不到上述要求($2U_L/\sqrt{3}$)时,低电压下测量的损耗如需换算到额定电压,可按照式(2-14)换算。

3. 分相测量结果的分析评判

(1)由于 ab 相与 bc 相的磁路完全对称,因此所测得的 ab 相和 bc 相的损耗 P_{0ab} 和 P_{0bc} 应相等,偏差一般应不超过3%。

(2)由于 ac 相的磁路要比 ab 相或 bc 相的磁路长,故由 ac 相测得的损耗应较 ab 相或 bc 相大,电压为 35～60 kV 级变压器一般为 20%～30%,110～220 kV 级变压器一般为 30%～40%。如测得结果大于这些数值,则可能是变压器有局部缺陷,例如铁芯故障将使相应相激磁损耗增加。同理,如短路某相时测得其他两相损耗都小,则该被短路相即为故障相。这种分相测量损耗判断故障的方法,称为比较法。

(四)试验电源容量的确定

为了选用合适的试验电源,必须在试验前确定试验电源的容量。

根据变压器的铭牌及铭牌上的空载电流百分数(无铭牌或铭牌未给出具体数值时,可查取同形式变压器的额定数据),在额定电压下进行试验时,电源容量按下式计算

$$S_1 = S_e i_0 \tag{2-18}$$

式中　S_1——试验所需电源容量;

　　　S_e——变压器额定容量;

i_0——变压器空载电流百分数。

五、试验结果的分析判断

试验结果与出厂值相比应该无明显变化,当数据出现明显变化时,应按上述导致空载损耗和空载电流增大的原因进行查找。

六、注意事项

(1)空载试验采用从零升压进行,在低压侧加压,高(中)压侧开路,中性点接地,测量采用双功率表法或三功率表法。

(2)此试验在常规试验全部合格后进行,将分接开关置额定挡,通电前应对变压器本体及套管放气。

(3)试验应设置紧急跳闸装置。

(4)平均电流

$$I_{平均} = (I_A + I_B + I_C)/3 \tag{2-19}$$

空载电流

$$i_0 = I_{平均}/I_e \times 100\% \tag{2-20}$$

空载损耗

$$P_0 = (P_1 + P_2 + P_3)/2 \tag{2-21}$$

第七节　绕组分接开关分接头的电压比的测量

一、试验目的

检查变压器绕组匝数比的正确性;检查分接开关的状况;变压器故障后,通过测量电压比来检查变压器是否存在匝间短路;判断变压器是否可以并列运行。

二、适用范围

设备交接时、分接开关引线拆装后、更换绕组后、必要时。

三、试验时使用的仪器

QJ35 型变比电桥或变比测试仪。

四、试验方法

(一)用双电压表法测量电压比

1. 直接双电压表法

在变压器的一侧施加电压,并用电压表在一次、二次绕组两侧测量电压(线电压或用相电压换算成线电压),两侧线电压之比即为所测电压比。

测量电压比时要求电源电压稳定,必要时需加稳压装置,二次侧电压表引线应尽量短,且接触良好,以免引起误差。测量用电压表准确度应不低于0.5级,一次、二次侧电压必须同时读数。

2.采用电压互感器的双电压表法

在被试变压器的额定电压下测量电压比时,一般没有较准确的高压交流电压表,必须经电压互感器来测量。所使用的电压表准确度不低于0.5级,电压互感器准确度应为0.2级,其试验接线如图2-20所示。

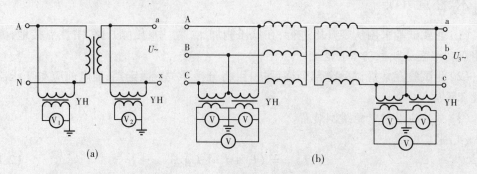

图2-20 双电压表法试验接线

其中,图2-20(b)为用两台单相电压互感器组成的 V 形接线,此时互感器必须极性相同。

当大型电力变压器瞬时全压励磁时,可能在变压器中产生涌流,因而在二次侧产生过电压,所以测量用的电压表在充电的瞬间必须是断开状态。为了避免涌流可能产生的过电压,可以用发电机调压,这在发电厂容易实现,而变电所则只有在变压器新投入运行或大修后的冲击合闸试验时一并进行。对于 110/10 kV 的高压变压器,如在低压侧用 380 V 励磁,高压侧需用电压互感器测量电压。电压互感器的准确度应比电压表高一级,电压表为0.5级,电压互感器应为0.2级。

(二)用变比电桥测量变压比

利用变比电桥能够很方便地测量出被试变压器的变压比。只需要在被试变压器的一次侧加电压 U_1,则在变压器的二次侧感应出电压 U_2,调整电阻 R_1,使检流计指零,然后通过简单的计算求出电压比 K。

测量电压比的计算公式为

$$K = U_1 / U_2 = (R_1 + R_2) / R_2 = 1 + R_1 / R_2 \tag{2-22}$$

QJ35 型变比电桥,测量电压比范围为 1.02 ~ 111.12,准确度为 ±0.2%,完全可以满足我国电力系统测量变压比的要求。

(三)自动变比测试仪

按照仪器的需要,输入相关参数,按接线图和操作步骤,测出每个分接位置的变压比。

五、试验结果的分析判断

(1)各相分接头的电压比与铭牌值相比,不应有显著差别,且符合规律。

(2)电压35 kV 以下,电压比小于3 的变压器,允许偏差为 ±1%;其他所有变压器:额定分接电压比允许偏差 ±0.5%，其他分接的电压比允许偏差应在变压器阻抗电压值的 1/10 以内，但不得超过 ±1%。

六、注意事项

仪器的操作按要求进行，首先计算额定变比，然后加压测量实际变比与额定变比的误差。

第八节　校核三相变压器的组别和单相变压器的极性

当一个通电绕组中有磁通变化时，就会产生感应电势，感应电势为正（电流流出）的一端称为正极性端，感应电势为负的一端称为负极性端。如果磁通的方向发生改变，则感应电势的方向和端子的极性都会随之改变。所以，在交流电路中，正极性端和负极性端都只能对某一时刻而言。

变压器中，为了更好地说明绕在同一铁芯上两个绕组的感应电势间的相对关系，我们引入"极性"的概念。实际上，变压器绕组的绕向有左绕和右绕两种。所谓左绕，就是从绕组底部顺着导线向上看（或从绕组顶部顺着导线向下看）逆时针方向绕；右绕则相反，为顺时针方向。同一铁芯上的两个绕组有同一磁通通过，绕向相同则感应电势方向相同，绕向相反则感应电势方向相反。所以，变压器的原、副边绕组的绕向和端子标号一经确定，就要用"加极性"和"减极性"来表示原、副边感应电势间的相位关系。如图 2-21（a）所示，两绕组绕向相同，有同一磁通穿过。因此，两绕组内的感应电势，在同名端子间任何时刻都有相同的极性。此时原、副边电压 U_{AX} 和 U_{ax} 相位相同，如连接 X 和 x，U_{Aa} 等于两电压的差，则该变压器为"减极性"的。如将副边绕组端子标号交换，如图 2-21（b）所示，显然同名端子间的电势将变成方向相反，电压相位相差 180°。这时连接 X 和 x 后，U_{Aa} 是 U_{AX} 和 U_{ax} 的和，则变压器称为"加极性"的。

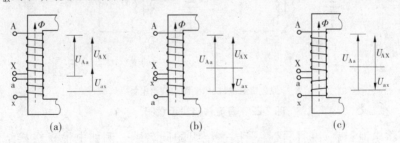

图 2-21　绕组的接线示意图

一台三相变压器除绕组间的极性外，因三相绕组的连接方式和引出线的端子标号不同，其原边绕组和副边绕组对应线电压的相位差也会改变。不同的相位差，代表着不同的接线组别。不管绕组的连接方式和引出线接线标志怎样变化，但最终原、副边间的对应线电压的相位差只有 12 种情况，且都是 30° 的倍数。通常将原边线电压超前对应副边线电压 30° 称为 1 组，以此类推，两电压重合的为 12 组。组别是变压器并列运行的重要条件之一，若参加并列运行的变压器接线组别不一致，将出现不能允许的环流。因此，在出厂、交接和绕组大修后都应测量绕组接线的极性和组别。

一、试验目的

由于变压器的绕组在一次、二次侧间存在着极性关系,当几个绕组互相连接组合时,无论接成串联或并联,都必须知道极性才能正确进行。

变压器接线组别是并列运行的重要条件之一,若参加并列运行的变压器接线组别不一致,将出现不能允许的环流。

二、适用范围

交接时、更换绕组后、内部接线变动后。

三、试验时使用的仪器

万用表或直流毫伏表、电压表、相位表。

四、试验方法

(一)极性校核试验方法

1. 直流法

如图 2-22 所示,将 1.5~3 V 直流电池经开关 K 接在变压器的高压端子 A、X 上,在变压器二次绕组端子上连接一个直流毫伏表(或微安表、万用表)。

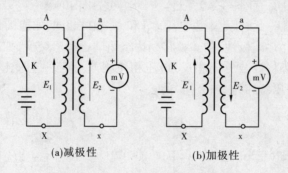

(a)减极性　　　　　　　(b)加极性

E_1—原边绕组电势;E_2—副边绕组电势

图 2-22　直流法接线示意图

注意,要将电池和表计的同极性端接往绕组的同名端。例如电池正极接绕组 A 端子,表计正极性端要相应地接到二次 a 端子上。测量时要细心观察表计指针偏转方向。当合上开关瞬间指针向右偏(正方向),而拉开开关瞬间指针向左偏时,则变压器是减极性的。若偏转方向与上述方向相反,则变压器就是加极性的。试验时应反复操作几次,以免误判断。在开、关的瞬间,不可触及绕组端头,以防触电。

2. 交流法

如图 2-23(a)所示,将变压器一次侧的 A 端子与二次侧的 a 端子用导线连接,在高压侧加交流电压,测量加入的电压 U_{AX} 和低压侧电压 U_{ax} 与未连接的一对同名端子间的电压

U_{Xx}。如果 $U_{Xx} = U_{AX} - U_{ax}$，则变压器为减极性的；若 $U_{Xx} = U_{AX} + U_{ax}$，则变压器为加极性的。

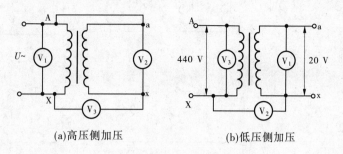

(a)高压侧加压   (b)低压侧加压

图 2-23　交流法接线示意图

交流法比直流法可靠，但在变压器变比较大的情况下（$K > 20$），交流法很难得到明显的结果，因为 $U_{Xx} = U_{AX} - U_{ax}$ 与 $U_{Xx} = U_{AX} + U_{ax}$ 的差别很小。这时可以从变压器的低压侧加压，使减极性和加极性之间的差别增大。如图 2-23（b）所示，一台 220/10 kV 变压器，其变比 $K = 22$。若在 10 kV 侧加压 20 V，则

$U_{Xx} = 440 - 20$（V），为减极性；

或 $U_{Xx} = 440 + 20$（V），为加极性。

一般电压表的最大测量范围为 0 ~ 600 V，而且差值为 440 ± 20（V）时分辨明显，完全可以满足要求。

（二）组别试验方法

1. 直流法

如图 2-24 所示，用一低压直流电源（通常用两节 1.5 V 干电池串联），轮流加入变压器的高压侧 AB、BC、CA 端子，并相应记录接在低压端子 ab、bc、ca 上仪表指针的指示方向及最大数值。测量时应注意电池和仪表的极性。例如，AB 端子接电池，A 接正，B 接负。表计也是一样的，a 接正，b 接负。图 2-24 是对接线组别为 Y,y0 的变压器进行的 9 次测量的情况。图中正负号表示的是高压侧电源开关合上瞬间低压表计指示方向的正负；如是分闸瞬间，符号均应相反。

2. 双电压表法

连接变压器的高压侧 A 端与低压侧 a 端，在变压器的高压侧通入适当的低压电源，如图 2-25 所示。测量电压 U_{Bb}、U_{Bc}、U_{Cb}，并测量两侧的线电压 U_{AB}、U_{BC}、U_{CA} 和 U_{ab}、U_{bc}、U_{ca}。根据测量出的电压值，可以来判断组别。

3. 相位表法

利用相位表可直接测量出高压与低压线电压间的相位角，从而来判定组别，所以相位表法又叫直接法。

如图 2-26 所示，将相位表的电压线圈接于高压侧，其电流线圈经一可变电阻接入低压侧的对应端子上。当高压侧通入三相交流电压时，在低压侧感应出一个一定相位的电压。由于接的是电阻性负载，所以低压侧电流与电压同相。因此，测得的高压侧电压对

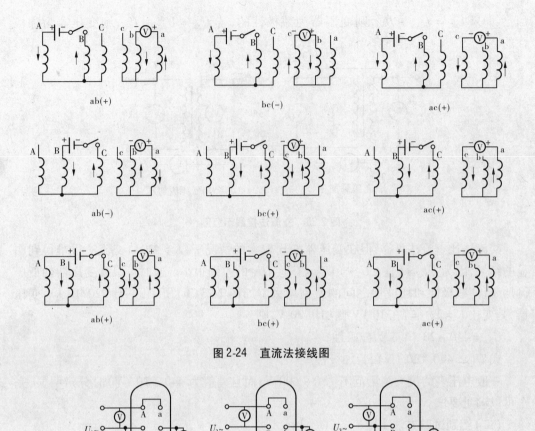

图 2-24　直流法接线图

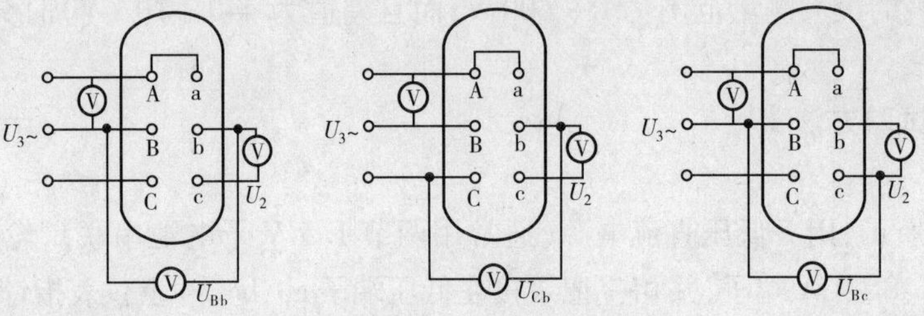

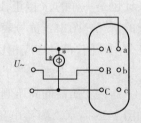

图 2-25　双电压法接线图

低压侧电流的相位就是高压侧电压对低压侧电压的相位。

五、试验结果的分析判断

测得的组别或极性应与铭牌和端子标志相符合。

六、注意事项

（1）测量极性可用直流法或交流法,试验时应反复操作几次,以免误判断。在开、关的瞬间,不可触及绕组端头,以防触电。

（2）测量接线组别可用直流法、双电压表法及相位表法三种,对于三绕组变压器,一般分两次测定,每次测定一对绕组。

（3）直流法测量时应注意电池和仪表的极性。在测量变压器变压比大的变压器时,应加较高电压,并用小量程表计,以便仪表有明显指示,最好能采用中间指零的仪表。操作时要先接通测量回路,再接通电源回路,读数后要先断开电源回路,后断开测量回路

图 2-26　相位表法接线图

表计。

（4）双电压表法试验时要注意三相电压的不平衡度不宜超过 2%，电压表宜采用 0.5级的表。

（5）用相位表法测量时，对单相变压器要供给单相电源，对三相变压器要供给三相电源，接线时要注意相位表两线圈的极性。

（6）在被试变压器的高压侧供给相位表规定的电压。一般相位表有几挡电压量程，电压比大的变压器用高电压量程，电压比小的用低电压量程。可变电阻的数值要调节适当，电流线圈中的电流值不能超过额定值，也不得低于额定值的 20%。

（7）必要时，可在试验前，用已知接线组别的变压器核对相位表的正确性。

第九节　局部放电试验

局部放电测量作为可以避免破坏的试验项目，越来越受到大型电力变压器运行管理单位的重视，因为它是确定变压器绝缘系统结构可靠性的重要指标之一。局部放电测量的目的是证明变压器内部有没有破坏性的放电源存在，同时还可分析变压器内部是否存在介电强度过高的区域，因为这样的区域可能对变压器长期安全运行造成危害。众所周知，变压器中的绝缘有两种形态：固体，如环氧树脂、纸成型绝缘件、木撑条等；液体，如变压器油等。在导体之间或对地绝缘体内存在空穴、气泡、介质间的油隙，沿介质表面局部场强过高、绝缘表面污秽受潮以及变压器设计不合理造成局部场强过高，受电动力或机械力的作用等因素，都能引起局部放电。局部放电是电介质中的一部分原子或分子产生电离和去电离的运动形式。电离是从外施电场中吸取能量，生成正、负电荷，并使电荷运动。去电离是正、负电荷中和，释放能量，生成新的原子和分子。在这个过程中，产生持续时间为微秒级的脉冲电流，发射电磁波。

表示局部放电强度的参数有视在电荷量 Q、重复率 N、脉冲放电能量 W。视在电荷量 Q 是指在试品两接线端瞬时注入的电量，能使试品两接线端的电压发生瞬时变化，其变化量与试品自身局部放电所引起的变化量相等，单位为 C 或 pC。重复率 N 是指在单位时间内发生的放电脉冲的平均数，它反映的是局部放电的频率。放电能量 W 是指一次局部放电所消耗的能量，其计算公式为

$$W = 0.7QU_i \tag{2-23}$$

式中　Q——视在电荷量；

　　　U_i——起始放电电压，是指试验电压从不产生局部放电的较低电压逐渐增加时，在试验中局部放电量超过某一规定值时的最低电压值。

另外，当试验电压从超过局部放电起始电压的较高值逐渐下降时，在试验中局部放电量小于某一规定值时的最高电压值为局部放电熄灭电压，通常记为 U_e。

根据局部放电过程中产生的各种物理现象，出现了两大类测量方法：电量检测法和非电量检测法。在工程上采用的电量检测法主要有三种：①无线电干扰电压法（RIV）；②脉冲电流法（ERA）；③特高频电磁波法。非电量检测法也有三种：①测声法：测量声波或超

声波;②测光法:测量红外线、紫外线或可见光;③测气法:分析油中乙炔和氢气含量。目前电量检测法广泛采用脉冲电流法。

一、试验目的

通过局部放电试验检测变压器内部有没有破坏性的放电源存在,同时还可分析变压器内部是否存在介电强度过高的区域,测定变压器局部放电的起始电压和熄灭电压。

二、适用范围

交接时、大修后、必要时。

三、试验时使用的仪器

倍频电源车、补偿电抗、局部放电测量系统。

四、试验方法

(一)局部放电试验前对试品的要求

(1)本试验在所有高压绝缘试验之后进行,必要时可在耐压试验前后各进行一次,以便相互比较。

(2)试品的表面应清洁干燥,试品在试验前不应受机械、热的作用。

(3)油浸绝缘的试品经长途运输颠簸或在注油工序之后,通常应静止48 h后,方能进行试验。

(4)测定回路的背景噪声水平应低于试品允许放电量的50%,当试品允许放电量较低(如小于10 pC)时,则背景噪声水平可以允许到试品允许放电量的100%。现场试验时,如以上条件达不到,可以允许有较大干扰,但不得影响测量读数。

(二)试验基本接线

变压器局部放电试验的基本原理接线如图 2-27 ~ 图 2-29 所示。

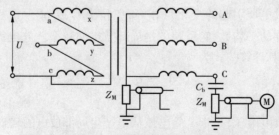

图 2-27　单相励磁测量变压器局部放电接线图

利用变压器套管电容作为耦合电容 C_b,并且在其末屏端子对地串接测量阻抗 Z_M。

(三)试验电源

试验电源一般采用 50 Hz 的倍频或其他合适的频率(避免变压器铁芯出现饱和)。三相变压器可三相励磁,也可单相励磁。

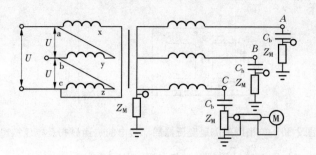

图 2-28　三相励磁测量变压器局部放电接线图

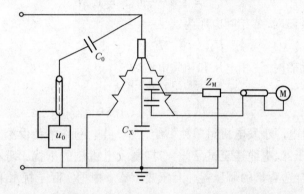

图 2-29　利用变压器高压套管分接头测量变压器局部放电接线图

（四）现场试验电源与试验方法

现场试验的理想电源,采用电动机—发电机组产生的中频电源、三相电源变压器开口三角接线产生的 150 Hz 电源,或其他形式产生的中频电源。试验电压与允许放电量应同制造厂协商。若无合适的中频或 150 Hz 电源,而又认为确有必要进行局部放电试验,则可采用降低电压的现场试验方法。其试验电压可根据实际情况尽可能高,持续时间和允许局部放电水平不作规定。降低电压试验法,不易激发变压器绝缘的局部放电缺陷。但经验表明,当变压器绝缘内部存在较严重的局部放电时,通过这种试验是能得出正确结果的。

（五）工频降低电压试验法

工频降低电压试验法有三相励磁、单相励磁和各种形式的电压支撑法。现推荐下述两种方法。

1.单相励磁法

单相励磁法利用套管作为耦合电容器 C_b,其接线如图 2-27 所示。这种方法较为符合变压器的实际运行状况。图 2-30 给出了双绕组变压器各铁芯的磁通分布及电压相量图(三绕组变压器的中压绕组情况相同)。

由于 C 相(或 A 相)单独励磁时,各柱磁通分布不均,A、B、C(或 A_M、B_M、C_M)相感应的电压又服从 $E=4.44fw\Phi$ 规律。因此,根据变压器的不同结构,当对 C 相励磁的感应电压为 U_c 时,B 相的感应电压约为 $0.7U_c$,A 相的感应电压约为 $0.3U_c$(若 A 相励磁时,则结果相反)。

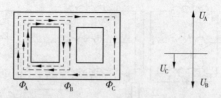

图 2-30　单相励磁测量变压器局部放电的磁通分布及电压相量图

当试验电压为 U, C 相单独励磁时, 各相间电压为

$$U_{CB} = 1.7U \ , \ U_{CA} = 1.3U$$

当 A 相单独励磁时, 各相间电压为

$$U_{BA} = 1.7U , U_{AC} = 1.3U$$

当 B 相单独励磁时, 三相电压和相间电压为

$$U_A = U_C = 0.5U_B$$

$$U_{BA} = U_{BC} = 1.5U$$

单相电源可由电厂小发电机组单独供给, 或以供电网络单独供给。选用合适的送电网络, 如经供电变压器、电缆送至试品, 对于抑制发电机侧的干扰十分有效。变电所的变压器试验, 则可选合适容量的调压器和升压变压器。根据实际干扰水平, 再选择相应的滤波器。

2. 中性点支撑法

将一定电压支撑于被试变压器的中性点(支撑电压的幅值不应超过被试变压器中性点耐受长时间工频电压的绝缘水平), 以提高线端试验电压的方法称为中性点支撑法。支撑方法有多种, 便于现场接线的支撑法如图 2-31 所示。

图 2-31(b)所示的试验方法中, A 相绕组的感应电压 U_g 为 2 倍的支撑电压 U_0, 则 A 相线端对地电压 U_A 为绕组的感应电压 U_g 与支撑电压 U_0 的和, 即

$$U_A = 3U_0$$

这就提高了 A 相绕组的线端试验电压。

根据试验电压的要求, 应适当选择放电量小的支撑变压器的容量和电压等级, 并进行必要的电容补偿。

五、试验结果的分析判断

国家标准《电力变压器》(GB 1094)中规定的变压器局部放电试验的加压时间和顺序, 如图 2-32 所示。

其试验步骤为: 首先试验电压升到 U_2 进行测量, 保持 5 min; 然后试验电压升到 U_1, 保持 5 s; 最后电压降到 U_2 再进行测量, 保持 30 min。

U_1、U_2 的电压值规定及允许的放电量为

$$U_1 = \frac{\sqrt{3} U_m}{\sqrt{3}} = U_m$$

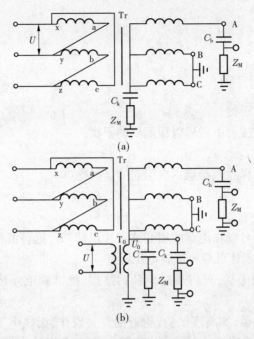

(a)

(b)

图 2-31   中性点支撑法测量变压器局部放电接线原理图

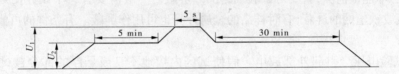

图 2-32   变压器局部放电试验加压时间和顺序

$U_2 = 1.5 U_m / \sqrt{3}$ 电压下允许放电量 $Q < 500$ pC；

$U_2 = 1.3 U_m / \sqrt{3}$ 电压下允许放电量 $Q < 300$ pC。

式中 U_m——设备最高工作电压。

试验前,记录所有测量电路上的背景噪声水平,其值应低于规定的视在放电量的50%。

测量应在所有分级绝缘绕组的线端进行。对于自耦连接的一对较高电压和较低电压绕组的线端,也应同时测量,并分别用校准方波进行校准。在电压升至 U_2 及由 U_2 再下降的过程中,应记下起始、熄灭放电电压。在整个试验时间内应连续观察放电波形,并按一定的时间间隔记录放电量 Q。放电量的读取以相对稳定的最高重复脉冲为准,偶尔发生的较高的脉冲可忽略,但应作好记录备查。

整个试验期间试品不发生击穿;在 U_2 的第二阶段的 30 min 内,所有测量端子测得的放电量 Q 连续地维持在允许的限值内,并无明显地、不断地增长的趋势,则试品合格。

如果放电量曾超出允许限值,但之后又下降并低于允许的限值,则试验应继续进行,直到此后 30 min 内局部放电量不超过允许的限值,试品才合格。

六、注意事项

(一)干扰的主要形式

干扰的主要形式如下：

(1)来自电源的干扰；

(2)来自接地系统的干扰；

(3)从别的高压试验或者电磁辐射检测到的干扰；

(4)试验线路的放电；

(5)由于试验线路或样品内接触不良引起的接触噪声。

(二)抑制方法

对以上干扰的抑制方法如下：

(1)来自电源的干扰可以在电源中用滤波器加以抑制。这种滤波器应能抑制检测仪的频宽内的所有频率，但能让低频率试验电压通过。

(2)来自接地系统的干扰，可以通过单独的连接，把试验电路接到适当的接地点来消除。

(3)来自外部的干扰源，如高压试验、附近的开关操作、无线电发射等引起的静电或电磁感应以及电磁辐射，均能被放电试验线路耦合引入，并误认为是放电脉冲。如果这些干扰信号源不能被消除，就要对试验线路加以屏蔽。一般需要有一个设计良好的薄金属皮、金属板或铁丝网的屏蔽，有时样品的金属外壳也可用作屏蔽。有条件的可修建屏蔽实验室。

(4)试验电压会引起外部放电。假使试区内接地不良或悬浮的部分被试验电压充电，就能发生放电，这可通过波形判断与内部放电区别开。超声波检测仪可用来对这种放电定位。试验时应保证所有试品及仪器接地可靠，设备接地点不能有生锈或漆膜，接地连接应用螺钉压紧。

(5)试验电路内的放电，如高压试验变压器中自身的放电，可由大多数放电检测仪检测到。在这些情况下，需要具备一台无放电的试验变压器。否则用平衡检测装置或者可以在高压线路内插入一个滤波器，以便抑制来自变压器的放电脉冲。

如果高压引线设计不当，在引线上的尖端电场集中处会出现电晕放电，因此引线要由光滑的圆柱形或者直径足够大的蛇形管构成，以预防在试验电压下产生电晕。采用环状结构时，圆柱形的高压引线可不必设专门的终端结构。采用平衡检测装置或者在高压线终端安装滤波器，可以抑制高压引线上小的放电。滤波器的外壳应光滑、圆整，以防止滤波器本身产生电晕。

第十节　变压器绕组变形测试

一、试验目的

确定变压器绕组是否发生变形，保证变压器的安全运行。

二、适用范围

变压器交接时、出口发生短路后。

三、试验时使用的仪器

TDT 型变压器绕组变形测试系统。

四、测试方法

（一）变压器绕组变形后频率响应特性曲线变化情况分析

频率响应法是一种先进的测试方法，主要检测原理为：变压器的每个绕组均可视为一个由线性电阻、电感（互感）、电容等分布参数构成的无源线性双口网络，在一个端口处施加较高频率的电压，在另一个端口测量频率响应的曲线（见图2-33）。若绕组发生变形，其内部绕组分布的电容和电感的参数也必然发生变化，幅频特性曲线的过零点和幅值也会发生变化，通过检测变压器各绕组的幅频特性，并对检测结果进行横向和纵向的比较，根据幅频特性曲线的差异来判断绕组是否发生了机械变形。

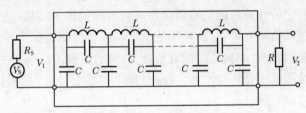

L、C——绕组单位长度的分布电感、分布电容及对地分布电容；V_1、V_2——等效网络的激励端电压和响应端电压；V_S——较高频率的信号源电压；R_S——信号源输出阻抗；R——匹配电阻

图2-33 频率响应分析法的基本检测回路

变压器绕组变形的种类很多，但大体上可分为：整体变形和局部变形。如果变压器在运输过程或安装过程中发生了碰撞，变压器绕组就可能发生整体位移，这种变形一般整体完好，只是变压器绕组之间发生了相对位移。这种情况下，线圈对地电容 C 会发生改变，但线圈的电感量和饼间电容并不会发生变化，频率响应特性曲线各谐振峰值都对应存在，但谐振点会发生平移。线圈在运行中，出现固定压板松动、垫块失落等情况时，或由于绕组匝间不平衡，可能会出现高度尺寸上的拉伸。线圈在高度上的增加，将使线圈的总电感减小，同时线饼间的电容减小，在对应的频率响应特性曲线上，变形相曲线将出现第一个谐振峰值向高频方向偏移，同时伴随着幅值下降，而中高频部分的曲线与正常相的频率响应特性曲线相同。线圈在运行中，由于漏磁的作用，线圈在端部所受到的轴向作用力最大，可能使线圈出现高度上的压缩，从而使线圈的总电感增加，线饼间的电容增加。在对应的频率响应特性曲线上，变形相曲线将出现第一个谐振峰值向低频方向偏移，同时伴随着幅值升高，而中高频部分的曲线与正常相的频率响应特性曲线相同。

变压器在发生出口短路后，一般只是发生局部变形，如出现局部压缩或拉开变形、扭曲、幅相变形（向内收缩和鼓爆）、引线位移、匝间短路、线圈断股、存在金属异物等情况。

如果变压器出现事故,则这几种情况可能同时存在。当线圈两端被压紧时,由于电磁力的作用,个别垫块可能被挤出,造成部分线饼被压紧,部分线饼被拉开,纵向电容发生变化,部分谐振峰值向高频方向移动,部分谐振峰值向低频方向移动。变压器绕组发生匝间短路后,由于线圈电感明显下降,低频段的频率响应特性曲线会向高频方向偏移,线圈对信号的阻碍大大减小,频率响应曲线将向衰减减小的方向移动,一般说来也可以通过测量变压比(有时候不一定能够测出变压比)来判断绕组是否发生匝间短路。

线圈断股时,线圈的整体电感将略有增大,对应到频谱图,其低频段的谐振点将向低频方向略有移动,而中高频的频率响应曲线与正常曲线的图谱重合。在发生断股和匝间短路后,一般会有金属异物产生,虽然金属异物对低频总电感影响不大,但饼间电容将增大,频谱曲线的低频部分谐振峰值将向低频方向移动,中高频部分曲线的幅值将有所升高。当变压器绕组的引线发生位移时,不会影响线圈电感,频率响应特性曲线在低频段应重合,只是在中高频部分的曲线会发生改变,主要是衰减幅值方面的变化,引线向外壳方向移动则幅值向衰减增大的方向移动,引线向线圈靠拢,则幅值向衰减减小的方向移动。在电动力作用下,线圈两端受到压迫时,被迫从中部变形,如果变压器的装配间隙较大或有撑条受迫移位,线圈可能会发生轴向扭曲。由于这种变形使部分饼间电容和部分对地电容减小,所以频率响应特性曲线谐振峰值会向高频方向偏移,低频附近的谐振峰值略有下降,中频附近的谐振峰值略有上升,高频段的频率响应特性曲线保持不变。在电动力作用下,一般是内线圈向内收缩,如果装配留有裕度,线圈有可能出现辐向变形,出现收缩和鼓爆。这种情况下,线圈电感会略有增加,线圈对地电容也会略有增加,在整个频段范围内谐振点会向高频方向略微偏移。

(二)试验步骤

(1)变压器停电完毕。

(2)将变压器的各侧出线完全拆除。

(3)将变压器的挡位调至电压最高挡。

(4)用 TDT 绕组变形测试仪对变压器的每相进行测量,并且对数据进行横向与纵向比较,得出最后结论。

常见的几种变压器绕组变形检测接线方式如图 2-34 所示。

五、试验结果的分析判断

(1)变压器绕组变形测试时,可根据特定相关系数的变化判断绕组变形的严重程度,并结合频率响应特性曲线的谐振点和谐振幅值的变化加以确认。

(2)当变压器绕组的频率响应特性曲线相关系数小于 0.6 且低频段谐振点有明显偏移时,变压器绕组发生了严重变形;当相关系数小于 0.8 且大于 0.6 且低频段谐振点有偏移时,变压器绕组发生了较严重变形;当相关系数大于 0.9 且小于 1.3 时,变压器绕组有轻微变形;当相关系数大于 1.3,且频率响应特性曲线低频部分谐振点无明显偏移时,变压器绕组无明显可见变形。

(3)通过相关系数判断绕组的变形程度后,还需通过谐振点的偏移和谐振幅值进一

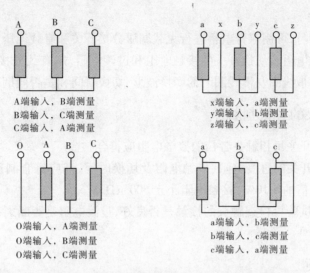

A端输入，B端测量
B端输入，C端测量
C端输入，A端测量

x端输入，a端测量
y端输入，b端测量
z端输入，c端测量

O端输入，A端测量
O端输入，B端测量
O端输入，C端测量

a端输入，b端测量
b端输入，c端测量
c端输入，a端测量

图 2-34 常见的变压器绕组变形检测接线方式

步确认线圈的变形性质:变压器绕组频率响应特性曲线谐振点在低频段发生了较明显偏移且幅值变化较大,或在整个频段范围内谐振点都发生了偏移时,变压器绕组发生了严重变形或发生了整体变形,应尽快处理。

六、注意事项

(1)电源使用 220 V 交流电源;
(2)测试过程中要排除外部干扰,进行准确测量;
(3)设备在运输过程中要注意防止过度震动。

第十一节　分接开关试验

一、试验目的

确定分接开关各挡是否正常。

二、适用范围

交接、大修、预试及必要时。

三、试验时使用的仪器

QJ44 型双臂电桥、有载分接开关特性测试仪。

四、试验项目和试验方法

(一)试验项目

接触电阻(吊罩时)测量,过渡电阻测量,过渡时间测量。

(二)试验方法

在变压器吊罩时,可用双臂电桥进行无载调压分接开关和有载调压分接开关试验,测量选择开关的接触电阻及切换开关的接触电阻和过渡电阻,用有载分接开关特性测试仪可测量分接开关不带线圈及带线圈时的切换波形、切换时间和是否同期。

五、试验结果的分析判断

(1)无载分接开关每相触头各挡的接触电阻应符合制造厂的要求。

(2)有载分接开关的过渡电阻、接触电阻及切换时间,都应符合制造厂要求,过渡电阻允许偏差为额定值的 ±10%,接触电阻小于 500 μΩ。

(3)分接开关试验可检查触头的接触是否良好,过渡电阻是否断裂,三相切换是否同期和时间的长短。

六、注意事项

(1)测量应按照仪器的操作步骤和要求进行,带线圈测量时,应将其他侧线圈短路接地。

(2)应从单数挡到双数挡和双数挡到单数挡进行两次测量。

第十二节　变压器绝缘油特性试验

一、试验目的

对变压器绝缘油进行物化特性试验和电气特性试验,以确定变压器油品或变压器器身绝缘和绝缘结构是否正常。

二、适用范围

安装、大修、定期及必要时。

三、试验时使用的仪器

油杯、色谱仪。

四、试验内容

变压器油的耐电强度、传热性及热量都比空气要好得多,因此目前国内外的电气设备,特别是大中型电力变压器和电抗器、电流互感器、电压互感器等基本上都采用油浸式结构,并且变压器油起着绝缘和散热的双重作用。为了使变压器正常运行,要求绝缘油具备一定的性能。设备电压等级越高,容量越大,对绝缘油性能要求越高。由于运行中的油受正常运行电压和过电压的作用,同时还受到温度、湿度、氧化和杂质的影响,其性能将逐渐变坏,影响设备的电气性能,因此必须定期地对绝缘油进行试验,监督油质的变化。变压器绝缘油特性试验可分为理化特性试验、电气特性试验和色谱试验。

(一)理化特性试验

理化特性试验包括全分析试验和简化分析试验。对每批新到的绝缘油，或当充油设备发生故障时，或在认为有必要的特殊情况下，为了检查油的质量，应进行全分析试验。当按照主要的特征参数来监督油的质量时，应进行简化试验。其试验项目有物理性能试验和化学性能试验。绝缘油的质量标准见表2-1，取样油温为40~60℃。

表2-1　绝缘油的质量标准

序号	项目	设备电压等级(kV)	质量标准		检验方法（标准）
			运行前油	运行中油	
1	外观形状		透明、无杂质或悬浮物		外观目视
2	水溶性酸(pH)	—	>5.4	≥4.2	GB/T 7598
3	酸值(mgKOH/g)	—	≤0.03	≤0.1	GB/T 7599 或 GB/T 264
4	闪点(闭口)(℃)	—	≥140(25 号油) ≥135(45 号油)	与新油原始测定值相比不低于10	GB/T 261
5	水分(mg/L)	330~500	≤10	≤15	GB/T 7600 或 GB/T 7601
		220	≤15	≤25	
		≤110	≤20	≤35	
6	界面张力(25℃)(mN/m)	—	≥35	≥19	GB/T 6541
7	介质损耗因数(90℃)	500	≤0.007	≤0.020	GB/T 5654
		≤330	≤0.010	≤0.040	
8	击穿电压(kV)	500	≥60	≥50	GB/T 507 或 DL/T 429.9
		330	≥50	≥45	
		66~220	≥40	≥35	
		35 及以下	≥35	≥30	
9	体积电阻率(90℃)(Ω·m)	500	≥6×10^{10}	≥1×10^{10}	GB/T 5654 或 DL/T 421
		≤330		≥5×10^9	
10	油中含气量(%)(体积分数)	330~500	≤1	≤3	DL/T 423 或 DL/T 450
11	油泥与沉淀物(%)(质量分数)	—	<0.02(以下可忽略不计)		GB/T 511
12	油中溶解气体组分含量色谱分析	—	按 DL/T 722—2000 规定		GB/T 17623 GB/T 7252

对于运行中的充油设备(变压器、电抗器、电压互感器、电流互感器以及套管),一般情况下应按照主要特征参数进行简化分析试验,监督绝缘油的性能。绝缘油常规检验项目和周期见表 2-2。

表 2-2 运行中绝缘油常规检验项目和周期

设备名称	电压等级(kV)	检验周期	检验项目
变压器 (电抗器)	330 ~ 500	设备投运前或大修后	表 2-1 中 1 ~ 10 项
		每年至少一次	表 2-1 中 1 ~ 3 项,5 ~ 10 项
		必要时	表 2-1 中第 4 项和 11 项
	66 ~ 220	设备投运前或大修后	表 2-1 中 1 ~ 9 项
		每年至少一次	表 2-1 中 1 ~ 3 项,第 5、7、8 项
		必要时	表 2-1 中第 6、9 项和 11 项
	≤35	设备投运前或大修后	自行规定
		每三年一次	
		必要时	

(二)电气特性试验

电气特性试验包括电气强度试验和介质损耗角正切值试验。电气强度试验即测量绝缘油的瞬时击穿电压,试验设备与交流耐压试验设备相同。试验时,在绝缘油中放入标准电极,在电极间加工频电压,当电压升到一定值时,电极间发生明显的火花放电——击穿,该电压便是绝缘油的击穿电压。介质损耗角正切值试验(简称油介损)使用高压电桥配以专用电桥在工频电压下进行。

1. 电气强度试验

1)试验方法

在绝缘油中放入一定形状的标准试验电极,电极间加上工频电压,并以一定的速率逐渐升压,直至电极间的油隙击穿为止。该电压即绝缘油的击穿电压(kV),或换算为击穿强度(kV/cm)。

2)试验步骤及注意事项

(1)清洗油杯。试验前电极和油杯应先用汽油、苯或四氯化碳洗净烘干,洗涤时用洁净的丝绢,不可用布和棉纱。电极表面有烧伤痕迹的不可再用。调整好电极间距离,使其保持 2.5 mm。油杯上要加玻璃盖或玻璃罩。试验在室温 15 ~ 35 ℃、湿度不高于 75% 的条件下进行。

(2)油样处理。试验油样送到实验室后,必须在不破坏原有储藏密封的状态下放置一定时间,直至油样接近室温。在油倒出前,应将储油容器颠倒数次,使油均匀混合,并尽可能不产生气泡。再将变压器油沿着被试油杯壁徐徐注入油杯。盖上玻璃盖或玻璃罩,静置 10 min。

(3)加压试验。调节调压器使电压从零升起,升压速度约 3 kV/s,直至油隙击穿,并记录击穿电压值。这样重复试验 5 次,取平均值。为了减少油在击穿后产生的碳粒,应将击穿时的电流限制在 5 mA 左右。在每次击穿后要对电极间的油进行充分搅拌,并静置 5 min 后再重复试验。

2. tanδ 值的测量

1)试验接线和使用仪器

试验时应按所用电桥说明书要求进行接线。目前我国使用较多的有关仪器有以下几种:

(1)油杯。有单圆筒式、双圆筒式及三接线柱电极式的。采用最多的是单圆筒式,又叫圆柱形电极,包括外电极(高压电极)、内电极(测量电极)和屏蔽电极三部分。

(2)交流平衡电桥。常用的国产电桥有 QS3 型或其他可测量 tanδ 值小于 0.01%、灵敏度较高的电桥。

2)试验步骤

(1)清洗油杯。试验前先用有机溶剂将测量油杯仔细清洗并烘干,以防附着于电极上的任何污秽杂质及水分潮气等影响试验结果。

(2)调整适当的试验电压和温度。试验电压由测量油杯电极间隙大小而定,一般应保证间隙上的电场强度为 1 kV/mm。在注油试验前,还必须对空杯进行 1.5 倍工作电压的耐压试验。由于绝缘油的 tanδ 值随温度的升高而按指数规律剧增,因此除在常温下测量油的 tanδ 值外,还必须将被试验油样升温(变压器油要升温至 70 ℃,电缆油要升温至 100 ℃),测量高温下 tanδ 值。

按有关标准规定,变压器油、新油和再生油升温至 70 ℃时的 tanδ 值应不大于 0.5%,运行中的油 70 ℃时的 tanδ 值应不大于 2%,电缆油 100 ℃时的 tanδ 值应不大于 0.5%。

(三)变压器油色谱试验

20 世纪 60 年代,日本的工程技术人员开始利用气相色谱法分析变压器油中气体含量,来评估变压器运行状态和进行故障诊断。20 世纪 60 年代后期,我国著名的色谱分析专家、中国科学院兰州化学物理研究所原所长俞惟乐教授,首先组织力量开展了这项工作,并在 70 年代初开始在我国电力系统推广应用。

众所周知,油和纸是充油电气设备的主要绝缘材料,在较高的电场场强的作用下,变压器运行中油纸绝缘材料会逐渐老化分解,油中气体的产生机理与材料的性能和各种因素有关。

1. 变压器油中溶解气体与内部故障的关系

变压器油是由天然石油经过蒸馏、精炼而获得的一种矿物油。它是由各种碳氢化合物所组成的混合物,其中,碳、氢两元素占其全部质量的 95% ~99%,其他为硫、氮、氧及极少量金属元素等。石油基碳氢化合物有环烷烃(C_nH_{2n})、烷烃(C_nH_{2n+2})、芳香烃(C_nH_{2n-6})以及其他成分。

一般新变压器油的分子量为 270 ~310,每个分子的碳原子数为 19 ~23,其化学组成包含 50% 以上的烷烃、10% ~40% 的环烷烃和 5% ~15% 的芳香烃。

变压器油在运行中因受温度、电场、氧气及水分和铜、铁等材料的催化作用,发生氧化、裂解与炭化等反应,生成某些氧化产物及其缩合物(油泥),产生氢及低分子烃类气体和固体石蜡等。变压器固体绝缘包括绝缘纸、绝缘纸板等,它们的主要成分是纤维素。纤维素是由长链的糖和单糖构成的有机物。干燥纸的强度主要取决于纤维素的状况、强度及其化学键。纤维素的降解过程相当复杂,与工作环境条件有关。变压器固体绝缘纤维素大分子的老化过程即纤维素的降解过程,是多种外界因素、多种降解过程综合作用的结果,非单一因素、单一过程所致。通常纤维素的降解有水解、热解和氧化降解三种方式。

变压器油中的水分和酸使纤维素中的配糖键断裂,产生自由的糖,从而使纤维素的聚合度降低,纤维素变弱、缩短。在变压器局部运行温度达到或超过 200 ℃,再加上油中有水和氧化物时,纤维素的配糖键和葡萄糖链易被打开,发生反应生成葡萄糖、水汽、CO、CO_2 和有机酸。变压器在运行时,固体绝缘温度分布是不同的,绝缘的老化,即纤维素结构断裂速度,主要取决于热点的温度,温度越高,绝缘的老化速度越快。纤维素热分解的气体组分主要是 CO 和 CO_2。

变压器油中溶解的气体在电场作用下将发生电离,释放出的高能电子与油分子发生碰撞,把其中的 H 原子或 CH_3 原子团游离出来而形成游离基,促使产生二次气泡。当电场能量足够时即可发生上述反应。总之,在热、电、氧的作用下,变压器油的劣化过程以游离基链式反应进行,反应速率随着温度的上升而增加。氧和水分的存在及其含量高低对反应影响很大,铜和铁等金属也起触媒作用使反应加速,老化后所生成的酸和 H_2O 及油泥等危及油的绝缘特性。经过精炼的变压器油中不含低分子烃类气体,但变压器油在运行中受到高温作用将分解产生二氧化碳、低分子烃类气体和氢气等。

综上所述,变压器油是由许多不同分子量的碳氢化合物分子组成的混合物,由于电或热故障的原因,生成少量活泼的氢原子和不稳定的碳氢化合物的自由基,这些氢原子或自由基通过复杂的化学反应迅速重新化合,形成氢气和低分子烃类气体,如甲烷、乙烷、乙烯、乙炔等,也可能生成碳的固体颗粒及碳氢聚合物(石蜡)。涉及固体绝缘的故障包括:围屏放电、匝间短路、过负荷或冷却不良引起的绕组过热、绝缘浸渍不良等引起的局部放电等。无论是电性故障或过热故障,当故障点涉及固体绝缘时,在故障点释放能量的作用下,油纸绝缘将发生裂解,释放出 CO 和 CO_2,但它们的产生不是孤立的,是由于绝缘油的分解产生各种低分子烃和氢气所致。绝缘油和绝缘材料在不同温度和能量作用下主要产生的气体组分,归纳如下:

(1)在 140 ℃以下时有蒸发汽化和较缓慢的氧化。

(2)绝缘油在 140 ℃到 500 ℃时分解主要产生烷类气体,其中主要是甲烷和乙烷。随温度的升高(500 ℃以上),油分解急剧地增加,其中烯烃和氢增加较快,乙烯尤为显著,而温度高(800 ℃左右)时,还会产生乙炔气体。

(3)油中存在电弧(温度超过 1 000 ℃)时,油裂解的气体大部分是乙炔和氢气,并有一定的甲烷和乙烯等。

(4)设备在运行中,由于负荷变化所引起的热胀和冷缩,用泵循环油所引起的湍流,以及铁芯的磁滞伸缩效应所引起的机械振动等,都会导致形成空穴和油释放溶解气体。如果产生的气泡聚集在设备绝缘结构的高电压应力区域内,在较高电场下会引起气隙放电(一般称为局部放电),而放电本身又能进一步引起油的分解和附近的固体绝缘材料的分解,而产生气体,这些气体在电应力作用下会更有利于放电产生气体。这种放电使油分解产生的气体主要是氢和少量甲烷气体。

（5）固体绝缘材料，在较低温度（140 ℃以下）长期加热时，将逐渐地老化变质产生气体，其中主要是 CO 和 CO_2，且后者是主要成分。

（6）固体绝缘材料在高于 200 ℃ 作用下，除产生碳的氧化物外，还分解有氢、烃类气体。温度不同，CO 和 CO_2 的比值有所不同，这一比值在低温时小而高温时大。

充油电力变压器不同故障类型产生的气体组分见表 2-3。

表 2-3　充油电力变压器不同故障类型产生的气体组分

故障类型	主要气体组分	次要气体组分
油过热	CH_4、C_2H_2	H_2、C_2H_6
油和纸过热	CH_4、C_2H_4、CO、CO_2	H_2、C_2H_6
油纸绝缘中局部放电	H_2、CH_4、CO	C_2H_2、C_2H_6、CO_2
油中火花放电	H_2、C_2H_2	
油中电弧	H_2、C_2H_2	CH_4、C_2H_4、C_2H_6
油和纸中电弧	H_2、C_2H_2、CO、CO_2	CH_4、C_2H_4、C_2H_6

2. 气相色谱仪分析原理

由于上述油和固体绝缘材料在电或热的作用下会分解产生各种气体（甲烷、乙烷、乙烯、乙炔、氢、一氧化碳、二氧化碳等），因此利用气相色谱法对油中溶解气体进行分析，即可判断设备内部是否存在故障及故障类型。

色谱法又叫层析法，它是一种物理分离技术。它的分离原理是使混合物中各组分在两相间进行分配，其中一相是不动的，叫作固定相，另一相则是推动混合物流过此固定相的流体，叫作流动相。当流动相中所含的混合物经过固定相时，就会与固定相发生相互作用。由于各组分在性质与结构上的不同，相互作用的大小强弱也有差异。因此，在同一推动力作用下，不同组分在固定相中的滞留时间有长有短，从而按先后顺序从固定相中流出。这种借助两相分配原理而使混合物中各组分获得分离的技术，称色谱分离技术或色谱法。当用液体作为流动相时，称为液相色谱；当用气体作为流动相时，称为气相色谱。

色谱法具有分离效能高、分析速度快、样品用量少、灵敏度高、适用范围广等许多化学分析法无可比拟的优点。气相色谱法主要包括三部分：载气系统、色谱柱和检测仪。具体流程见图 2-35。

当载气携带着不同物质的混合样品通过色谱柱时，气相中的物质一部分就要溶解或吸附到固定相内，随着固定相中物质分子的增加，从固定相挥发到气相中的试样物质分子也逐渐增加。也就是说，试样中各物质分子在两相中进行分配，最后达到平衡。这种物质在两相之间发生的溶解和挥发的过程，称为分配过程。分配达到平衡时，物质在两相中的浓度比称为分配系数，也叫平衡常数，以 K 表示，K = 物质在固定相中的浓度/物质在流动相中的浓度，在恒定的温度下，分配系数 K 是常数。

由此可见，气相色谱的分离原理是：不同物质在两相间具有不同的分配系数，当两相作相对运动时，试样的各组分就在两相中经反复多次地分配，使得原来分配系数只有微小

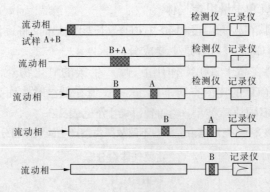

图 2-35　气相色谱法的流程

差别的各组分产生很大的分离效果,从而将各组分分离开来,然后再进入检测仪对各组分进行鉴定。

3. 油样的提取操作注意事项

在对变压器油中溶解气体进行色谱分析时,至关重要的一步是取油样,所取的油样要有足够的代表性,取样应满足以下条件:

(1)所使用的玻璃注射器严密性要好;

(2)取样时能完全隔离空气,取样后不要向外跑气或吸入空气;

(3)材质化学性稳定且不易破损,便于保存和运输;

(4)实际取油样时,一般选用容积为 100 mL 的全玻璃注射器;

(5)取样前将注射器清洗干净并烘干,注射器芯塞应能自由滑动,无卡涩;

(6)应从变压器底部的取样阀放油取样;

(7)变压器取样阀中的残存油应尽量排除,将阀体周围污物擦干净;

(8)取样连接方式可靠,连接系统无漏油或漏气缺陷;

(9)取样前应设法将取样容器和连接系统中的空气排净;

(10)取样过程中,油样应平缓流入容器,不产生冲击、飞溅或起泡沫;

(11)取完油样后,先关闭变压器放油阀,取下注射器,并封闭端口,贴上标签,尽快进行色谱分析。

五、变压器固体绝缘的老化诊断

由上所述,大型变压器的绝缘一般为油纸绝缘,其在老化过程中,变压器油中会产生一些气体,利用气相色谱分析法可以检测出油中特定气体的含量,以监测变压器的绝缘状况。但是变压器的寿命常取决于固体绝缘即绝缘纸的老化程度。变压器的固体绝缘老化有两种情况:一种是由于变压器设计制造和安装维护不当引起的局部过热或低能量放电造成的老化;另一种是由于运行时间较长变压器固体绝缘整体正常老化。目前诊断变压器固体绝缘老化的检测手段主要有以下三种方法。

(一)利用气相色谱试验对 CO 和 CO_2 含量进行判断

作为正常运行的变压器,由于内部绝缘油和固体绝缘材料长期受到电场、温度、水分和氧化作用,随着运行时间加长会逐渐出现老化,由此会产生 CO 和 CO_2 气体。当变压器内部存在潜伏性故障时,绝缘油和固体绝缘材料也会在热和电的作用下分解产生 CO 和 CO_2 气体。因此,变压器内部 CO 和 CO_2 气体含量在一定程度上反映了内部绝缘的状况。变压器内部 CO 和 CO_2 气体的产生与其内部固体绝缘材料的老化或内部故障有着明显的关系。作为变压器内部绝缘的特征气体,CO 和 CO_2 对变压器内部状况的反映有如下特点:

(1)变压器内部绝缘老化时产生 CO 和 CO_2 气体。对密封式变压器,在正常运行条件下 CO 和 CO_2 与运行年限有一定的规律。其中,CO 与运行年限有较好的对应关系,CO_2 除与运行年限有关外,还与变压器结构、材料、运行负荷等多种因素有关,所以对于 CO 和 CO_2 的绝对浓度判断,国内目前尚未作出明确的规定。一般认为,对开放式变压器,CO 含量一般在 300 μL/L 以下。如总烃含量超出正常范围,而 CO 超过 300 μL/L,应考虑有涉及固体绝缘的过热的可能性;若 CO 含量虽然超过 300 μL/L,但总烃含量在正常范围,一般可认为是正常的;对某些有双饼式绕组带附加外包绝缘的变压器,当 CO 含量超过 300 μL/L 时,即使总烃含量正常,也可能有固体绝缘过热故障。

(2)变压器发生过热故障时,产生 CO 和 CO_2 气体。固体绝缘材料在过热故障下开始以 CO_2 气体为主,随温度升高,CO 气体含量增加。在放电故障情况下,随着放电性质不同,CO 和 CO_2 气体的含量有较大的不同。

(3)CO 和 CO_2 气体含量比值不同反映了内部绝缘存在的不同故障模式。CO 和 CO_2 气体含量比值小,则可认为变压器固体绝缘含水量较大;CO 和 CO_2 气体含量比值大,则反映变压器内部温度高,持续运行时间长。对于严重的突发故障,CO 和 CO_2 气体含量比值不能及时反映。IEC60599 导则推荐用 CO、CO_2 气体含量比值来判断固体绝缘是否存在故障。导则认为在 CO、CO_2 气体含量比值大于 0.33 或小于 0.09 时(或 CO_2、CO 气体含量比值大于 7 或小于 3 时),变压器内部可能存在固体绝缘故障;CO、CO_2 气体含量比值在 0.09 ~ 0.33(或 CO_2、CO 气体含量比值在 3 ~ 7)时,也可能存在固体绝缘的老化现象,但不严重。

尽管 CO 和 CO_2 气体含量能够在一定程度上反映变压器固体绝缘的老化,但是 CO 和 CO_2 不仅是变压器绝缘纸或板劣化的产物,绝缘油的氧化分解和变压器内部醇酸树脂漆自然分解也可产生 CO 和 CO_2 气体,并且油中溶解的 CO 和 CO_2 气体分散性较大,因此单单用 CO 和 CO_2 气体含量来判断固体绝缘老化在实际应用中就存在较大的偏差,也存在不灵敏、不可靠和不确切性。

(二)利用绝缘油中的糠醛分析判断固体绝缘老化

绝缘纸在老化过程中聚合度会降低并产生一种物质——糠醛,通过检测油中糠醛的含量,可以分析绝缘纸的老化程度,从而推算变压器的剩余寿命。

1. 糠醛的产生

变压器油一般为石油提炼而来的烃类化合物,主要成分为烷烃、环烷烃和芳香烃等;而绝缘纸的主要成分是纤维素。纤维素是由很多 D - 吡喃葡萄糖酐彼此以苷键连接而成的线形巨分子,其化学式为 $C_6H_{10}O_5$。变压器在运行过程中受到热、水分、氧以及油中酸性化合物的共同作用,纤维素会产生一系列的降解。首先是其大分子中的氧键断开,生成 D - 葡萄糖单体,D - 葡萄糖单体性质不稳定,进一步降解产生一些含氧杂环化合物,并溶解于绝缘油中,糠醛是其中的重要产物。因此,可以通过检测油中糠醛含量来推测绝缘纸的老化程度。糠醛(Furfural)又名呋喃甲醛,是具有苦杏仁味的浅黄至琥珀色透明液体,密度 1.162 ~ 1.168 g/cm³,沸点 159.5 ~ 162.5 ℃。分子式为 $C_5H_4O_2$,分子量为 96.086(按 1975 年国际原子量),易溶于醇和醚。

其结构式如下:

$$\begin{array}{c} HC \!\!-\!\! CH \\ \| \qquad \| \\ HC \qquad C\!\!-\!\!CHO \\ \diagdown \!\!/ \\ O \end{array}$$

由于糠醛取样简单,并且沸点较高、不易挥发、易溶于醇和醚、便于样品的保存及运输和分析,因此通过监测糠醛在油中的含量来监测绝缘老化的状况已被各国的研究人员所接受。

2. 变压器油中糠醛测量的方法

测定糠醛有多种方法,常用的方法有高效液相色谱法、紫外光度测定法、气相色谱法以及红外光谱法等,目前应用较多的是用甲醇萃取油中糠醛,再用液相色谱法测量的方法,利用糠醛在 260 ~ 280 μm 的紫外光处有较强的吸收的特点,再选用高灵敏度的紫外检测器对色谱分离出的糠醛进行检测。该方法测量准确,能够检测 0.1 ~ 5 mg/L 范围内的微量糠醛。

采用高效液相色谱法测量糠醛含量的工作原理是:高效液相色谱仪的系统由储液器、泵、进样器、色谱柱、检测仪、记录仪等几部分组成。储液器中的流动相被高压泵打入系统,样品溶液经进样器进入流动相,被流动相载入色谱柱(固定相)内。由于样品溶液中的各组分在两相中具有不同的分配系数,在两相中作相对运动时,经过反复多次的吸附—解吸的分配过程,各组分在移动速度上产生较大的差别,被分离成单个组分依次从柱内流出。通过检测仪时,样品浓度被转换成电信号传送到记录仪,数据以图谱形式打印出来。流程图见图 2-36。

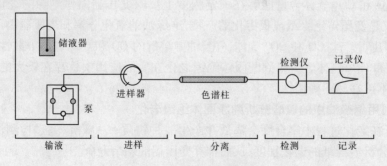

图 2-36 液相色谱法流程图

3. 检测糠醛使用的仪器设备

检测绝缘油中糠醛含量所需设备如下:

(1)振荡器 1 台(使绝缘油和甲醛充分混合);

(2)高效液相色谱仪 1 台;

（3）反相 C18 色谱柱（由于糠醛为非离子型极性化合物,需选用反相色谱系统进行分离）；

（4）色谱工作站。

4.糠醛检测方法

由于变压器固体绝缘纸板降解产物在绝缘油中含量很低,且绝缘油中含有各种杂质,为了提高分析灵敏度并保证色谱柱不受污染,应提前对油品进行处理,使油中的糠醛得到浓缩。

（1）一般对油样中的糠醛的提取采用萃取法,即将绝缘油和甲醇按一定的体积比混合（通常为 1:1）,经过振荡器振荡（一般为 3~5 min）,使其充分混合,绝缘油中一部分糠醛溶入甲醇中。将混合液静止放置,由于混合液的比重小于绝缘油的比重,混合液浮于绝缘油的上面,然后抽取一定体积的萃取液作为固定相从取样阀中注入液相色谱仪。

萃取率 η = 甲醇萃取液中的糠醛含量（mg）/原标准油样中糠醛的含量（mg）

（2）液相色谱仪中的流动相,则采用甲醇和纯净水按照 5:5 的比例配置,装入储液器中。

（3）标准液的配制。国内没有统一的糠醛标样,在试验时可自行配制。

母液配制:准确称取经过蒸馏的纯糠醛 1.0 g（准确至 0.2 mg）,移至 1 000 mL 容量瓶中,用不含糠醛的新油充分溶解并稀释至满刻度,得到 1 000 mg/L 糠醛标准母液,放置于暗处 2 d,使之充分溶解待用。

工作溶液配制:量取上述母液 10 mL 放入 1 000 mL 容量瓶中,用不含糠醛的新油稀释成 10 mg/L 糠醛标准工作溶液。

标准溶液配制:取上述工作溶液,用不含糠醛的新油分别稀释成糠醛含量为 2.5 mg/L、2.0 mg/L、1.5 mg/L、1.0 mg/L、0.5 mg/L 和 0.1 mg/L 的标准糠醛溶液。

5.绝缘油中糠醛含量的定性定量分析

（1）定性分析。采用保留时间定性法对油中糠醛定性。用微量注射器吸取 50 μL 的萃取液和 10 mg/L 的标准液分别注入液相色谱仪中,根据标样测定各组分的谱峰和保留时间,将测出的萃取液的样液中的各组分的谱峰和保留时间与标样对照,相同的保留时间作为定性的主要因素,此保留时间对应的谱峰峰高作为糠醛定量计算的依据。

（2）定量分析。为使糠醛的分析达到满意的定量分析要求,首先应利用标样对色谱峰高的重复性和灵敏性进行考核,一般要求糠醛浓度为 10 mg/L 以下时,峰高的重复性误差不大于 1%,峰高的灵敏度约为 0.01 mg/（L·mm）。在检测器的波长和流量参数设定满足峰高误差和灵敏度的要求时,取 2.5 mg/L、2.0 mg/L、1.5 mg/L、1.0 mg/L、0.5 mg/L 和 0.1 mg/L 的标准糠醛溶液各 5 mL;然后分别用 5 mL 甲醇依次进行萃取,萃取时间为 5 min;再用微量注射器准确吸取甲醇萃取液 10 μL 注入仪器进行分析,得到糠醛在检测器的响应值 R（峰面积）。检测至少重复 2 次,取平均值。液相色谱仪图谱上产生的回归直线可作为油样糠醛含量测定的标准工作曲线。

取 5 mL 的待试验绝缘油油样,用 5 mL 甲醇进行萃取,萃取时间同上,再取 10 μL 的萃取液从进样阀中注入液相色谱仪,并在色谱工作站中选择峰面积外标法,仪器将自动给出油样中糠醛的含量。取 2 次平行测定结果的算术平均值作为油样的糠醛含量。

6. 关于测量结果的判断

国家标准未提及对变压器油中糠醛含量的判据,而电力行业标准规定:油中糠醛含量超过表2-4所示数值时,一般为非正常老化,需跟踪检测。跟踪检测时,应注意增长率。当测试值大于4 mg/L时,认为绝缘老化已比较严重。

表2-4 变压器油中糠醛含量标准

运行年限(年)	1~5	5~10	10~15	15~20
糠醛含量(mg/L)	0.1	0.2	0.4	0.75

7. 试验注意事项

(1)为防止溶剂中微量杂质和气泡堵塞色谱分离柱和高压输液泵,对进入色谱柱中的液体都要进行过滤和脱气。首先对超纯水和甲醇分别用0.45 μm滤膜过滤,也可以将两溶液混合后进行过滤(清除溶液中的杂质),然后将1:1比例的甲醇、水流动相进行20~30 min超声波脱气(清除溶液中气泡)。

(2)当检测结束后,将流动相改为经过滤处理后的纯甲醇,在流速为1 mL/min下对仪器进行清洗30 min,将色谱柱清洗干净。

(3)变压器在运行过程中,对变压器的补油、换油和滤油都会造成油中糠醛的损失,在试验时应结合变压器的检修记录和历史数据综合考虑。

(三)用纸板纤维的聚合度判断固体绝缘的老化

1. 测量绝缘纸板聚合度的意义

绝缘纸板裂解时,线形分子链的长度将会缩短,分子间的作用力减小,纸板的聚合度就会降低,外在表象为机械强度的降低。绝缘纸板的聚合度用 DP 表示,它不仅能反映绝缘纸板的老化状况,也可以对绝缘的剩余寿命做出评估。新纸的平均聚合度为1 000,若以纸的抗张强度降低到初始值的60%作为变压器绝缘寿命的终点,其相应的聚合度为原始值的60%,对应的聚合度为500~600。因此,可以说明,绝缘纸的 DP 值能够反映绝缘纸的老化状况,并且可以此对绝缘的剩余寿命进行评估。

2. 聚合度测量的原理

聚合度测量的一般方法为:采用乌式黏度计测定绝缘纸板溶液的黏度,根据测量的黏度按照马丁(Martin)经验公式再计算出绝缘纸板的平均聚合度。用黏度法测定纸板纤维聚合度具有仪器设备简单、操作方便、分子量适用范围大,且试验精准度高等优点。

$$[\eta] = \lim_{C \to 0}\left[\frac{\eta_s}{C}\right] \tag{2-24}$$

式中 $[\eta]$——特性黏度;

C——溶液的浓度;

η_s——比黏度,单位浓度所显示出的黏度。

$$\eta_s = \frac{\text{纸溶液的黏度} - \text{溶剂的黏度}}{\text{溶剂的黏度}}$$

经验公式为

$$\eta_s = [\eta]C10^{K[\eta]C} \tag{2-25}$$

聚合度 DP 与特性黏度的函数关系式为

$$[\eta] = K \cdot DP^{\alpha} \tag{2-26}$$

式中　K、α——聚合物—溶剂体系(纸、铜乙二胺)和单位的特征系数。

3. 聚合度测量所需的仪器

1)溶解试样所需仪器

(1)溶解瓶:要求当满装 40 mL 试验溶液时,还可将残留的空气排出,可使用 40 ~ 50 mL 塑料瓶和密封用橡皮塞。

(2)振荡装置。

(3)玻璃球,直径 6 mm 左右。

(4)5 mm ×5 mm ×5 mm 紫铜。

(5)抽提器。

2)测量用仪器

(1)乌式黏度计。

(2)恒温水浴,控温在(20 ±0.1) ℃。

(3)秒表,能够读准到 0.1 s。

(4)称量仪器,能够读准到 0.1 mg。

(5)烘箱。

4. 聚合度测量试验步骤

1)取样

取样部位应具有代表性,能反映设备的整体状况。取样一般在变压器检修吊罩后进行。取样部位应包括绕组上下部的垫块、绝缘纸板、引线纸绝缘等部位,各不同部位的取样量应大于 2 g。

a. 油浸纸的抽提

对油浸渍过的绝缘纸,首先用索氏(Soxlct)抽提器使纸脱脂,一般分两步进行。

第一步:将苯与乙醇各 100 mL 混合,加热到 95 ~ 100 ℃,抽提 6 ~ 10 h。

第二步:用 200 mL 丙酮,加热到 70 ~ 80 ℃,抽提 6 ~ 10 h。

b. 纸样溶解

称取一定质量(一般为 0.05 g)的纸两份,分别放入两个 50 mL 小瓶内,加入 22.5 mL、1 mol 的铜乙二胺,22.5 mL 水和少许玻璃球,用搅拌装置搅拌 8 ~ 10 h。

c. 测量流出时间

用乌式黏度计分别测出 20 ℃时溶剂和溶液的流出时间。

d. 绝缘纸含水量测量

用称量瓶称取一定质量的纸试样,放在烘箱内烘干,然后再称量,计算出纸的含水量。

2)聚合度计算

由以上试验数据可计算出绝缘纸的平均聚合度,计算步骤如下。

(1)计算干纸浓度 C。纸中含水量为

$$H = \frac{m_1 - m_{10}}{m_{10}} \tag{2-27}$$

式中 H——绝缘纸含水量,g;

　　　m_1——试样在干燥前的质量,g;

　　　m_{10}——试样在干燥后的质量,g。

因为已知溶液中搅拌试样的质量 $m_2(g)$,则干纸浓度 C 为

$$C = \frac{m_2 \times 100}{45} \times \frac{1}{1 + H} \quad (g/\,mL) \tag{2-28}$$

(2)计算比黏度 η_s

$$\eta_s = \frac{t_s - t_0}{t_0} \tag{2-29}$$

式中 t_0——溶剂平均流出时间,s;

　　　t_s——溶液平均流出时间,s。

根据马丁(Martin)公式和已知的 η_s 值,可查表得出 $[\eta]$ 和 C 值,则可计算出纸板的平均聚合度为

$$DP^\alpha = \frac{[\eta]}{K} \tag{2-30}$$

式中,$\alpha = 1$,$K = 7.5 \times 10^{-3}$。

试验表明,聚合度降低到 250 时,抗张强度出现突降,说明纸深度老化;聚合度约为 150 时,绝缘纸完全丧失机械强度。所以,当绝缘纸板的聚合度降低到 250 时,应对变压器的纸绝缘老化引起注意,如果从气相色谱分析中发现存在局部过热的迹象,且油中的糠醛含量较高时,变压器应退出运行。聚合度降为 150 时,变压器也应退出运行。依据绝缘纸板的聚合度判别变压器能否运行的判据(参考值)如表 2-5 所示。

表 2-5　变压器纸绝缘聚合度的判据

样品聚合度(DP)	>500	500~250	250~150	<150
诊断建议	良好	可以运行	注意(根据情况作决定)	退出运行

第三章 变压器安装、检修及运行

第一节 变压器的安装

大型变压器在出厂运输过程中,所有的附件,如高、低压套管,储油柜,压力释放阀,冷却器,气体继电器等,都是分别包装随变压器本体或单独运输的,安装时需要将这些附件重新安装在变压器本体上。因此,与整体运输的小型变压器相比,大型变压器安装工序较多,且复杂。

一、大型变压器安装前的准备

(一)大型变压器安装作业的主要内容

变压器主要安装作业内容包括:现场验收、安装前的技术准备、器身检查、附属组件安装、干燥及注油和试运行工作。

(1)验收记录。现场验收需双方提前联系,共同开箱验收。对达不到验收要求的项目内容,要作详细记录并分清责任,填好售后服务单(安装单),并经双方签字后反馈给制造厂客户服务中心。

(2)铭牌核对。首先核对到货产品铭牌图,检查其与用户合同、协议、产品的型号和规格是否相符。

(3)出厂文件。按工厂出厂技术文件一览表,核对出厂技术资料是否齐全。

(4)包装验收。按产品装箱清单核对包装箱件数,检查各包装箱有无破损和被撬现象;按产品装箱单开箱清点零、部、组件的规格、数量,核对是否齐全、完整。

(5)外观检查。检查变压器本体外观有无渗漏、锈蚀、损伤、紧固螺栓松动和残缺,并作好详细记录。

(6)充油附件验收。对充油套管、油纸电容式套管、其他充油运输部件(如套管互感器升高座)检查密封是否良好,并作好详细记录。

(7)冲击记录查验。对装设冲击记录仪运输的大型变压器,检查冲击加速度 g 值是否超标(各厂有不同的规定,最大纵向不超过 $4g$,垂直和横向不超过 $3g$),检查变压器在车体上是否有移位。冲击记录仪的记录纸经双方签字验收后,交由用户单位存档,复印件连同记录仪返厂。如在运输或拖运中有 g 值超标或车载移位,双方应共同查明原因,妥善处理。

(8)充氮运输验收。对充氮运输的变压器检查箱顶压力表,看油箱内氮气压力是否保持正压力 $0.01 \sim 0.03$ MPa,现场长期储存不能及时安装的充氮运输变压器要求及早排氮注油(最好不超过 15 d)。

(9)充油运输验收。对充油运输的变压器,通常规定距箱顶 100 mm 高度空间充氮气或干燥空气。如同样装有压力表,检查要求同上;如未装压力表,安装前应检测箱内油的耐压值和含水量。

(10)受潮判断。检查与判断变压器经过运输和储存后是否受潮。由于此时变压器未安装,无法测量其绝缘特性,可通过如下方法进行判定:①测量主体油箱内的变压器油(充氮运输变压器测量箱底油)的耐压值和含水量;②检查所充氮气或干燥空气的压力;③测量箱内气体的露点;④测量绝缘件含水量(采用平衡水蒸气压法)。以测量值与出厂值进行比较,具体限值见表3-1。如果各项指标符合限值要求,可认定变压器内部没有受潮。

表 3-1 变压器安装前受潮状况判断表

项目	电压等级(kV)	指标要求值	出厂值	备注
耐压值(kV)	10～35	≥30	≥40	指标属最低值
	66～110	≥35	≥45	
	220	≥40	≥50	
	330～500	≥50	≥60	
含水量(μL/L)	66～110	≤35	≤20	指标属最低值
	220	≤25	≤15	
	330～500	≤15	≤10	
氮气压(MPa)	—	0.01～0.03	0.03	指标保持正压
气体露点(℃)	—	-25	-40	指标属最高限值
绝缘件含水量(%)	110级以下	2.0	2.0	指标属最高限值,各电压等级在 DL/T 595—1996 中规定分别为3%、2%、1%
	220级以下	1.0	1.0	
	500级以下	0.5	0.5	

用测量绝缘件含水量的方法来判断变压器绝缘是否受潮是比较理想的。测量绝缘件含水量的方法有两种,一种是直接测量绝缘件的含水量,另一种是用平衡水蒸气压法测量绝缘件的含水量。通常现场测量采用平衡水蒸气压法。平衡水蒸气压法主要是利用绝缘件中的含水量,在确定不变的温度下,与油箱内一定的水蒸气压保持平衡的原理。即测量油箱内的水蒸气压,再根据绝缘件中的含水量与空气中水蒸气压的关系曲线(piper 曲线),求出内部绝缘件的含水量。平衡水蒸气压法的具体操作方法如下。

当抽真空残压到 0.3 kPa 以下时,再继续抽真空 8～9 h 停止,然后记录 0.5 h 或 1 h 之内的真空度下跌数据(每 2 min 一次),并将所记录的数据在真空泄漏表格上绘成曲线,再按该曲线的斜率趋势画一直线(即曲线上、下各点的平均值直线),直线与 $t = 0$ 的垂线的交点,即认为是绝缘件含水量反映的水蒸气压力,根据此压力在 piper 曲线图上查得绝缘件的含水量。

采用此方法的关键之处,在于变压器各管路应无非正常的渗漏点,真空度要满足要求,否则准确度失准,也就是说,要确保油箱内一定的真空泄漏率,一般规定不能超过 34

Pa/h。

（11）变压器油验收。检查测量变压器本体油及变压器配用油是否合格。主体油包括充油运输变压器的箱内油,充氮运输变压器的箱底残油;配用油包括给充油运输变压器单独配发的添加油,给充氮运输变压器单独发来的主体用油及添加油。现场具体验收程序和步骤如下:

①检查制造厂的出厂油化验单(手续是否齐全),看是否经过出厂试验,试验结果是否合格。

②油号验收:变压器油号要与合同要求相符。

③重量验收:配用油要经过磅秤的称量,油车运油卸油前后应两次称量相减,作好重量验收记录。

④现场安装单位(或用户)均必须对上述运输到现场的油重新进行验收化验,化验的项目包括:油简化分析项目(界面张力、酸值、水溶性酸、杂质、闪点、耐压、介质损耗因数和微水含量及油色谱分析)。其中耐压、含水量、色谱分析、介质损耗因数为主要化验项目,现场应首先进行验收,具体数值如表 3-2 所示。

表 3-2　变压器油的现场验收指标

项目	电压等级(kV)	指标要求	备注
耐压值(kV)	15 及以下	≥30	按预防性试验规程 DL/T 596—1996
	20 ~ 35	≥35	
	66 ~ 220	≥40	
含水量 (μL/L)	66 ~ 110	≤20	取油样温度为 40 ~ 60 ℃
	220	≤15	
色谱(μL/L)	—	总烃 <20,乙炔 =0, 氢 <10(30)	此为投运前的标准要求,按 DL/T 722—2000 标准(GB/T 7252—2001 标准为氢 <30)
介质损耗因数 (%)	—	90 ℃时不应 大于 0.5	此为 GB 50150—2006 标准值,注入本体后可按 0.7 控制,如按 GB/T 7595—2008 标准为 1

（12）套管验收。提前安排对充油套管及油纸电容式套管的检查验收,检查验收的内容包括:外观检查有无渗漏油,瓷釉表面有无损伤和破损。套管本体的电气性能指标应符合表 3-3 要求。

（13）气体继电器验收、校验。提前要求用户在安装前委托当地电力试验部门对气体继电器进行油流速校验和整定。

（14）温控器验收、校验。提前要求用户在安装前委托当地电力试验部门对温控器(包括现场信号温度计、远方电阻温度计或二者之复合式温度计以及绕组温度计)进行温度校正检验,以确保温控接点动作准确。

（15）地脚支撑件验收。现场到货后,本体需要立即就位的,应该按出厂技术文件中的总装配图查对本体地脚安装是否有支墩、小车或其他支撑。如有支撑件,本体就位前要及时放好支撑件(提前打开含支撑件的包装箱,取出支撑件),以免造成就位后重新安装支撑件的返工。

表 3-3　套管本体的电气性能指标

项目	指标要求			备注
绝缘电阻(MΩ)	主绝缘		≥5 000	用 2 500 V 或 5 000 V 摇表
	末屏对地		≥1 000	
介质损耗因数(%)(20 ℃)	充油型	20～35 kV	≤3	(1)此值为预防性试验规程 DL/T 596—1996 规定值。 (2)可不进行温度换算,随温度增加明显增大,增量在 0.3% 及以上,不宜运行。 (3)按 GB 50150—2006 标准,油纸电容型≤0.7%
		66～110 kV	≤1.5	
	油纸型	20～110 kV	≤1.0	
		220 kV	≤0.8	
	末屏对地 (当对地电阻 < 1 000 MΩ 时)		≤2	
电容量	与出厂值相差不超过 ±5%			(1)此值为 DL/T 596—1996 规定值。 (2)按 GB 50150—2006 标准为 ±10%
色谱(μL/L)	氢 <150,乙炔 =0,总烃 <10			(1)DL/T 722—2000 规定的出厂值。 (2)运行时氢 <500,乙炔 <2,甲烷 <100
耐压(kV)	不低于出厂值的 85%			按 DL/T 596—1996 规定
局部放电量(pC)	油纸电容型≤10(运行中≤20)			按 DL/T 596—1996 规定

(16)现场存贮要求。变压器现场存贮、保存必须满足如下要求:对充油运输的变压器,如果三个月内不安装,应在一个月内安装储油柜和吸湿器,或对上部空间抽真空后,充以 0.01～0.03 MPa 的氮气(氮气露点应低于 -40 ℃,纯度不低于 99.9%);对充氮运输的变压器,如果三个月内不安装,应在一个月内及时注油,安装储油柜和吸湿器或继续充氮,压力保持在 0.01～0.03 MPa(氮气露点应低于 -40 ℃,纯度不低于 99.9%)。

(二)变压器安装前的准备工作

(1)检查变压器本体就位位置和方向是否正确,是否有支墩或小车及其他支撑件安装要求。

(2)检查配套附件是否齐全、完好,并对需要试验的附件提前安排做好验收试验备用,主要内容包括:油纸电容式套管的介质损耗因数和电容测试,套管互感器的极性、电流比及保护级的伏安特性测试,气体继电器的油流速度整定试验,温控器(信号温度计、电阻温度计或复合式温度计、绕组温度计)的校验等。

(3)提前做好注油、放油、滤油的准备工作,核对变压器配用油(包括主体用油及添加油)的数量是否够用,油的质量指标是否合格。

(4)做好安装用设备准备,并检查设备使用性能是否完好,主要包括真空滤油机(按变压器油量的多少确定 3～6 t/h)、抽真空设备(按变压器电压等级确定真空度要求)、油罐及油管路(确保内部清洁、无水分)、吊车(按吊罩与否确定吨位)以及工具类。

(三)吊罩检查工作

1. 吊罩检查的规定

按《电气装置安装工程电力变压器、油浸电抗器、互感器施工及验收规范》(GBJ 148—90)的规定,1 000 kVA 及以下变压器,现场安装时不吊芯检查。1 000 kVA 以上的变压器,现场安装时,除制造厂承诺可不进行吊罩检查外,一律应该进行吊罩检查器身或从人孔进入变压器内进行器身检查。经双方共同认定也可不进行吊罩检查,但需作好记录。

2. 吊罩环境及时间的规定

(1)大气湿度在 65% 以下时,器身暴露时间≤16 h。

(2)大气湿度在 65% ~75% 时,器身暴露时间≤12 h。

(3)对于 330 kV 及以上变压器,在满足(1)、(2)的条件时,器身暴露时间一般为 8 ~ 10 h。

(4)超过上述条件下的暴露,器身要进行相应的干燥处理。

(5)环境温度应≥5 ℃,器身温度要高于环境温度 5 ~10 ℃。当环境温度较低(0 ℃以下)时,应事先采取热油循环的方式将器身温度加热提高到 10 ℃以上。

3. 吊罩前的处理工作

(1)对充氮运输与贮存的变压器,吊罩前应先进行注油排氮或打开人孔和安装孔吹干燥空气排氮,或采用抽真空排氮,然后再进行吊罩或进人检查。排氮时应防止器身绝缘在暴露时受潮,进人检查时应避免窒息。

(2)对充油运输与贮存的变压器,吊罩前放油须打开箱顶部的蝶阀,通过真空滤油机将油从下部放油阀门排入干净的油罐中。

(3)根据变压器器身上部的定位方式,确定器身与油箱连接固定机构的打开方法。

(4)根据不同开关结构型式,确定开关与油箱内器身的连接机构的打开方法,并注意应在整定分接位置(记录好开关打开时的分接位置)进行打开。

4. 吊罩后的器身检查工作

(1)检查所有紧固部位的紧固件是否松动,包括铁芯夹件紧固件、器身与下节油箱的连接紧固件、器身绕组的压杆紧固件。检查引线与绝缘有无串动和损伤。

(2)检查铁芯绝缘与接地是否良好。

(3)检查夹件绝缘与接地是否良好(对夹件单独接地变压器)。

(4)检查铁芯接地屏及油箱磁屏蔽的绝缘与接地是否良好。

(5)检查开关触头与引线连接紧固是否良好。

(6)检查有载开关油室底部的放油塞关闭是否严实。

(7)检查器身及油箱内是否清洁,不允许有异物和水。

二、变压器的安装工作

(一)扣罩前的铁芯绝缘测量

变压器扣罩前或不吊罩注油前,一定要用兆欧表先测量确认铁芯对地、夹件对地(对夹件单独接地结构)绝缘良好,才能进行下一步安装工作。

(二)扣罩后的紧固要求

对于将要吊罩的变压器,要注意其箱顶部与器身之间定位装置的安装,防止器身定位架与油箱之间产生金属连接;下部箱沿的紧固要对角均匀进行,紧固前擦净胶条槽内的油迹,避免产生箱沿假渗现象。对不吊罩检查的变压器也要和吊罩检查变压器一样,检查箱顶与器身的固定结构。

(三)无载和有载分接开关的装配

1. 无载分接开关的装配

(1)对于大型变压器用单相或 1 + 2 相无载分接开关,要注意三相的挡位相同,操纵杆的插接及操纵头的连接固定要准确,往复调挡,左右调至极限位进行对挡,确保挡位指示准确,最后调定到额定挡位。

(2)大型变压器用三相笼形无载开关(WSL 型)直接置于变压器油箱内,对应于变压器两种不同的箱体结构,开关有箱顶式安装和钟罩式安装两种结构型式,现场具体拆装过程如下。

箱顶式安装开关:由于开关在箱盖上已安好固定不动,变压器吊芯时器身连同箱盖一起起吊,所以在现场对开关本体没有拆装操作任务。

钟罩式安装开关的拆装过程如下:

①解开顶盖法兰和中间法兰间的接地连线。

②拆去开关顶盖法兰。

③用吊绳吊住开关的支撑法兰上的 2 个吊环。

④拆下连接中间法兰与支撑法兰的 3 个内六角螺钉,然后将开关下放,使开关支撑法兰落于变压器器身支撑架上。

钟罩式开关的回装过程如下:

①用吊绳吊住支撑法兰上的 2 个吊环,将开关吊起,注意对准支撑法兰与中间法兰的红色三角标记,并放好密封胶圈。

②用 3 个内六角螺钉连接并紧固好开关的中间法兰和支撑法兰。

③安装开关顶盖法兰。注意对准顶盖法兰与中间法兰的红色三角标记,并放好密封胶圈。

④连接好顶盖法兰和中间法兰之间的接地连线。

2. 有载分接开关的装配

1)不同型式的开关安装

不同型式的开关安装时,其开关本体吊装与顶盖的吊装方法不同,要掌握各开关的安装方法,详细阅读开关安装使用说明书。无论对复合式有载分接开关(切换开关、选择开关和换向开关都在一个油室内,如 V 型开关),还是对组合式有载分接开关(切换开关在上面油室内,选择开关和换向开关设在油室外下部的变压器油箱内,如 M 型开关),当装用于平顶箱盖式油箱变压器时,由于开关在箱盖上已安好固定不动,吊芯时器身连同箱盖一起起吊,所以现场对开关本体没有拆装操作任务。当装用于钟罩式油箱变压器时,情况就不同了。由于开关是挂在上节钟罩油箱上部的,器身引线又与开关连接,所以在现场对变压器进行吊罩过程中,有一个对开关本体重新拆装一遍的过程。

2)V型开关的拆装步骤

V型开关的拆卸过程如下:

(1)将开关调整到整定工作位置(通常是在中间一挡,即第10挡或第9b挡,由高挡位调到10挡或由9c挡调到9b挡)。

(2)卸掉开关传动水平方轴。

(3)打开开关顶盖。先拆除顶盖的20个M10螺栓,开盖后取出法兰口内的O型密封胶圈($\phi415 \times \phi5.5$),并保存好。

(4)吸出油室内的变压器油30 L左右(对充油运输的变压器),以便拆装快速机构和开关主体。

(5)将储能(拉伸)弹簧的两个销子取出(用M5螺栓),松开两根储能弹簧。

(6)卸开管头螺母,脱开抽油管,并将油管转向中间,留心密封垫。

(7)拧下快速机构底板上5个M8×20螺栓。

(8)取出快速机构,取出之前应记录好机构上的位置标记(红色箭头的对应情况),以便于复装。

(9)装好开关横吊板(专用吊板,上好四根M8×160的吊螺杆)。吊紧吊板后,卸下开关头与开关主体间连接的9个M8×25螺栓,然后轻轻下降吊板,将开关主体放到器身上的开关托架上。此时要注意开关主体法兰上的密封胶圈($\phi372 \times \phi6$)不要移位。同时也要注意开关主体与开关头部法兰的定位标志,以便回装。

(10)最后对变压器进行吊罩。

V型开关的回装过程(基本上按拆卸过程倒序进行)如下:

(1)先对变压器进行扣罩,扣罩前注意检查开关下部的放油塞是否关紧,以防发生内渗。

(2)装好横吊板,提起开关,将开关主体和开关头部连接好,拧紧9个M8×25螺栓,移开开关横吊板。此时应注意检查开关主体法兰与开关头法兰之间的胶圈($\phi372 \times \phi6$)是否移位,以防发生内渗。

(3)回装快速机构。为了能迅速准确地完成回装快速机构,回装时必须注意:要达到装位准确迅速,需使三个定位部分定位正确,即:一要使轴部三个槽块、槽口及槽口中的一个定位钉对齐;二要保证快速机构底板上两个定位孔对进法兰上的两个定位钉;三是要使范围(换向)开关的拨件(轴)对进开关的拨口(U形开口)内。为了达到此目的,可以按拆卸时记录好的位置标记(红色箭头标记)回复好即可。如果没做位置标记记录或位置标记已变动,可按如下操作定位:即换向开关卡在 + 时,快速机构由1_n方向调到9b(或10)的位置上;换向开关卡在 - 时,快速机构由1_n调整到9b(或10)的位置上。快速机构复位后,拧死底板上的5个M8×20螺栓。

(4)装好抽油管的管头螺母。

(5)固定好两根储能弹簧(插好两根销子)。

(6)装好开关顶盖板,紧固好20个M10螺栓,注意要先放O型胶圈($\phi415 \times \phi5.5$)在法兰槽口内。

（7）连好水平传动方轴,连好各联管(面对法兰,R 管头连气体继电器,S 管头连抽油管,Q 管头连注油管)。

（8）回油,打开与开关储油柜间的蝶阀。

3）M 型开关的拆装步骤

M 型开关的拆卸过程如下：

（1）将开关调整到整定工作位置(通常是在中间一挡,即第 10 挡或 9b 挡,由高挡位调到 10 挡或由 9c 挡调到 9b 挡)。

（2）吸出开关内变压器油 30 L 左右(对充油运输的变压器),以便拆装切换开关。充氮运输的变压器无此要求。

（3）卸掉开关传动水平方轴。

（4）打开开关顶盖。先拆除顶盖的 24 个 M10 螺栓,开盖后取出法兰口内的 O 型密封胶垫($\phi481 \times \phi6$),并保存好。

（5）取下位置指示刻度盘,保管好用于重新装配的弹簧垫圈。

（6）拧下托板上 5 个 M8 螺母,小心吊出开关芯体(切换开关),置于清洁、安全处覆盖好。吊芯体时注意不要碰坏开关本体抽油管和位置指示传动轴,同时注意芯体与法兰的对位"△"符号标志,以便回装。

（7）取出吸油管,注意吸油管头部的 O 型密封圈。

（8）装好开关横吊板(专用吊板,吊板两端可伸入开关主体法兰下部)。

（9）吊紧开关吊板,卸开关头与开关主体间的 17 个 M8 连接螺母,然后轻轻下降吊板,将开关主体放到器身上的开关托架上,此时要注意开关主体法兰上的密封胶圈($\phi445 \times \phi6$)不要移位。

（10）最后对变压器进行吊罩。

M 型开关回装过程(基本上按拆卸过程倒序进行)如下：

（1）先对变压器进行扣罩,扣罩前注意检查开关下部的放油塞是否拧紧,以防发生内渗。

（2）装好横吊板,提起开关,将开关主体和开关头部连好,拧紧 17 个 M8 螺母。此时注意"△"标志对准,使主体和开关头部自然对位。还要注意开关主体法兰上的密封胶圈($\phi445 \times \phi6$)不能移位,以防发生内渗。

（3）装好吸油管,注意吸油管头部的 O 型密封圈不能移位。

（4）吊起开关芯体(切换开关),准确地下放到开关油室内,吊放时注意不要碰坏开关本体抽油管和位置指示传动轴,同时要注意"△"标志对位准确,对准后拧死托板上的 5 个 M8 螺母。

（5）安装好位置指示盘。

（6）盖好开关顶盖,拧死 24 个 M10 螺栓,此时要注意法兰口内的 O 型密封圈($\phi481 \times \phi6$)不能移位,以防发生内渗。

（7）安装好水平传动方轴,连好各联管(面对法兰,R 管头连气体继电器,S 管头连抽油管,Q 管头连注油管)。

（8）回油,打开与开关储油柜间的蝶阀。

4）开关整定工作挡位

开关拆装时要在整定工作挡位进行,最后也应调定在整定工作挡位上或用户要求的工作挡位上。

5）开关电动机构的圈数校验

有载分接开关与电动机构连接后一定要进行圈数连接校验,连接校验的目的是使开关本体和电动机构两个独立的变动切换位置的主体,连接后能实现切换位置和顺序相同。对 M 型开关,校验正反圈数差≤0.5 圈;对 V 型开关,校验正反圈数差≤3.75 圈。具体圈数连接校验方法如下。

（1）将开关和电动机构分别调到一个相同的挡位工作位置上,如在整定挡位(9b 或 10 挡)或其他挡位上。

（2）用手动操作(用手柄摇)进行校验。

（3）用手柄沿 1_n 方向(顺时针)摇动手柄,待切换开关动作时(听到切换响声开始),继续转动手柄并记录旋转圈数,直到分接变换操作指示轮上的绿色带域内的红色中心标志线,出现在观察窗中央时停止摇动,记下旋转的圈数为 m 圈。

（4）向反向沿 n_1 方向(逆时针)摇动手柄,回到原来位置,同样按上述方法记下旋转圈数 k。

（5）若 $m = k$,连接无误;若 $m \neq k$,$k - m > 1$ 或 $k - m < 1$ 时,需要进行旋转圈数的差数平衡调整。松开电动机构垂直传动轴,用手柄向圈数多的方向摇动 $1/2(m - k)$ 圈,然后再把垂直传动轴连接起来固定好,重复进行,直至校正到 M 型开关相差 0.5 圈,V 型开关相差 3.75 圈为止。

（6）开关的挡位指示要调到三位一致,即开关本体挡位指示、电动机构挡位指示以及远方(控制室)挡位指示三者相同。

6）开关远方显示与控制装置安装

（1）首先核对该装置的输入信号、输出信号及功能是否符合合同和设计的选型要求,核对无误后安装,以免返工误事。

（2）该装置安装于控制室内的控制屏上。

（3）接线方法(主要有四部分):一是开关挡位指示连线,用 19 芯电缆线将该装置后面板上的 CX(19 芯)插座与电动机构插座连接。二是开关动作指令连线,连接该装置动作指令端子与电动机构的相应端子(8、12、9、11)。三是电源端子连线,接入 AC 220 V 电源。四是具有自动控制功能的其他端子,按说明书指定的连接标示连接。

（四）高压套管的安装

套管安装时,根据起吊设备所在的位置,应按照从右到左或从左到右的顺序实施。吊装时套管的倾斜度与变压器升高座要保持一致,其油位计的方向应朝向外侧,以利于巡视检查。

（1）对油纸电容式套管及穿缆式套管:电源引线要防止损伤绝缘;引线锥要进入均压球;引线长短要合适,不应打弯或扭动;均压球要拧紧,球内不允许有杂质或水;顶端的接线端子要拧紧,不能有密封不良现象。对穿缆式套管的安装要注意使引线电缆在瓷套中处于居中位置。

（2）对低压导杆式套管：套管尾屏与引线片的连接必须可靠，使引线与导杆的接线板接触紧实牢固，避免影响直流电阻不平衡。安装时还要注意谨慎操作，防止金属异物掉入箱内。

（3）对铁芯及夹件的接地套管：引线电缆长度要合适，防止与其他金属部位接触，且要安装牢固。

（4）套管互感器安装：要注意各电流引出线导电杆要拧紧，如不使用，一定要短接并接地。

（五）储油柜及油位表的安装

1. 储油柜

储油柜的型式有普通式、隔膜式、胶囊式和波纹式等。对各种型式的储油柜，都必须注意安装时的排气操作，通过排气、吸气使储油柜满足正常的油呼吸作用需要。如果不排净储油柜内的气体，变压器运行时油温升高，体积膨胀没有空间，这样变压器内部产生压力，会使压力释放阀动作；另外，储油柜内存空气与油接触，会加速油的老化，气体溶于油中影响色谱和局部放电。所谓排气，是指要把隔膜以下油面以上空气或胶囊外柜壁内的空气排净。针对不同结构的储油柜，有不同的排气方法。对于隔膜式储油柜，注油调整油位时，要打开隔膜上的放气塞，有油溢出后再把放气塞拧紧。对于胶囊式储油柜，可以采取注油排气法或充气排气法进行排气。所谓注油排气法，就是注油时打开储油柜上部的放气塞，直至有油溢出时拧紧放气塞，再将油面调整到规定高度，胶囊自然展开，即完成排气。所谓充气排气法，即先向储油柜内充入部分变压器油，然后从吸湿器接口处向储油柜胶囊内充气，打开储油柜上部的放气塞，直至有油溢出时拧紧放气塞（气源用氮气瓶或氧气瓶的压力气体或空压机）。注意：充气压力和时间要控制合适，不能充坏胶囊，油位高度调整合适后即完成排气。

对于波纹式储油柜，注油时要打开储油柜下部的排气阀门，直至排净内部空气出油时，关闭排气阀门即可。

2. 油位表

对隔膜式、胶囊式储油柜的油位表，现场一定要打开手孔，重新检查安装的浮子和连杆经运输后的状态或重新安装浮子和连杆，必须注意确保连杆、浮子安装合理可靠，指针指示灵活准确，注油过程中要注意观察，应反复几次注放油验证油位表工作正常才行。现场安装时经常出现因疏于检查而造成油位指示不对的故障。

（六）气体继电器的安装

（1）气体继电器必须经过试验部门提前对油流速整定后方可使用。

（2）气体继电器的安装用波纹管连接找正，波纹管应靠近柜体侧，气体继电器的箭头指向储油柜，导气盒回路要畅通。

（3）注意检查各联气管的安装，应按钢号连接，确保集气到气体继电器处要有 1% ~ 1.5% 的上升坡度。

（七）冷却装置的安装

（1）片式散热器的安装应根据放气、放油的需要注意上下的方向（放气塞应在上部内侧，放油塞应在下部外侧），散热器接口联管安装要对位准确，防止产生内应力。片式散热器的拉杆装置一定要拉紧，避免运行时产生噪声。

（2）风机安装时，要保证其与散热器之间的间隙，并注意按图示要求的方向安装散热器，风机转向正确（转向不对时调换三相电源相位）。

（3）强油冷却器安装时，其导油盒、油管路、托架和拉板等要按钢号安装并紧固到位，防止产生内应力。冷却器的安装步骤较为复杂，也比较重要。第一步应将油泵、油流继电器与变压器下部蝶阀连好，再吊起冷却器与变压器上部蝶阀连好；第二步是将冷却器下部蝶阀与油泵连好；第三步是调整好各部件的正确位置，然后进行紧固，应先紧固油泵与冷却器间的连接，再紧固上下部的蝶阀，最后紧固好支撑座或支撑板。

（4）油流继电器安装时，通过手试油流挡板，确定安装方向。

（5）潜油安装后，其转子转向要正确（向主体内打油），反向时调换三相电源相位。

（八）阀门的检查与安装

吊罩后或放油后要检查油箱各处的蝶阀、阀门和油样活门，检查其开闭和定位是否灵活准确。如发现问题，要及时更换，以免造成注油后返工。

（九）二次接线的安装

（1）主体上的二次接线布置安装一定要在安装散热器、冷却器之前进行，否则安装冷却装置后是无法布线的（主体二次接线事先已布置到主体上的无此项要求）。

（2）二次接线的电气连接包括油位计、各温控器、气体继电器、压力释放阀、风扇电机、互感器、油流继电器、油泵与端子箱、风冷控制箱和强油风冷控制箱的连接。

（3）目前，各制造厂在变压器出厂前已将变压器二次接线布置到主体上，有的已引接到接线端子箱，只剩与附件接点的连接。

（十）温控器的安装

（1）温控器安装前须经过试验部门提前对温度指示及信号接点进行校验，确保指示准确，导通良好。

（2）安装时不要忘记往温度计座内充 2/3 高度的变压器油，再安装温控器的温包。也可以往温度计座内填满 HZ - KS101 导热硅脂，代替变压器油。导热硅脂不熔化、不流失、不挥发，有优良的导热性能，脂体白腻光滑。

（3）安装时要做好温包进水防护，压力式信号温度计金属连接软管弯曲半径应 ≥50 mm。

（4）温控器的控制开关设定值按风机（或辅助冷却器）开、风机（或辅助冷却器）停、报警和跳闸的需要进行设置，具体方法如下。

①对弹性元件为波纹管的温控器，温度控制开关的设定方法如下：

a. 旋松红色设定指针上的圆头螺钉。

b. 转动刻度筒，获得所需的温度控制量，再将螺钉锁紧。

c. 向下拨动红色检验柄，使指针缓缓向温度上限方向移动，每经过一个温度设定点，应该听到相对应的开关接点动作声。

②对弹性元件为多圈弹簧管的温控器,温度控制开关的设定方法为:I_S 调校后,直接拨动温度计表盘内的开关温度设定点(1~6个),按设定要求,如冷却器启动、冷却器停止、报警和跳闸等需要设置温度。

从结构原理看,波纹管式温控器采用凸轮推动式微动开关配合波纹管形变,多圈弹簧管式温控器采用拨叉式微动开关配合多圈弹簧管的形变。相比之下,后者好调整,运行时准确可靠得多,所以对温控器选型时,建议尽量选择后者。

(5)绕组温度计调试校验步骤(比油面温控器的调校增加 I_S 的调校)。

①对传统型(外热式)绕组温度计,调校步骤需要在试验所内操作。调校是针对工作电流 I_S 进行的,首先应查得或索取变压器(向厂家)的绕组对油温的差值 ΔT 值(即铜油温差),用此 ΔT 值在电热元件的温升特性曲线图(JB/T 8450 变压器行业标准条款中的曲线)中查出 I_S 值,计算出 I_S 值与电流互感器的二次额定电流 I_p 的比值,按此比值在电流匹配器中确定接线端子,将调整端接到该接线端子上,并调整电位器使 I_S 值等于上面已查出的值即可。

②对模块型(内热式)绕组温度计,调校步骤也是在试验所内操作进行的。调校是针对工作电流 I_S 进行的。首先按变压器说明书查得铜油温差 ΔT,用此 ΔT 值在 JB/T 8450 曲线中确定 I_S 值,用恒流源(交流电流发生器)模拟 CT 输出电流,在复合传感器头内先调整波段开关的挡位,后调节电位器,从而获得 I_S 值。

(十一)压力释放阀的安装

压力释放阀安装前应予以校验,安装过程中要注意:紧固压力释放阀法兰的螺母时应按对角线均匀拧紧,严禁将喷油口对着套管升高座和其他附件,充油后应排除压力释放阀升高座处的气体。安装完后压力释放阀的锁片(卡)要按死,以便进行密封试验。密封试验完成后,要撤掉锁片(卡),确保压力达到时准确释放。

(十二)吸湿器的安装

吸湿器安装时应确保与储油柜的联管清洁、通畅,吸湿器内装的吸潮剂(变色硅胶)要干燥,油杯内胶垫要取出,油杯内油位在油面线以上。

三、变压器的真空注油、静放及热油循环

(一)变压器真空注油

(1)在变压器器身检查时,由于绕组和铁芯会暴露于大气中,即使大气条件较好,暴露时间不超过规定的值,也不可避免会使绕组和铁芯的表面受潮。因此,在变压器本体注油之前,需要进行真空处理,其目的是去除这部分潮气。真空注油系统的连接同变压器检修时相同。

变压器抽真空的程序:将真空泵与变压器本体上部用导管相连接,在变压器整体密封良好的前提下,启动真空泵,使油箱内真空度达到 133 Pa 以下,并保持一段时间。对于电压等级为 66~110 kV、容量在 16 000 kVA 以下的变压器,真空注油时真空度(残压)值为 0.05 MPa,负压值为 -0.05 MPa;对于电压等级为 66~110 kV、容量在 20 000 kVA 以下的

变压器,真空注油时真空度(残压)值为 0.02 MPa,负压值为 -0.08 MPa;对于电压等级为 220 kV 以上的变压器,真空注油时真空度(残压)值为 133 Pa,负压值为 -0.1 MPa。

(2)对于室外变压器,如遇下雨天,则不得进行抽真空作业,并应及时向变压器油箱内注入合格的变压器油或干燥空气,待天气良好时再进行抽真空的作业。抽真空的速率应视变压器的额定电压、容量及油箱的容积而定,一般在 1 h 内能使油箱达到预定的真空度为宜。通常选用抽气速率为 10~20 L/s 的真空泵即可。

胶囊式和隔膜式储油柜内的胶囊和隔膜是不能承受真空的,所以抽真空时必须关闭变压器本体油箱与储油柜之间的阀门,并打开储油柜底部的排污阀。对可参与真空的波纹式储油柜、真空胶囊式储油柜、冷却器等附件,应打开变压器组件与变压器本体之间的连接阀门一起抽真空。

(3)对有载调压的变压器,有载开关油室与变压器本体相连接的,应打开连接阀门,与变压器油箱同时抽真空;没有与变压器本体相连接的独立有载开关油室,应将其油室的进油口处用联管与变压器本体相连,以避免变压器油箱抽真空时,在变压器本体与有载开关油室之间产生压差,造成有载开关油室箱体的损坏。

(4)当变压器器身由于暴露时间长或其他原因,有受潮迹象时,抽真空后要保持长时间的真空度,保持时间可视受潮程度而定,一般可到 8~24 h,以利于水分的挥发。

(5)注油时一定要把管路内空气放净,在注油阀处放气至油流出后再打开注油阀门注油。注油要自下而上,注油速度 2~3 t/h,不能超过 6 t/h,以防油流带电。油面距箱顶 100~200 mm 时停止注油,继续保持真空,110 kV 级变压器要保持真空不少于 2 h,220 kV 级以上变压器不少于 4 h。

(6)对 66 kV 级以上变压器,注放油应采用真空滤油机,切忌采用板式滤油机,防止油被劣化,及将空气和潮气带进变压器。

(7)注油时的油温应高于器身的温度,器身最低温度在 10~20 ℃为宜,或当环境温度较低时,提高油温到 30~50 ℃再注油。

(8)有载开关油室内的注油,也要保证在真空下进行,并在油箱注油时同时进行。

(9)补油指储油柜的补充注油。补注油箱上部空间、各附件及储油柜油,应补注到油位指针在相应环境温度下指示的油位高度。通常补油都是在解除真空的条件下进行的,通过储油柜注油阀门对变压器自上而下补注。注意:补注油时要按自下而上的顺序逐步打开各附件的放气塞,包括散热器、冷却器、净油器、集油盒、升高座、导油盒、套管压盖、开关盖板和气体继电器等上面的放气塞。补注油时注意打开各附件的蝶阀,并调到准确的开启部位。主体补注油后,对有载开关,也要补注油到相应的油位高度。

(二)变压器静放与密封试验及排气

(1)整体的密封试验压力按 0.035 MPa 考核,以储油柜注油后的静油压值也可,检查油箱及附件有无渗漏油现象。

(2)静放时间要求:从补油完成算起,66~110 kV 级变压器静放时间≥24 h,220 kV 级变压器静放时间≥48 h。

(3)变压器排气,尤其是储油柜的排气是受电前很重要的步骤,除补油时的排气外,在静放阶段要多次按补油时的排气顺序进行排气,要确保变压器内部、各附件内部,尤其是储油柜内部的气排净。

(三)热油循环

通常在变压器器身有受潮的迹象时(因暴露时间过长或在环境条件较差时装配),需先对变压器进行热油循环处理(常压下),然后再静放。热油循环要求对角由上而下用真空滤油机进行,滤油机出口油温不应低于 50 ℃,油箱内温度要高于 40 ℃,根据受潮程度也可适当提高油温到 70 ℃左右。对于 330 kV 级及以上变压器现场安装后均需进行热油循环,油温最低达 60 ℃,热油循环时间按总油量循环至少 4~6 遍而定,按器身暴露时间长短可适当延长。

四、变压器安装后的检查

现场安装完成后,在交接试验和送电前应进行下列项目的详细检查:

(1)储油柜及套管的油位高度指示是否符合相应环境温度下的要求,有无假油位现象,储油柜是否已排净气,并具有呼吸作用。

(2)各处蝶阀是否处于正常开启状态,尤其要注意储油柜、气体继电器处的蝶阀,压力释放阀处蝶阀是否打开,如有逆止阀,应注意其油流方向。

(3)变压器各放气塞是否把气放净,最后检查排放一次,并旋紧各处放气塞。

(4)分接开关的挡位位置是否正确:无励磁分接开关三相位置一致并调定在额定挡(或用户规定的挡位上);有载分接开关的挡位指示三位(本体、机构和远方)一致,并经圈数校验,定位在额定挡或用户规定的挡位上,开关操作灵活。

(5)检查吸湿器是否有呼吸现象(油杯内密封圈是否完好),管路气道是否畅通,吸潮剂(硅胶)是否变色失效,油杯内注油油位是否合格。

(6)压力释放阀的锁片是否取消,压力释放阀处的蝶阀是否打开。

(7)电流互感器的二次接线,在其不带负荷时不允许开路,需短接。

(8)气体继电器的安装指示方向是否正确,排气管是否畅通。

(9)检查接地系统的接地是否良好,检查如下部位:

①油箱接缝螺栓与地的连接部位(接地电阻≤0.5 Ω)。

②油箱上下节之间及各螺栓紧固件之间的连接部位。

③铁芯接地套管的接地部位。

④夹件单独接地时的接地部位。

⑤油纸电容式套管法兰处的接地套管。

⑥油箱与支墩之间的连接(无螺栓连接时应焊接连接)。

⑦油箱上部器身定位装置的定位螺栓应解开(查阅安装时的记录)。

(10)复核变压器的外绝缘距离是否满足规定要求,不得小于规定值。

(11)检查气体继电器、各种温控器、油位计、压力释放阀、套管互感器和油流继电器等保护控制线路的接线是否正确。

(12)检查油流继电器的安装指示方向是否正确。

(13) 检查变压器本体和附件有无渗漏,外观是否整齐,有无缺陷,主体上有无异物。

(14) 检查附件是否齐全、安装是否可靠。

第二节　变压器的状态检修

变压器检修一直以来以定期检修为主。所谓定期检修,就是从变压器投入运行之日开始按照有关规程规定的运行周期进行解体检修。采用此种检修办法主要基于当时的制造水平和预防性检测方法的局限性,不能实时掌握变压器内部结构的变化,只能采用解体检查维修。《电力变压器检修导则》(DL/T 573—2010)是推荐使用按照一定周期进行计划检修的指导性文件,该导则结合对变压器的检修实践进行编写,在几十年实践运用中有效减少了设备的突发事故,保证了设备的良好运行。但计划检修也存在着缺点,检修不考虑设备的实际状况,存在"小病大治,无病也治"的情况,计划检修只注重了设备的安全效益。随着技术水平的不断进步,制造质量优良率不断提高,加上许多在线监测设备被广泛运用,人们的思想观念也发生着变化,在注重设备安全效益的同时也注重经济效益,设备状态检修被越来越多的单位所接受。

状态检修立足于电气设备的诊断技术,采用各种测量手段检测变压器是否存在异常,通过诊断分析得到比较准确的诊断结果,再根据结果的危害程度,安排检修计划。由此可知,要达到预想的目的,关键问题是诊断技术的可靠程度和诊断结果的准确程度。单纯把变压器状态检修的依据建立在在线监测的基础上是不全面的,更不能完全依赖在线监测设备,应做到在线监测设备和预防性试验相结合,实现综合分析和诊断。

目前国内高压电气设备的状态检修尚无统一的规程、规范和导则,变压器的状态分析是状态检修管理的基础。变压器的状态主要根据变压器出厂试验及验收记录、日常运行记录和各种试验检测的结果进行全面的分析。具体来说,变压器出厂试验和验收记录,应包括按订货协议规定的各项出厂试验、对变压器监制的结论记录,变压器的日常运行记录,主要包括历年来运行时的顶层油温、环境温度、负荷情况,是否遭受雷击,是否存在异常声响振动,是否遭受外界短路冲击等详细记录。各种试验检测结果包括历年来的预防性试验、针对性的专项试验以及在线监测的结果。另外,对大修过的变压器,还应该将大修的记录作为分析的依据。

由此可见,在线检测只是变压器状态分析的手段之一,有关变压器的运行、试验、检修的各种信息也是诊断其状态的重要依据。变压器的稳定性方面的问题就与制造时的工艺和结构有关,当变压器近距离发生短路造成冲击后,若测试绕组变形出现异常,则很快会联想到制造的工艺和结构。

小浪底水利枢纽反调节水库——西霞院电站的一台型号为 S10 - 12500/35 的油浸式变压器,2010 年 4 月安装完毕,运行一段时间后,在变压器 35 kV 高压侧的电缆内部出现故障发生短路,变压器差动保护动作跳开高低压侧开关切除故障。随后对该变压器进行了直流电阻、绝缘电阻、介质损耗、泄漏电流和油色谱试验,未发现异常。对该变压器进行充电投运,在合上电源开关的瞬间,变压器轻、重瓦斯保护,差动保护动作,检查发现瓦斯继电器内有气体产生,油质发黑。将该变压器返厂吊罩检查发现,变压器低压侧三相绕组不同程度地变形,匝间绝缘损坏。

　　生产厂家更换了该变压器低压侧三相绕组,变压器在 2010 年 9 月运抵现场进行安装,投入运行后,同样的短路在变压器另一侧发生,变压器受到了短路冲击。对变压器外观进行了检查,没发现异常;对变压器又进行了直流电阻、绝缘电阻、介质损耗、泄漏电流、油色谱和频率响应试验。尤其是通过频率响应试验,在不吊罩进行检查的情况下,发现变压器高压侧三相绕组正常,频率响应曲线见图 3-1。低压侧三相绕组在中频段 150～180 kHz 的频率响应曲线不能完全吻合,频率响应曲线见图 3-2。考虑到高压侧绕组受到分接开关引线的影响,三相绕组的频率响应曲线不能完全吻合是正常的,低压侧三相绕组在结构、布置上完全一致,三相绕组的频率响应曲线应该完全吻合。

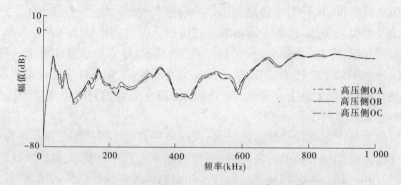

图 3-1　变压器高压绕组频率响应曲线

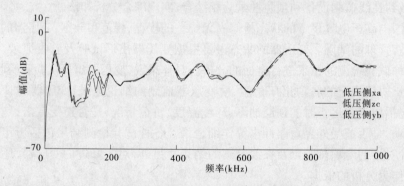

图 3-2　变压器低压绕组频率响应曲线

　　从高、低压绕组频率响应曲线可知,这次变压器遭受短路冲击后,低压侧三相绕组发生了轻微的变形,但变压器可以继续运行。在变压器投入运行后,对变压器油色谱进行了跟踪,油中所含气体数值没有发生变化,从而验证了试验分析的结论是正确的。上述一个生产厂家制造的变压器遭受两次同样的短路冲击后的不同表现,反映出变压器的制造工艺和采取的结构是不一样的。

　　综上所述,随着科技水平的不断进步,变压器的运行可靠性大大提高。通过加强对设备状态的检测与监测,采用标准化、精细化和科学化的管理方法,以日常巡检、例行试验、诊断性试验替代原有的定期试验,确定变压器运行时的警示值和不良工况,对变压器的运行过程进行动态管理,可随时随地掌握每台变压器的健康状态,延长计划检修的周期。但是，由于变压器内部绝缘材料和绝缘油在运行过程中逐渐老化以及其他人为、外力造成的破坏，还是要对变压器进行检修，下面结合《电力变压器检修导则》对变压器本体和附件的检修步骤、方法和质量要求作一介绍。

第三节　变压器的大修项目及要求

一、变压器的大修周期

（1）变压器一般在投入运行后 5 年内大修一次，以后每间隔 10 年再大修一次。

（2）箱沿焊接的全密封变压器或制造厂另有规定者，若经过试验与检查并结合运行情况，判定有内部故障或本体严重渗漏时，才进行大修。

（3）运行中的主变压器出口短路后，经综合诊断分析，可考虑提前大修。

（4）运行中的变压器，当发现异常状况或经试验判明有内部故障时，应提前进行大修；运行正常的变压器经综合诊断分析良好，可适当延长大修周期。

二、变压器的大修项目

变压器的大修项目有：

（1）吊开钟罩或吊出器身检修；

（2）线圈、引线及磁（电）屏蔽装置的检修；

（3）铁芯、铁芯紧固件（穿心螺杆、夹件、拉带、绑带等）、压钉、连接片及接地片的检修；

（4）油箱及附件的检修，包括套管、吸湿器等；

（5）冷却器、油泵、水泵、风扇、阀门及管道等附属设备的检修；

（6）安全保护装置的检修；

（7）油保护装置的检修；

（8）测温装置的校验，瓦斯继电器的校验；

（9）操作控制箱的检修和试验；

（10）无励磁分接开关和有载分接开关的检修；

（11）全部密封胶垫的更换和组件试漏；

（12）必要时对器身绝缘进行干燥处理；

（13）变压器油处理或换油；

（14）清扫油箱并进行喷涂油漆；

（15）大修后的试验和试运行。

三、变压器大修前的准备工作

大型变压器是电厂和供电部门重要的发供电设备之一，其检修质量的好坏对今后的安全运行起着重要的作用，因此在检修前，应该用足够的时间和精力作好准备工作。

（1）查阅历年的技术档案记录。将投运以来或上次检修的记录一一审阅，包括大小修报告及绝缘预防性试验报告(包括油的化验和色谱分析报告),了解绝缘状况。

(2)查阅运行档案,掌握在历年的运行中,变压器出现了哪些缺陷、异常情况,了解事故和出口短路次数以及检查处理情况,了解变压器的负荷、温度以及冷却装置的运行情况。只有这样,才能充分掌握检修对象是否因某些异常运行情况而使其内部发生绝缘过热痕迹、绕组变形、垫块松脱等预见性现象,以便了解检修对象的现有状态。

(3)查阅技术总结报告、技术档案、大小修记录,以此了解待检变压器历年发生过的事件及处理情况,以便借此次大修的机会再安排复查。

(4)大修前到现场做好渗漏油检查,作好详细的记录,并作出标记,使渗漏处理目标具体化。

(5)大修前进行电气试验,测量变压器绕组所有分接头位置的直流电阻、介质损耗、泄漏电流、绝缘电阻和吸收比或极化指数、铁芯对地绝缘电阻,进行油色谱试验,必要时还可增加其他试验项目(如特性试验、局部放电试验、超声定位、绕组变形试验等)。根据试验情况判断变压器的状态,以便补充修改检修项目,使检修更加彻底。

(6)变压器大修前在查阅历年检修维护技术档案,做好修前试验,对检修对象做好状态评估的基础上,结合本单位的检修能力,确定检修的模式(现场检修或返厂检修)。如在现场检修,应按下列内容编写检修的安全、技术和组织措施:

①根据检修方案所列项目和工期作好人员组织及分工,做到各尽所能、各负其责,将检修的质量落实到每一个人,对照质量标准进行工序验收,形成严谨的质量管理体系。

②制定变压器检修的项目和方案,编制检修施工的工期和进度表。

③根据相关检修规程制定有关确保施工安全、质量的技术措施和防火措施。例如,进行将大型变压器从变压器室运至检修场地、进入油箱内部检查、吊罩、引线焊接、排油、滤油和注油等难度和危险性较大的工作,均应制定安全措施和方案。

④制定主要施工工具、设备的明细表及主要专业材料明细表。主要施工工具指一些专用工具,如套管导电头的专用扳手;主要施工设备指起吊、滤油和储油等设备;主要材料指绕组和引线绝缘材料,补充所需的变压器油、专用耐油密封垫等非常用材料。

⑤变压器大修应安排在检修间内进行。当施工现场无检修间时,需作好防雨、防潮、防尘和消防措施,清理现场及进行其他准备工作。

四、变压器的大修

(一)大修现场条件及工艺要求

(1)吊钟罩(或器身)一般宜在室内进行,以保持器身的清洁;如在露天进行,应选在晴天。器身暴露在空气中的时间作如下规定:空气相对湿度不大于65%时不超过16 h;空气相对湿度不大于75%时不超过12 h;器身暴露时间从变压器放油时起计算,直至开始抽真空为止。

(2)为防止器身凝露,器身温度应不低于周围环境温度,否则应用真空滤油机循环加热油,将变压器加热,使器身温度高于环境温度5 ℃以上。

(3)检查器身时应由专人进行,着装符合规定。照明应采用安全电压。不许将梯子靠在线圈或引线上,作业人员不得踩踏线圈和引线。

（4）器身检查使用工具应由专人保管并编号登记，防止遗留在油箱内或器身上；在箱内作业需考虑通风。

（5）拆卸的零部件应清洗干净，分类妥善保管，如有损坏应检修或更换。

（6）拆卸顺序：首先拆小型仪表和套管，后拆大型组件；组装时顺序相反。

（7）冷却器、压力释放阀（或安全气道）、净油器及储油柜等部件拆下后，应用盖板密封，对带有电流互感器的升高座，应注入合格的变压器油（或采取其他防潮密封措施）。

（8）套管、油位计、温度计等易损部件拆后应妥善保管，防止损坏和受潮；电容式套管应垂直放置。

（9）组装后要检查冷却器、净油器和气体继电器阀门，按照规定开启或关闭。

（10）对套管升高座、上部管道孔盖、冷却器和净油器等上部的放气孔应进行多次排气，直至排尽，并重新密封好并擦净油迹。

（11）拆卸无励磁分接开关操作杆时，应记录分接开关的位置，并作好标记；拆卸有载分接开关时，分接头应处于中间位置（或按制造厂的规定执行）。

（12）组装后的变压器各零部件应完整无损。

(二)变压器检修时的起重注意事项

（1）起重工作应分工明确，专人指挥，并有统一信号。起吊设备要根据变压器钟罩（或器身）的重量选择，并设专人监护。

（2）起重前先拆除影响起重工作的各种连接件。

（3）起吊铁芯或钟罩（器身）时，钢丝绳应挂在专用吊点上，钢丝绳的夹角不应大于60°，否则应采用吊具或调整钢丝绳套。吊起离地100 mm左右时应暂停，检查起吊情况，确认可靠后再继续进行。

（4）起吊或降落速度应均匀，掌握好重心，并在四角系缆绳，由专人扶持，使其平稳起降。高、低压侧引线，分接开关支架与箱壁间应保持一定的间隙，以免碰伤器身。当钟罩（器身）因受条件限制，起吊后不能移动而需在空中停留时，应采取支撑等防止坠落措施。

（5）吊装套管时，其倾斜角度应与套管升高座的倾斜角度基本一致，并用缆绳绑扎好，防止倾倒损坏瓷件。

(三)大修工艺流程

修前准备→办理工作票，拆除引线→电气、油务试验，绝缘判断→部分排油，拆卸附件并检修→排尽油并处理，拆除分接开关连接件→吊钟罩（器身）进行器身检查，检修并测试绝缘→受潮则干燥处理→按规定注油方式注油→安装套管、冷却器等附件→密封试验→油位调整→电气、油务试验→结束。

变压器大修时按工艺流程对各部件进行检修，部件检修工艺如下。

1. 绕组检修

（1）检查相间隔板和围屏（宜解体一相），围屏应清洁无破损，绑扎紧固完整，分接引线出口处封闭良好，围屏无变形、发热和树枝状放电。如发现异常，应打开其他两相围屏进行检查，相间隔板应完整并固定牢固。

（2）检查绕组表面应无油垢和变形，整个绕组无倾斜和位移，导线辐向无明显凸出现象，匝绝缘无破损。

（3）检查绕组各部垫块有无松动，垫块应排列整齐，辐向间距相等，支撑牢固，有适当压紧力。

（4）检查绕组绝缘有无破损，油道有无被绝缘纸、油垢或杂物堵塞现象，必要时可用软毛刷（或用绸布、泡沫塑料）轻轻擦拭；绕组线匝表面、导线如有破损裸露，则应进行包裹处理。

（5）用手指按压绕组表面检查其绝缘状态，绝缘应有弹性，用手指按压无残留变形或无裂纹和脆化现象。

2. 引线及绝缘支架检修

（1）检查引线及应力锥的绝缘包扎有无变形、变脆、破损，引线有无断股、扭曲，引线与引线接头处焊接情况是否良好，有无过热现象等。

（2）检查绕组至分接开关的引线长度、绝缘包扎的厚度、引线接头的焊接（或连接）、引线对各部位的绝缘距离、引线的固定情况等。

（3）检查绝缘支架有无松动和损坏、位移，检查引线在绝缘支架内的固定情况，固定螺栓应有防松措施，固定引线的夹件内侧应垫以附加绝缘，以防卡伤引线绝缘。

（4）检查引线与各部位之间的绝缘距离是否符合规定要求，大电流引线（铜排或铝排）与箱壁间距一般不应小于 100 mm，以防漏磁发热；铜（铝）排表面应包扎绝缘，以防异物形成短路或接地。

3. 铁芯检修

（1）检查铁芯外表是否平整，有无片间短路、变色、放电烧伤痕迹，绝缘漆膜有无脱落，上铁轭的顶部和下铁轭的底部有无油垢杂物。

（2）检查铁芯上下夹件、方铁、绕组连接片的紧固程度和绝缘状况，绝缘连接片有无爬电烧伤和放电痕迹。为便于监测运行中铁芯的绝缘状况，可在大修时在变压器箱盖上加装一小套管，将铁芯接地线（片）引出接地。

（3）检查压钉、绝缘垫圈的接触情况，用专用扳手逐个紧固上下夹件、方铁、压钉等各部位紧固螺栓。

（4）用专用扳手紧固上下铁芯的穿心螺栓，检查与测量绝缘情况。

（5）检查铁芯间和铁芯与夹件间的油路。

（6）检查铁芯接地片的连接及绝缘状况，铁芯只允许于一点接地，接地片外露部分应包扎绝缘。

（7）检查铁芯的拉板和钢带，应紧固，并有足够的机械强度，还应与铁芯绝缘。

4. 油箱检修

（1）对焊缝中存在的砂眼等渗漏点进行补焊。

（2）清扫油箱内部，清除油污杂质。

（3）清扫强油循环管路，检查固定于下夹件上的导向绝缘管连接是否牢固，表面有无放电痕迹。

（4）检查钟罩（或油箱）法兰结合面是否平整，发现沟痕，应补焊磨平。

（5）检查器身定位钉，防止定位钉造成铁芯多点接地。

（6）检查磁（电）屏蔽装置，应无松动放电现象，固定牢固。

(7)检查钟罩(或油箱)的密封胶垫,接头应良好,并处于油箱法兰的直线部位。

(8)对内部局部脱漆和锈蚀部位,应补漆处理。

5. 整体组装

整体组装前应做好下列准备工作:

(1)彻底清理冷却器(散热器)、储油柜、压力释放阀(安全气道)、油管、升高座、套管及所有附件,用合格的变压器油冲洗与油直接接触的部件。

(2)清理各油箱内部和器身、箱底,确认箱内和器身上无异物。

(3)各处接地片已全部恢复接地。

(4)箱底排油塞及取油样的阀门的密封状况已检查处理完毕。

(5)工器具、材料准备已就绪。

整体组装注意事项如下:

(1)在组装套管、储油柜、安全气道(压力释放阀)前,应分别进行密封试验和外观检查,并清洗涂漆。

(2)有安装标记的零部件,如气体继电器,分接开关,高压、中压、低压套管升高座及压力释放阀(安全气道)等,与油箱的相对位置和角度需按照安装标记组装。

(3)变压器引线的根部不得受拉、扭及弯曲。

(4)对于高压引线,所包绕的绝缘锥部分必须进入套管的均压球内,不得扭曲。

(5)在装套管前必须检查无励磁分接开关连杆是否已插入分接开关的拨叉内,调整至所需的分接位置上。

(6)各温度计座内应注以变压器油。

器身检查、试验结束后,即可按顺序进行钟罩、散热器、套管升高座、储油柜、套管、安全阀、气体继电器等整体组装。

6. 真空注油

110 kV 及以上变压器必须进行真空注油,其他变压器有条件时也应采用真空注油。真空注油是变压器安装和检修的关键工艺环节。《国家电网公司十八项电网重大反事故措施》中强调,新安装或大修后的变压器应严格按照有关标准和厂家规定进行真空注油和热油循环,真空度、抽真空时间、注油速度及热循环时间、温度均应达到要求。对有载开关的油箱也应按照相同的要求抽真空,同时也要求装有密封胶囊或隔膜的大容量变压器,必须严格按照厂家规定的工艺要求进行真空注油,防止空气进入,并结合大修或停电对胶囊和隔膜的完好性进行检查。另外,通过真空注油也可检查油箱的机械强度和密封性能。真空注油应按下述方法(或按制造厂规定)进行,其原理示意见图3-3。操作步骤如下:

(1)油箱内真空度达到规定值并保持 2 h 后,开始向变压器油箱内注油,注油温度宜略高于器身温度。

(2)以 3~5 t/h 速度将油注入变压器,距箱顶约 220 mm 时停止,并继续抽真空保持 4 h 以上。

(3)补油及油位调整。变压器真空注油顶部残存空间的补油应经储油柜注入,严禁从变压器下部阀门注入。对于不同型式的储油柜,补油方式有所不同,现分述如下。

a. 胶囊式储油柜的补油方法:

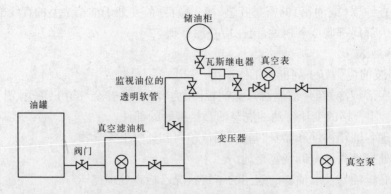

图 3-3 变压器真空注油示意图

①进行胶囊排气,打开储油柜上部排气孔,对储油柜注油,直至排气孔出油。

②从变压器下部油阀排油,此时空气经吸湿器自然进入储油柜胶囊内部,直至油位计指示正常油位为止。

b.隔膜式储油柜的补油方法:

①注油前应首先将磁力油位计调整至零位,然后打开隔膜上的放气塞,将隔膜内的气体排除,再关闭放气塞。

②对储油柜进行注油并达到高于指定油位置,再次打开放气塞充分排除隔膜内的气体,直到向外溢油为止,并反复调整,以达到指定位置。

③如储油柜下部集气盒油标指示有空气时,应经排气阀进行排气。

c.油位计带有小胶囊的储油柜的补油方法:

①储油柜未加油前,先对油位计加油,此时需将油表呼吸塞及小胶囊室的塞子打开,用漏斗从油表呼吸塞座处加油,同时用手按动小胶囊,以使囊中空气全部排出。

②打开油表放油螺栓,放出油表内多余油量(看到油表内油位即可),然后关上小胶囊室的塞子。

7. 变压器干燥

变压器大修时一般不需要干燥,只有经试验证明受潮,或检修中超过允许暴露时间导致器身绝缘下降时,才考虑进行干燥。其判断标准如下。

1)判断标准

(1)$\tan\delta$ 在同一温度下比上次测得的数值增大 30% 以上,且超过部颁预防性试验规程规定。

(2)绝缘电阻在同一温度下比上次测得的数值降低 30% 以上,35 kV 及以上的变压器在 10~30 ℃ 的温度范围内吸收比低于 1.3 和极化指数低于 1.5。

2)干燥的一般规定

(1)设备进行干燥时,必须对各部温度进行监控。当不带油利用油箱发热进行干燥时,箱壁温度不宜超过 110 ℃,箱底温度不得超过 110 ℃,绕组温度不得超过 95 ℃;带油干燥时,上层油温不得超过 85 ℃;热风干燥时,进风温度不得超过 100 ℃。

(2)采用真空加温干燥时,应先进行预热。抽真空时,先将油箱内抽成 -0.02 MPa,然后按每小时均匀地增高 0.006 7 MPa 至真空度为 99.7% 以上为止,泄漏率不得不大于

27 Pa/h。抽真空时应监视箱壁的弹性变形，其最大值不得超过壁厚的两倍。预热时，应使各部分温度上升均匀，温差应控制在 10 ℃ 以下。

（3）在保持温度不变的情况下，绕组绝缘电阻值的变化符合绝缘干燥曲线，并持续 12 h 保持稳定，且无凝结水产生时，可以认为干燥完毕。也可采用测量绝缘件表面的含水量来判断干燥程度，其含水量应不大于 1%。

（4）干燥后的变压器应进行器身检查，所有螺栓压紧部分应无松动，绝缘表面应无过热等异常情况，如不能及时检查时，应先注以合格油，油温可预热至 50 ~ 60 ℃，绕组温度应高于油温。

3）变压器干燥的方法

变压器干燥方法分为真空热油喷淋法、涡流法、绕组短路法和零序电流法。由于真空热油喷淋法具有操作简单、加热均匀、消除局部过热等明显优点，因此适用于变压器的现场干燥处理，尤其适用于 220 kV 及以上大型油浸变压器的现场干燥处理。

采用真空热油喷淋干燥工艺对变压器进行处理时，温度和变压器内部的残压真空度直接决定着干燥效果的好坏，因为器身绝缘内部的水分总是向压力较小的方向转移的，真空残压值越低，越有利于绝缘内部水分由液态向气态的转换。而变压器本体绝缘温度越高，绝缘内部压力越大，越有利于水分的排出。标准大气压下，绝缘件中的水分在 100 ℃ 由液态转变成气态，而 49 kPa 下 80 ℃ 时水就变成气态，98 kPa 下 45 ℃ 时水变成气态。由此可见，油箱本体内真空残压越低，水由液态变成气态时的温度就越低。在不损伤绝缘的情况下（通常小于 95 ℃），温度越高，真空残压值越低，越有利于变压器内部绝缘中水分的释放。

在变压器大修吊罩检查以及拆装附件时，如果器身长时间裸露在空气中，由于受空气中水分以及灰尘的影响，器身内部固体绝缘会吸收空气中的水分，铁芯出现部分凝露，器身表面附着灰尘。因此，对于 220 kV 及以上的变压器，用真空热油喷淋对变压器内部进行除尘和除潮是必要的。

a. 前期准备

真空热油喷淋干燥前期准备如下：

（1）热油喷淋干燥就是以变压器油箱作为干燥罐的干燥工艺。由于现场大多没有加热功率足够大的大型真空滤油机，根据所使用的加热油量，可选择若干组管式加热器（每组加热器电源开关可以分别控制）。在铁芯上部空间安装多组喷头，在变压器油箱底部出油口的管路上安装潜油泵，潜油泵连接电加热器、过滤器，然后接喷头。在箱体内注入不超过下夹件高度的干燥变压器油，潜油泵把油抽出并加压，通过电加热器加热，经过滤网进入喷头，油呈雾状喷向绕组和铁芯，使其加热，并将变压器本体上所有管路阀门关闭。

（2）采用 16 条 1.6 kW 的电阻丝拉长，分 4 组通过接线柱均匀固定在 1 m × 0.5 m 的石棉瓦上，制作成简易加热器（4 组加热器接空气开关分别控制），放置在变压器箱体底部（注意：电阻丝距油箱最小距离不得小于 250 mm），对变压器油箱底部辅助加热。因为辅助加热器直接暴露在大气之中，为提高热源效率，防止热量散发，达到保温效果和防止火灾，在变压器本体四周围适量篷布。由于环境温度较高，又在底部用篷布围起，可使电加热器释放的热量向上辐射和对流，重点烘干底部垫脚绝缘和使变压器箱体的油保持足够的温度。

（3）为检测油温、器身温度、真空度等，在变压器本体上、铁轭铁芯油道中安放热电偶，重点测量铁芯部位的温度；在绕组垫块或绕组油道放置一热电偶，重点测量绕组温度；在铁芯上下夹件处放置一热电偶，重点测量变压器底部的温度；其余两个热电偶放在加热器的进出口。在变压器本体和真空泵上安装指针式真空压力表和麦式真空计。

b.喷淋干燥设备及工艺技术指标

在真空热油喷淋干燥设备装备过程中，要严格按照工艺要求装配管路，防止水汽、杂物进入管道，保证连接处的严密性。真空热油喷淋干燥装置示意图见图3-4。

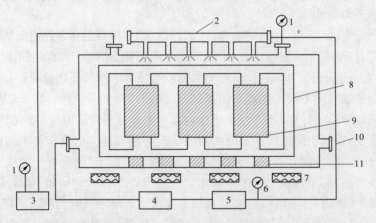

1—真空表;2—变压器本体上部母管;3—真空泵;4—油泵;5—加热器;6—温度表;
7—辅助加热器;8—铁芯;9—绕组;10—变压器箱体;11—绝缘垫块

图3-4　真空热油喷淋干燥装置示意图

c.喷淋干燥的技术指标

抽真空油箱内残压:0.046 7 MPa;

高真空阶段残压:133 Pa 以下。

加热温度指标:

绕组部分:85~90 ℃;

线芯部分:80~85 ℃;

加热器出口温度:90~95 ℃。

d.热油喷淋干燥工艺的具体实施方案

（1）检查油箱密封情况，确保无渗漏后，即可向变压器油箱内注入合格的变压器油。油量要根据油箱的结构而定，不要浸没绝缘件，但也不能太少，以保证循环喷淋的效果。

（2）干燥前应测量绕组直流电阻和绝缘电阻。此电阻值可用来推算绕组的平均温度，以监测器身的温度。

（3）冷状态下，先不加热，不抽真空，投入循环喷淋系统，从观察孔了解喷淋效果。调节控制油门，使喷油成细雾状。

（4）投入加热器，加循环油，并观察油温变化。考虑到变压器本体达到热平衡的时间需要 6 h 以上，所以在开始阶段要加强监视，加热器出口温度不得超过 90 ℃。

（5）在投入加热器的同时，开启真空泵，正式开始热油喷淋，其过程需要三个阶段：

第一阶段：预加热阶段（绕组部分和铁芯未达到指标之前），保持压力 0.046 7 MPa，热油循环，加热绕组和铁芯。当加热器出口温度达到要求指标后，可适当切除部分加热器，但在抽真空阶段的温度应不低于 70 ℃。

第二阶段：加热阶段（绕组和铁芯达到指标），断续加热。当油箱残压达到 133 Pa 时，向油箱内充入经加热后的干燥空气，使油箱残压降为 0.046 7 MPa，继续抽真空。6 h 为一循环，每个循环都充入加热后的干燥空气，共计 8 个循环，持续时间为 48 h（充入干燥空气后，温度下降，可继续加热）。

第三阶段：高真空阶段，保持残压 0.046 7 MPa。开始热油喷淋加热，同时停止抽真空，循环滤油 12 h。再抽真空至 133 Pa 以下，停止加热循环。如绕组、铁芯温度低于 70 ℃，转入加热过程。真空过程结束后，真空试漏 0.5 h，泄漏要小于 300 Pa。同时收集冷凝水，之后充入干燥空气，使真空度降为 0.046 7 MPa，取油样做电气、化学试验，测量直流电阻和绝缘电阻。当真空残压、绝缘电阻稳定，收集的冷凝水不大于 0.5 kg/d 后，热油喷淋干燥结束。

（6）喷淋干燥结束时，停加热器，停滤油机，充入干燥空气。

（7）关闭加热器进油口，打开滤油机出油口，把热循环油排放干净。

（8）更换滤油纸，将新油（500 kg）加热（80 ℃）后打入冲洗。对油进行化验，各项指标合格，即完成冲洗。

在以上喷淋干燥过程中，应每小时测量并记录各部分的温度——绕组、铁芯、油入口及出口、环境的温度以及油箱内的残压。

e. 热油喷淋过程中应注意的问题

（1）如在喷淋中真空度有下降现象，则要注意是否有漏气或密封不严现象。

（2）如热油循环管路压力升高，应检查喷嘴是否堵塞。如堵塞，要及时停机清理，换滤油纸或更换喷嘴，必须保证油路清洁干净。

（3）注意观察各测点油温，如超过规定数值，及时停止加热。

（4）为了保温，变压器应用石棉布覆盖，确保有效部分温度在抽真空结束时不低于 70 ℃。

（5）在喷淋嘴附近，设置观察孔，及时了解喷淋状况。

（6）保证箱体内注入油的高度不超过下夹件高度。

（7）必须加入保护装置。当油加热时，如油泵意外停机，必须及时断开加热系统。

（8）在冷凝器内装上冷冻剂之后，断开油循环，再进行绝缘的热真空处理，而冷凝器内的温度不得高于 -70 ℃。

8. 变压器滤油

1）压力式滤油

（1）采用压力式滤油机可过滤油中的水分和杂质，为提高滤油速度和质量，可将油加温至 50~60 ℃。

（2）滤油机使用前应先检查电源情况、滤油机及滤网是否清洁，滤油纸必须干燥，滤油机转动方向必须正确。

（3）启动滤油机时应先开出油阀门，后开进油阀门，停止时操作顺序相反；当装有加热器时，应先启动滤油机，当油流通过后，再投入加热器，停止时操作顺序相反。滤油机压力一般为 0.25～0.4 MPa，最大不超过 0.5 MPa。

2）真空滤油

真空滤油指用真空滤油机将油罐中的油抽出，经加热器加温，并喷成油雾进入真空罐，油中水分蒸发后被真空泵抽出排除，真空罐下部的油抽入储油罐再进行处理，直至合格为止。操作步骤如下：

（1）开启储油罐进、出油阀门，投入电源。

（2）启动真空泵，开启真空泵处真空阀，保持真空罐的高真空度。

（3）打开进油阀，启动进油泵，真空罐油位观察窗可见油位时，打开出油泵阀门，启动出油泵使油循环，并达到自动控制油位。

（4）根据油温情况可投入加热器。

（5）停机时，先停加热器 5 min，待加热器冷却后停止真空泵，然后关闭进油阀，停止进油泵，关闭真空泵，开启真空罐空气阀，破坏其真空。待油排净后，停出油泵并关出油阀。

第四节　变压器的小修项目及要求

变压器小修至少每年一次。

一、变压器小修项目

（1）处理已发现的缺陷；

（2）放出储油柜积污器中的污油；

（3）检修油位计，调整油位；

（4）检修冷却装置，包括油泵、风扇、油流继电器，必要时吹扫冷却器管束；

（5）检修安全保护装置，包括储油柜、压力释放阀（安全气道）、气体继电器等；

（6）检修油保护装置；

（7）检修测温装置，包括压力式温度计、电阻温度计（绕组温度计）、棒形温度计等；

（8）检修调压装置、测量装置及控制箱，并进行调试；

（9）检查接地系统；

（10）检修全部阀门和塞子，全面检查密封状态，处理渗漏油；

（11）清扫油箱和附件，必要时进行补漆；

（12）清扫外绝缘和检查导电接头（包括套管将军帽）；

（13）按有关规程规定进行测量和试验。

二、变压器附件的检修

（一）纯瓷套管检修

（1）检查瓷套有无损坏；

（2）套管解体时，应依次对角松动法兰螺栓；

（3）拆卸瓷套前应先轻轻晃动，使法兰与密封胶垫间产生缝隙后再拆下瓷套；

（4）拆导电杆和法兰螺栓前，应防止导电杆摇晃损坏瓷套，拆下的螺栓应进行清洗，丝扣损坏的应进行更换或修整；

（5）取出绝缘筒（包括带覆盖层的导电杆）擦除油垢，绝缘筒及导电杆表面的覆盖层应妥善保管（必要时应干燥）；

（6）检查瓷套内部，并用白布擦拭，在套管外侧根部根据情况喷涂半导体漆；

（7）有条件时，应将拆下的瓷套和绝缘件送入干燥室进行轻度干燥，然后再组装；

（8）更换新胶垫，位置要放正；

（9）将套管垂直放置于套管架上，安装时与拆卸顺序相反，注意绝缘筒与导电杆相互之间的位置，中间应有固定圈防止窜动，导电杆应处于瓷套的中心位置。

（二）充油套管检修

（1）更换套管油，步骤如下：

①放出套管中的油；

②用热油（温度 60～70 ℃）循环冲洗后放出，至少循环 3 遍；

③抽真空后注入合格的变压器油。

（2）套管解体，步骤如下：

①放出内部的油；

②拆卸上部接线端子；

③拆卸油位计上部压盖螺栓，取下油位计；

④拆卸上瓷套与法兰连接螺栓，轻轻晃动后，取下上瓷套；

⑤取出内部绝缘筒；

⑥拆卸下瓷套与导电杆连接螺栓，取下导电杆和下瓷套，要防止导电杆晃动损坏瓷套。

（三）油纸电容型套管检修

电容芯轻度受潮时，可用热油循环，将真空滤油机的出油管接到套管顶部的油塞孔上，进油管接到套管尾端的放油孔上，通过不高于 80 ℃ 的热油循环，使套管的 $\tan\delta$ 值达到正常数值为止。

变压器在大修过程中，油纸电容型套管一般不作解体检修，只有在套管 $\tan\delta$ 不合格，需要进行干燥或套管本身存在严重缺陷，不解体无法消除时才分解检修。其检修工艺如下。

1. 准备工作

（1）检修前先进行套管本体及油的绝缘试验，以判断绝缘状态；

（2）套管垂直置于专用的作业架上，中部法兰与作业架用螺栓固定四点，使之成为整体；

（3）放出套管内的油，按图 3-5 所示将下瓷套用双头螺栓或紧线钩固定在工作台上，以防解体时下瓷套脱落；

（4）拆下尾端均压罩，用千斤顶将套管顶紧，使之成为一体，将套管从上至下各接合

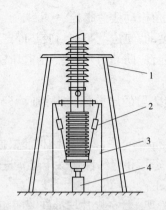

1—作业支架;2—花篮螺栓;3—三脚腿;4—千斤顶

图3-5 下瓷套用双头螺栓或紧线钩固定在工作台

处做上标记。

2.解体检修

(1)拆下中部法兰处的接地和末屏小套管,并将引线头推入套管孔内;

(2)测量套管下部导管的端部至防松螺母间的尺寸,作为组装时参考;

(3)用专用工具卸掉上部将军帽,拆下储油柜;

(4)测量压缩弹簧的距离,作为组装依据,将上部四根压紧弹簧螺母拧紧后,再松导管弹簧上面的大螺母,拆下弹簧架;

(5)吊出上瓷套;

(6)吊住导管后,拆下底部千斤顶,拆下下部套管底座、橡胶封环及大螺母,吊住套管时不准转动,并使电容芯处于法兰套内的中心位置,勿碰伤电容芯;

(7)拆下下瓷套,然后吊出电容芯。

3.清扫和检查

(1)用干净毛刷刷洗电容芯表面的油垢和杂质,再用合格的变压器油冲洗干净后,用皱纹纸或塑料布包好;

(2)擦拭上、下瓷套的内外表面;

(3)拆下油位计的玻璃油标,更换内外胶垫,油位计除垢后进行加热干燥,然后在内部刷绝缘漆,外部刷红漆,同时应更换放气塞胶垫;

(4)清扫中部法兰套筒内部和外部,并涂刷油漆,更换放油塞,更换接地小套管的胶垫;

(5)测量各法兰处的胶垫尺寸,以便配制。

4.套管的干燥

当套管的tanδ值超标时需进行干燥处理,其步骤及注意事项如下:

(1)将干燥罐内部清扫干净,放入电容芯,使芯子与罐壁距离不小于200 mm,并设置测温装置;

(2)测量绝缘电阻的引线,应防止触碰金属部件;

(3)干燥罐密封后先试抽真空,检查有无渗漏;

(4)当电容芯装入干燥罐后,进行密封加温,使电容芯温度保持在 75 ~ 80 ℃;

(5)当电容芯温度达到要求后保持 6 h,再关闭各部阀门,进行抽真空;

(6)每 6 h 解除真空一次,并通入干燥热风 10 ~ 15 min 后重新建立真空度;

(7)每 6 h 放一次冷凝水,干燥后期可改为 12 h 放一次;

(8)每 2 h 作一次测量记录(绝缘电阻、温度、电压、电流、真空度、凝结水等);

(9)干燥终结后降温至 40 ~ 50 ℃时进行真空注油。

5. 组装

(1)组装前应先将上、下瓷套及中部法兰预热至 80 ~ 90 ℃,并保持 3 ~ 4 h,以排除潮气;

(2)按解体相反顺序组装;

(3)按图 3-6 所示进行真空注油;

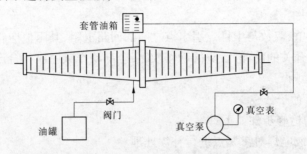

图 3-6　变压器油纸电容型套管真空注油示意图

(4)注油时真空度残压应保持在 133.3 Pa 以下,时间按照表 3-4 执行。

表 3-4　真空注油时间

过程	时间(h)	
	66 ~ 100 kV	220 kV
抽真空	2	4
浸油	2 ~ 3	7 ~ 8
保持	8	12

(四)调压开关检修

1. 无励磁分接开关检修

(1)检查开关各部件是否齐全完整。

(2)松开分接开关上部方头定位螺栓,转动操作手柄,以检查动触头转动是否灵活。若转动不灵活,应继续查找卡涩原因,检查实际分接位置与上部指示是否一致,不一致应进行调整。

(3)检查动、静触头接触是否良好,触头表面是否清洁,有无氧化变色,镀层是否脱落和有无碰伤痕迹,弹簧有无松动。若发现氧化膜,可用炭化钼和白布带穿入触头柱来回擦拭清除。若触头柱有烧伤痕迹,应进行更换。

(4)检查触头分接线是否紧固,发现松动应拧紧、锁住。

(5)检查分接开关绝缘件有无受潮、剥裂或变形,表面是否清洁。若发现表面脏污应用无绒白布擦拭干净,绝缘筒如果严重剥裂变形应更换。操作杆拆下后,应放入油中或用塑料布包好。

(6)检修分接开关,拆前要作好明显标记。

(7)检查绝缘操作杆 U 形拨叉接触是否良好,若有接触不良或放电痕迹,应加装弹簧片。检查各紧固件是否松动。

2. 有载分解开关的检修

(1)检查快速机构的主弹簧、复位弹簧、爪卡是否断裂和变形;

(2)检查各触头的编织软连接线是否有断股;

(3)检查切换开关的动、静触头的烧损程度;

(4)检查过渡电阻是否有断裂,同时测量直流电阻,其阻值与出厂产品铭牌数据相比,其偏差值不应大于 ±10%;

(5)测量每相单、双数与中性点引出点之间的回路电阻,其阻值应符合要求;

(6)测量切换开关的动、静触头的动作顺序,全部动作顺序应符合产品技术要求。

(五)散热器检修

1. 风冷散热器的检修

风冷散热器的检修步骤如下:

(1)采用气焊或电焊对渗漏点进行补焊处理。

(2)带法兰盖板的上、下油室应打开其法兰盖板,清除油室内的焊渣、油垢,然后更换胶垫。

(3)清扫散热器表面,油垢严重时可用金属洗净剂(去污剂)清洗,然后用清水冲净晾干,清洗时管接头应可靠密封防止进水。

(4)用盖板将接头法兰密封,加油压进行试漏,标准为:

片状散热器为 0.05 ~ 0.1 MPa,10 h;

管状散热器为 0.1 ~ 0.15 MPa,10 h。

(5)用合格的变压器油对内部进行循环冲洗。

(6)重新安装散热器。

(7)更换密封胶垫,进行复装

2. 强迫油循环风冷却器的检修

(1)打开上下油室的端盖,检查冷却器管有无堵塞现象,清扫油室,同时更换密封胶垫。

(2)按图 3-7 所示连接好管路,进行冷却器的试漏和内部清洗,试漏标准为 0.25 ~ 0.27 MPa,30 min 无渗漏。若管路有渗漏,可用紫铜棒(带锥度)将渗漏的管路两端堵塞,如有条件,可用胀管工艺更换新管,但堵塞的管路数不应超过 2 根,否则作降低冷却容量处理。

(3)更换放气塞和放气塞的密封胶条。

(4)清扫冷却器的外表面,并用 0.1 MPa 的压缩空气(或水压)吹洗冷却器管束之间的气道,将杂物及油污清除。

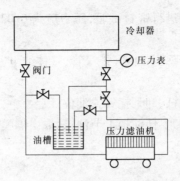

图 3-7　变压器冷却器渗漏试验和冲洗示意图

3. 强迫油循环水冷却器的检修

(1)关闭进出口水阀,放出存水,再关闭进出油阀,放出冷却器本体内的油。

(2)拆下并检查水渗漏报警传感器、油流继电器,进行修理和调试。

(3)拆除水、油联管,松开本体和水室间的螺栓,拆下上下水室的压盖,吊出冷却器本体进行检查,清除水垢。

(4)按图连接好管路,进行冷却器的试漏,试漏标准为 0.4 MPa,30 min 无渗漏。有条件时,还可用涡流探伤仪器对冷却器的管路进行探伤,以便及早发现问题并处理,处理方法同强迫油循环风冷却器相同。

(5)更换密封胶垫,进行复装。

(六)储油柜检修

1. 开放式储油柜的检修

开放式储油柜的检修步骤如下:

(1)打开储油柜的侧盖,检查气体继电器联管是否伸入储油柜;

(2)清扫内外表面锈蚀及油垢并重新刷漆;

(3)清扫积污器、油位计、塞子等零部件;

(4)更换各部密封垫;

(5)重画油位计温度指示线。

2. 胶囊式储油柜的检修

胶囊式储油柜的检修步骤如下:

(1)放出储油柜内的存油,取出胶囊,倒出积水,清扫储油柜;

(2)检查胶囊的密封性能并进行气压试验,压力应为 0.02～0.03 MPa,时间为 12 h(或浸泡在水池中检查是否冒气泡),应无渗漏;

(3)用白布擦净胶囊,从端部将胶囊放入储油柜,防止胶囊堵塞气体继电器联管,联管口应加焊挡罩;

(4)将胶囊挂在挂钩上,连接好引出口;

(5)更换密封胶垫,装复端盖。

3. 隔膜式储油柜的检修

隔膜式储油柜的检修步骤如下:

（1）解体检修前可先充油进行密封试验,压力应为 0.02～0.03 MPa,时间为 12 h 无渗漏;

（2）拆下各部联管(吸湿管、注油管、排气管、气体继电器联管等),清扫干净,妥善保管,密封管口;

（3）拆下指针式油位计联杆,卸下指针式油位计;

（4）分解中节法兰螺栓,卸下储油柜上节油箱,取出隔膜清扫;

（5）清扫上下节油箱;

（6）更换密封胶垫;

（7）检修后按解体相反顺序进行组装。

（七）安全保护装置的检修

1.安全气道的检修

安全气道的检修步骤如下:

（1）放油后将安全气道拆下进行清扫,去掉内部的锈蚀和油垢,并更换密封胶垫。

（2）内壁装有隔板,其下部装有小型放水阀门,检查其位置是否正确,是否损坏。

（3）检查上部防爆膜片等安装是否良好,均匀地拧紧法兰螺栓,防止膜片破损。防爆膜片应采用玻璃片,禁止使用薄金属片。不同安全气道管径下的玻璃片厚度参照表3-5。

表3-5　安全气道管径与玻璃片厚度

管径(mm)	150	200	250
玻璃片厚度(mm)	2.5	3	4

2.压力释放阀的检修

压力释放阀的检修步骤如下:

（1）从变压器油箱上拆下压力释放阀;

（2）清扫护罩和导流罩;

（3）检查各部连接螺栓及压力弹簧;

（4）进行动作试验,检查微动开关动作是否正确;

（5）更换密封胶垫。

（八）净油器的检修

（1）关闭净油器出口的阀门;

（2）打开净油器底部的放油阀,放尽内部的变压器油(打开上部的放气塞,控制排油速度);

（3）拆下净油器的上盖板和下底板,倒出原有的吸附剂,用合格的变压器油将净油器内部和联管清洗干净;

（4）检查各部件应完整无损并进行清扫,检查下部滤网有无堵塞,洗净后更换胶垫,装复下盖板和滤网,密封良好;

（5）吸附剂的质量应占变压器总油量的 1% 左右,经干燥并筛去粉末后,装至距离顶面 50 mm 左右,装回上盖板并加以密封;

(6)打开净油器下部阀门,使油徐徐进入净油器,同时打开上部放气塞排气,直至冒油为止;

(7)打开净油器上部阀门,使净油器投入运行。

(九)磁力油位计的检修

(1)打开储油柜手孔盖板,卸下开口销,拆除联杆与密封隔膜相连接的绞链,从储油柜上整体拆下磁力油位计;

(2)检查传动机构是否灵活,有无卡轮、滑齿现象;

(3)检查主动磁铁、从动磁铁是否耦合和同步转动,指针指示是否与表盘刻度相符,否则应调节限位块,调整后将紧固螺栓锁紧,以防松脱;

(4)检查限位报警装置动作是否正确,否则应调节凸轮或开关位置;

(5)更换密封胶垫,进行复装。

第五节　干式变压器检修

一、定期检查

树脂浇注干式变压器是需要维护的,并不是完全免维护。应该定期清理变压器表面污秽。表面污秽物大量堆积,会构成电流通路,造成表面过热,损坏变压器。在一般污秽状态下,应半年清理一次,严重污秽状态下,应缩短清理时间,同时在清理污秽物时,紧固各个部位的螺栓,特别是导电连接部位。

投运后的 2～3 个月内应进行第一次检查,以后每年进行一次检查。

二、检查的内容

检查的内容包括:

(1)检查浇注式绕组和相间连接线有无积尘,有无龟裂、变色、放电等现象,绝缘电阻是否正常。

(2)检查铁芯风道有无灰尘、异物堵塞,有无生锈或腐蚀等现象。

(3)检查绕组压紧装置是否松动。

(4)检查指针式温度计等仪表和保护装置动作是否正常。

(5)检查冷却装置,包括电动机、风扇是否良好。

(6)检查有无局部过热,有害气体腐蚀等使绝缘表面出现爬电痕迹和炭化现象等造成的变色。

(7)检查变压器所在房屋或柜内的温度是否特别高,其通风、换气状态是否正常,变压器的风冷装置运转是否正常。

(8)检查调压板位置是否正确,当电网电压高于额定电压时,将调压板连接 1 挡、2挡,反之连接在 4 挡、5 挡;当电网电压等于额定电压时,连接在 3 挡处。最后应把封闭盒安装关闭好,以免污染造成端子间放电。

(9)变压器的接地必须可靠。

（10）变压器如果停止运行超过 72 h（若湿度≥95%时允许时间还要缩短），在投运前要做绝缘，用 2 500 V 摇表测量，一次侧对二次侧及地的绝缘电阻应≥300 MΩ，二次侧对地的绝缘电阻应≥100 MΩ，铁芯对地的绝缘电阻应≥5 MΩ（注意应拆除接地片）。若达不到以上要求，应做干燥处理，一般启动风机吹一段时间即可。

三、干式变压器的检修工具及工艺

（一）检修工器具及专用工具

常用检修工具（活动或套筒扳手一套、螺丝刀等）、吊装工器具、摇表（规格 2 500 V）、电动手提风机等。

（二）检修工艺及标准（包括试验项目）

1. 柜体及变压器各接头的检查处理

（1）打开变压器柜体，检查所有接线的连接状况，注意带电间隔及其他带电设备。

（2）检查引入的电缆和引线，有无过热、变色，螺丝有无松动现象，注意保护绝缘子。

（3）检查柜体的接地线。

（4）核实分接头的位置、组别与标准铭牌图上的是否一致。

（5）拆开高、低压侧引线，注意保护绝缘子。

2. 变压器的清扫

（1）检查变压器的清洁度，如发现有过多的灰尘聚集，则必须清除，以保证空气流通和防止绝缘击穿，特别要注意清洁变压器的绝缘子、绕组装配的顶部和底部。

（2）使用手提风机或干燥的压缩空气或氮气吹净通风道等不易接近的空间的灰尘，且不应有异物。在沉积油灰的情况下，使用无水乙醇清除。

3. 变压器的全面检查

（1）铁芯及其夹件的外观检查。表面有无过热、变形，螺丝有无松脱现象。检查芯体各穿心螺杆的绝缘是否良好。用 1 000 V 摇表对螺栓进行测定，绝缘电阻一般不低于 100 MΩ。

（2）接线、引线的检查。检查高、低压侧引线端子及分接头等处的紧固件和连接件的螺栓紧固情况，有无生锈、腐蚀痕迹，并将分接头螺栓重新紧固一次。

（3）线圈的检查。检查绝缘体表面有无爬电痕迹或炭化、破损、龟裂、过热、变色的现象，必要时采取相应的措施进行处理。

（4）接地情况的检查。检查变压器铁芯一点接地应良好。

（5）温控器及测温元件的检查、校验。

（6）附属部件的检查。检查其端子排及其接线情况，测量电机、风扇及接地变压器、二次电阻等。

4. 复装

（1）接高低压侧引线；

（2）各连接部分紧固情况检查；

（3）铁芯接地部分的检查；

（4）柜体的装复，严禁在变压器上遗留工具、材料。

(三)试验

1. 绕组直流电阻的测试

从高、低压侧母线的开口端测量高、低压侧的线电阻,其每侧三相电阻的不平衡率不应超过2%,以确定高、低压侧母线连接是否坚固可靠。如超过规定值,应检查母线连接处是否可靠等。

2. 绝缘电阻的测试

使用摇表检查高压侧对地和低压侧对地的绝缘电阻,不应小于下列值:

高压侧对地≥250 MΩ;

低压侧对地≥50 MΩ;

高压侧对低压侧≥250 MΩ。

正确使用合格的2 500 V摇表,注意人身安全。其阻值应符合相应的标准要求,如果测量值大大地低于以上值,则应检查变压器是否受潮。若受潮,用抹布擦拭,使其干燥,再重新测量。

在比较潮湿的环境下,变压器的绝缘电阻会有所下降,一般地,若每1 kV的额定电压,其绝缘电阻不小于2 MΩ(25 ℃时的读数),就能满足要求。但是,如果变压器遭受异常潮湿发生凝露现象,则不论绝缘电阻如何,在其进行耐压试验或投入运行前,必须进行干燥处理。

(四)定期检查及标准

(1)变压器的定期检修随机组大修进行。

(2)在干燥清洁的场所,每12个月进行一次检查性小修。

(3)若在可能有灰尘或化学烟雾污染的空气、潮湿的环境下,应每3~6个月进行一次检查性小修。

第六节　变压器的运行

变压器投入运行后,变压器使用和维护单位在运行、管理中应做到:加强变压器运行监视,特别是对运行温度的监视。合理控制运行负荷和准确监测变压器运行温度是十分重要的。此外,还应加强绝缘监督,特别是对绝缘油的全过程监护。

一、变压器在运行过程中的巡视检查事项

对变压器的运行巡视检查主要是运行和维护人员通过感官,即视觉、听觉、触觉和嗅觉来感知变压器的状态。有时可以据此直接识别设备存在的某些异常,有时则可以借助检测装置来确认感官发现的异常是否确实存在故障。

(1)监视变压器各部油温。对变压器的日常巡视和检查最重要的是监视变压器各部温度,以及时发现在正常负荷和冷却状况下,变压器可能出现的油、铁芯和线圈温度升高的异常状态,并分析其产生的原因,尽快采取相应的措施进行处理。

(2)注意变压器运行的异常声音。正常运行中变压器发出的是持续均匀的有节奏的"嗡嗡"声,如果变压器运行异常,往往可以听到相应的异常声音。例如,过负荷时发出很

高的沉闷的"嗡嗡"声;变压器内部分接开关或引线接触不良或放电时,可能听到"吱吱"声或"噼啪"声;箱体内部有金属异物或个别金属结构件松动时,可以听到强烈且不均匀的噪声,或有近似锤击和吹风声;高压套管表面脏污、釉质脱落或有裂纹时,会产生"吱吱"的放电声;铁芯的接地线断开时,会产生劈裂响声。

(3)检查变压器本体和有载分接开关的油位是否正常。正常油位在夏季高峰负荷时,不得超过最高温度标志刻度,否则应适当放油。冬季或低负荷时,油位不得降至低温标志刻度以下,否则应该适当补油。油位不正常应查明原因。例如,油位太高,是否变压器过负荷或冷却系统故障;油位太低,是否变压器存在渗漏油的缺陷等。同时,要注意假油位的问题。例如,老式油保护装置,由于胶囊口与安全气道、油位计和吸湿器连通,当胶囊堵死储油柜通往本体油箱的管口,或吸湿器因硅胶受潮结块堵死时,均可能出现假油位的异常现象。

(4)加强对变压器本体和分接开关绝缘油的颜色的检查。由于现代油质管理技术的提高和油保护措施的完善,一般大型变压器油老化变色的现象已很罕见,但是应注意观察油中是否有游离碳、游离水或小气泡等异常状况。因为这些状况相应地反映出变压器油裂解、受潮和油箱进入气体等异常现象。

(5)对油箱外表进行检查。变压器发生故障时,有时仔细检查油箱外表,可能发现某些异常症候。如箱沿或套管升高座螺母处于漏磁场中发热时,可能发现螺母及其周围油漆变色,晚上甚至可见螺栓和螺母灼红;储油柜放水阀和集污室水分较多或吸湿器内吸附剂变色失效时,可能预示着变压器油甚至固体绝缘受潮;防爆膜龟裂、破损时,可能系变压器内部发生了故障,或呼吸口堵塞不畅通;引线与接线柱松动、接触不良会导致过热;软铜片或引线之间焊接不良,亦会导致过热,甚至开焊。所有这些异常现象在巡视时均可以及时发现,以防止发展成事故。

(6)油箱体外渗漏油检查。当变压器内部发生故障时,由于温度突然升高,可能发生漏、喷油现象。此外,箱沿、套管升高座或其他零部件接合处密封不良,或焊件焊接不良,铸件、套管存在砂眼、裂纹等缺陷时,均有可能观察到渗漏油现象。

(7)注意油箱近区的异味。当套管端子的紧固件松动时,可能过热,严重时会引起变色,并可闻到异味。如套管发生污闪时有强烈的臭氧气味,冷却风扇电机或油泵烧损时会产生焦糊气味等,日常巡视时应予以注意。

(8)注意对变压器的组件进行巡视检查。变压器故障有许多发生在组件方面,由于组件的检测手段有限,多依赖于人的感官发现故障,所以日常巡视时加强对组件的检查是必要的。

二、变压器大修后的试运行和交接验收工作

变压器在大修竣工后,应该将检修施工设备全部撤出,清扫整理现场,为试运行创造条件。并及时整理检修记录、资料、图纸,清退工具和材料,进行施工核算,提交竣工、验收报告,按照验收的有关规定组织现场验收工作。

(一)资料移交

应向变压器运行管理单位移交的资料文件包括:

（1）变压器大修总结报告；

（2）变压器附件检修记录，包括处理更换元件、试验记录等；

（3）现场干燥、施工记录，包括干燥方式、干燥过程中的温度和绝缘电阻、干燥时间等数据的记录和施工中测量、选用材料、工艺记录等；

（4）检修全过程的试验报告，包括修前修后的绝缘和直流电阻试验、油化验和油中溶解气体分析，有载分接开关动作特性，保护、测温装置的校验以及其他必要的试验项目的试验报告。

（二）现场验收检查项目

在施工现场，变压器运行管理单位与检修单位一道对变压器进行修后验收，可按下列内容进行检查交接：

（1）变压器本体、冷却装置、所有附件均完整无缺且不漏油，外表油漆平整无斑脱。

（2）主变压器的滚轮固定装置应完整。

（3）接地引线，包括变压器油箱、铁芯和夹件的外引接地装置等连接可靠。

（4）变压器顶盖上无遗漏与变压器无关的杂物。

（5）储油柜、冷却装置等油系统上的阀门指示均在开启位置，储油柜的油位指示装置的指示线清晰可见。

（6）变压器油气套管 SF_6 气体气压正常，接地小套管必须可靠接地，或充油套管中的油色透明，油位在正常范围以内，套管清洁无裂纹，无渗油，无放电痕迹，且端头接线紧固。

（7）瓦斯继电器内无气体，压力释放装置完好。

（三）变压器试运行前的检查准备工作

（1）变压器投入运行前，所有大修办理的工作票结束，工作票收回，安全措施全部拆除，恢复常设遮栏和标示牌。

（2）变压器顶部和周围清洁无杂物。

（3）变压器油枕的油色透明，油位正常，无渗油现象。

（4）变压器温度计接线完整，核对油温、绕组温度，就地、远方温度计指示一致且与环境温度相对应。

（5）变压器呼吸器内硅胶颜色正常。

（6）变压器本体清洁，各部无漏油现象。

（7）变压器进出口阀门，冷却器进出油、水阀门打开。

（8）冷却系统电源送好，油泵电动机试转正常，转向、油流指示正确。

（9）无励磁分接开关在满足母线电压运行要求的位置，且三相一致；有载调压油箱内油色透明，油位正常，有载调压控制箱内装置完好，分接开关位置与远方指示一致。

（10）变压器中性点接地刀闸在合位，二次回路设备完好，接线无松动。

（11）按继电保护规程投入变压器差动保护、重瓦斯保护、主变零序电流电压保护、低阻抗、变压器温度高、压力释放阀动作、主变冷却器全停等保护。

（12）变压器消防系统一切正常。

（四）变压器投入试运行的条件

除在检查变压器油箱体和冷却系统的各部接合面和焊缝无渗漏，储油柜及冷却器进出口阀门在打开位置,冷却器控制和动力电源正常,小浪底电厂主变压器的3台冷却器控制方式分别切至"主用、备用和辅助"位置,主变压器的继电保护按规程投入外,还应做好以下工作:

(1)合上试运行变压器的中性点接地刀闸;

(2)联系电力调度机构为试运行的变压器腾出一段空母线;

(3)将母联开关的充电保护跳闸联片投入跳闸位置,按调度令整定充电保护的电流值和延时时间;

(4)用主变压器的高压侧开关对大修后的变压器全压冲击3次,第一次充电后的间隔时间不应小于10 min,每次冲击应事先启动发变组故障录波器,记录变压器的励磁涌流;

(5)额定电压下的冲击合闸应无异常,励磁涌流不应引起继电保护装置的误动作;

(6)变压器投入试运行后,分析比较修前修后的油色谱数据,不应有明显变化;

(7)变压器的试运行时间不应少于24 h。

(五)变压器运行中的检查和维护

1. 变压器的检查规定

(1)正常情况下,变压器及其冷却装置每班应检查一次。对户外升压站变压器,应定期在夜班进行熄灯检查。

(2)新设备或经过检修、改造的变压器,在投入运行后72 h内,最初8 h每2 h检查一次,以后视设备运行情况按正常进行检查。

(3)定期检查消防系统。

2. 运行中的一般检查项目

运行中应对变压器进行下列检查:

(1)油枕油位正常,油色透明。

(2)瓦斯继电器内充满油,无气体,通往油枕的阀门在开启状态。

(3)对变压器油箱内部的绕组、铁芯和引线以及变压器油气套管,应定期用红外线热像仪测量其温度。在汛期变压器长时间处于满负荷状态时,应加密监测。

(4)压力释放器在正常状态。

(5)变压器声音正常,内部无杂音及放电声。

(6)变压器油温正常,各冷却器手感温度应接近。

(7)油冷却装置阀门全开,其密封无渗油、渗水现象。

(8)油泵转向正确,无剧烈振动及其他异常现象,油流继电器工作正常。

(9)各控制箱和二次端子箱应关严,无受潮。

(10)对于带有载调压装置的变压器还应检查下列各项:

①操作机构箱内装置完好,显示的挡位应清楚,和远方指示一致;

②转动轴的连接部分应牢靠,各部件无松动脱落。

3. 特殊巡视检查

在下列情况下应对变压器进行特殊巡视检查,增加巡视检查次数:

(1)新设备或经过检修、改造的变压器在投运72 h内。

(2)有严重缺陷时。

(3)气象突变(如大风、大雾、大雪、冰雹、寒潮等)时。

(4)雷雨季节特别是雷雨后。

(5)高温季节、高峰负荷期间。

(6)变压器过负荷运行时。

4. 特殊情况的检查

(1)变压器过负荷时应半小时检查一次;

(2)大风天应注意变压器上部引线无剧烈摆动,上盖无杂物;

(3)大雪天套管及端子落雪有无放电及结冰;

(4)大雾天套管有无放电声;

(5)气候剧变时油枕油位及套管油位变化情况;

(6)瓦斯信号动作及冷却器异常时应立即检查;

(7)大雪天变压器套管端雪花是否很快融化。

5. 运行中干式变压器的检查

(1)声音正常。

(2)变压器门应关好。

(六) 变压器分接头的切换

主变压器分接头的位置,根据系统的电压需要来决定,切换操作应有调度命令;厂用变压器分接头位置,根据厂用电压需要来决定,切换前应报请值长同意。

无载调压变压器分接头的切换工作,需将变压器停电并做安全措施后方能进行。切换工作由一次室负责。切换后由一次室测量接触电阻合乎要求,再由工作负责人向运行人员书面交代。

对有载调压变压器,每次切换时,均应分别记入分接头切换记录本内。

有载调压变压器的分接头操作要求如下:

(1)为了减少有载调压开关的断流次数,有条件时尽可能在变压器未带电前进行分接头的切换。如需要带电切换时,正常应采用电动远方操作,当远方操作失灵时,方可用就地操作箱上的按钮操作。

(2)在变压器控制盘上按预定目的按下"升"(+)或"降"(−)按钮,查对分接头的位置指示灯亮,同时监视母线电压达到相应要求。

(3)对变压器特别是分接头切换装置进行全面检查,应无异常。

(4)操作后应核对远方与就地挡位一致。

(5)分接头切换操作时,如发现电流表有较大的冲击而后稳定,应立即断开电动机电源,汇报值长,设法将变压器停运解备处理。

调整有载调压变压器分接头的有关规定如下:

(1)根据运行情况,尽量避免频繁调整分接头。

(2)分接头动作指示灯指示应与操作一致,否则应停止操作,查明原因。

(3)注意监视表计,核对电压值变化是否与操作一致,否则停止操作,查明原因。

(4)调整时按钮不可长时间按下,调完一挡后方可调另一挡。

(5)当有异常信号出现时,应停止操作,查明原因,待消除后方可进行。

(七)变压器冷却系统投运

1. 强迫油循环风冷系统启动前的检查

(1)冷却系统的管道、阀门、油泵均应完好,无杂质及漏油现象。

(2)油泵及风扇电动机绝缘良好。

(3)各阀门开关灵活,标志齐全,阀门位置正确。

(4)油流计、温度计装设完好,指示正确。

(5)风扇转动灵活,无卡涩现象。

2. 强迫油循环风冷系统投运步骤

(1)油泵、风扇电动机绝缘良好。

(2)合上各组冷却器动力电源保险器。

(3)合上各组冷却器控制电源保险器。

(4)合上变压器冷却系统控制电源开关。

(5)启动冷却装置。

(6)对冷却系统进行检查。

(7)汇报值长。

正常情况下,强迫油循环风冷变压器的冷却风扇及油泵的投运和停运根据油温自动控制,不需要人为操作。

三、变压器停运规定

(一)一般规定

(1)变压器停运必须用相应开关切断电源。

(2)先拉开负荷侧开关,再拉开电源侧开关,最后拉开各侧刀闸。

(3)变压器检修时,按照工作票内容进行。

(4)变压器停运后的有关工作:

①变压器停运后处于备用状态时,仍应按运行变压器对待,并按有关规定进行检查。

②对停运后的主变压器、厂用高压变压器,当遇有气温突然下降时,应特别检查油位及冷却风扇是否投入。

(二)紧停规定

变压器遇有下列情况之一时,应紧急停止运行:

(1)套管爆炸或破裂,大量漏油,油面突然下降;

(2)套管端头熔断;

(3)变压器冒烟着火;

(4)变压器油箱破裂;

(5)变压器严重漏油,油表指示无油位;

(6)内部有异音,且有不均匀爆炸声;

(7)变压器无保护运行(直流系统发生接地时,通过"拉路"方式选择接地点,或者直流开关跳闸或保险熔断、接触不良等能立即恢复正常运行的除外);

（8）变压器保护及开关拒动；

（9）变压器轻瓦斯信号动作,放气检查为可燃或黄色气体；

（10）干式变压器放电并有异臭味；

（11）发生直接威胁人身安全的危急情况；

（12）当变压器附近的设备着火、爆炸或发生其他情况,对变压器构成严重威胁时。

第四章　变压器故障诊断及其处理方法

变压器故障种类较多,一般来说,常见的故障可以分为如表4-1所列类型。

表4-1　变压器故障类型

按故障部位划分	内部故障		外部故障		
按故障性质划分	局部过热	电弧放电	低能量放电	局部放电	绝缘老化
按故障发生过程划分	突发性故障		慢性发展的故障		

　　油浸电力变压器的故障常被分为内部故障和外部故障两种。内部故障为变压器油箱内发生的各种故障,其主要类型有:各相绕组之间发生的相间短路、绕组的线匝之间发生的匝间短路、绕组或引出线通过外壳发生的接地故障等。变压器箱体及外部故障主要是变压器油箱及附件焊接不良、密封不良,造成渗漏油故障以及外部绝缘套管及其引出线上发生的各种故障,其主要类型有:冷却系统油泵、风扇或热交换器管渗漏、控制设备等故障;分接开关传动装置及控制设备的故障;绝缘套管闪络或破碎而发生的接地短路,引出线之间发生相间故障;储油柜、测温装置、净油器、吸湿器和气体继电器等故障而引发的变压器箱体内部故障。变压器的内部故障从性质上一般又分为热故障和电故障两大类。热故障通常为变压器内部局部过热、温度升高。根据其严重程度,热故障常被分为轻度过热(一般低于150 ℃)、低温过热(150～300 ℃)、中温过热(300～700 ℃)、高温过热(一般高于700 ℃)四种故障情况。电故障通常指变压器内部在高电场强度的作用下,绝缘性能下降或劣化的故障。根据放电的能量密度不同,电故障又分为局部放电、火花放电和高能电弧放电三种故障类型。

　　由于变压器故障涉及面较广,具体类型的划分方式较多。如从回路划分,主要有电路故障、磁路故障和油路故障。若从变压器的主体结构划分,可分为绕组故障、铁芯故障、油质故障和附件故障。同时,习惯上对变压器故障的类型根据常见的故障易发区位划分,如绝缘故障、铁芯故障、分接开关故障等。而对变压器本身影响最严重、目前发生概率最高的是变压器出口短路故障。同时,还存在变压器渗漏故障、油流带电故障、保护误动故障等。所有这些不同类型的故障,有的可能反映的是热故障,有的可能反映的是电故障,有的可能既反映过热故障同时又存在放电故障。因此,很难以某一范畴规范划分变压器故障的类型,本书从比较普遍和常见的变压器短路故障、放电故障、绝缘故障、铁芯故障、分接开关故障、渗漏油故障、油流带电故障、保护误动故障等八个方面,按各自故障的成因、影响、判断方法及应采取的相应技术措施等,分别进行描述。

第一节　短路故障

　　变压器短路故障主要指变压器出口短路、内部引线或绕组对地短路及相与相之间发生短路而导致的故障。

变压器正常运行中受出口短路故障的影响,遭受损坏的情况较为严重。据有关资料统计,近年来,一些地区 110 kV 及以上电压等级的变压器遭受短路故障电流冲击直接导致损坏的事故,约占全部事故的 50% 以上,与前几年统计相比呈大幅度上升的趋势。这类故障的案例很多,特别是变压器低压出口短路时形成的故障一般要更换绕组,严重时可能要更换全部绕组,从而造成十分严重的后果和损失,因此应引起足够的重视。

出口短路对变压器的影响,主要包括以下两个方面。

一、短路电流引起绝缘过热故障

变压器突发短路时,其高、低压绕组可能同时通过为额定值数十倍的短路电流,它将产生很大的热量,使变压器严重发热。当变压器承受短路电流的能力不够时,热稳定性差,会使变压器绝缘材料严重受损,而形成变压器击穿及损毁事故。

变压器发生出口短路时,短路电流的绝对值表达式为

$$I_d^{(n)} = K^{(n)} I_{dI}^{(n)} \tag{4-1}$$

式中　(n)——短路类型的角标;

　　　K——比例系数,其值与短路类型有关;

　　　I_{dI}——所求短路类型的正序电流绝对值。

不同类型短路的正序电流绝对值表达式为

$$I_{dI}^{(n)} = E / (X_1 + X_i^{(n)}) \tag{4-2}$$

式中　E——故障前相电压;

　　　X_1——等值正序阻抗;

　　　$X_i^{(n)}$——附加阻抗。

变压器的出口短路主要包括三相短路、两相短路、单相接地短路和两相接地短路等几种类型。据资料统计表明,在中性点接地系统中,单相接地短路约占全部短路故障的65%,两相短路占 10%～15%,两相接地短路占 15%～20%,三相短路约占 5%,其中以三相短路时的短路电流值最大,《电力变压器　第 5 部分:承受短路的能力》(GB 1094.5—2008)中就是以三相短路电流为依据的。

忽略系统阻抗对短路电流的影响,则三相短路电流表达式为

$$I_{dI}^{(3)} = \frac{U}{\sqrt{3}} Z_t = \frac{I_N}{U_N} \tag{4-3}$$

式中　$I_{dI}^{(3)}$——三相短路电流;

　　　U——变压器接入系统的额定电压;

　　　Z_t——变压器短路阻抗;

　　　I_N——变压器额定电流;

　　　U_N——变压器短路电压百分数。

对 220 kV 三绕组变压器而言,高压对中、低压的短路阻抗一般在 10%～30%,中压对低压的短路阻抗一般在 10% 以下,因此变压器发生短路故障时,强大的短路电流致使变压器绝缘材料受热损坏。

二、短路电动力引起绕组变形故障

变压器受短路冲击时,如果短路电流小,继电保护正确动作,绕组变形将是轻微的;如果短路电流大,继电保护延时动作甚至拒动,变形将会很严重,甚至造成绕组损坏。对于轻微的变形,如果不及时检修,恢复垫块位置,紧固绕组的压钉及铁轭的拉板、拉杆,加强引线的夹紧力,在多次短路冲击后,由于累积效应,也会使变压器损坏。因此,诊断绕组变形程度、制定合理的变压器检修周期是提高变压器抗短路能力的一项重要措施。

变压器绕组中的电流与漏磁场的相互作用,在绕组的各导线上产生电磁力,其大小由漏磁场的磁通密度与电流的乘积决定。由于电流增大时漏磁场的磁通密度随之增大,因此电磁力与电流的平方成正比。所以,特别是在绕组突然短路时,绕组所受电动力最为严重。在绕组中部,漏磁通磁力线的方向与绕组的轴平行由下向上,故漏磁通密度仅有轴向分量 B_d。在绕组的上下两端,漏磁通磁力线的弯曲较大,故漏磁通密度除轴向分量 B_d 外,尚有径向分量 B_q,绕组的漏磁分布情况如图4-1所示。应用左手定则,可确定变压器绕组的受力方向。纵轴磁场使绕组产生辐向力,而横轴磁场使绕组受轴向力。轴向分量磁通和电流相互作用产生的力为径向力 F_q,该力使低压绕组向里压,而把高压绕组向外拉,电动力过大时,可能造成高压绕组的扭曲变形或导线断裂。径向分量磁通与电流的相互作用产生的力为轴向力 F_d,无论是低压绕组或高压绕组,轴向力的方向都是从上下两端向里压,如图4-2所示。

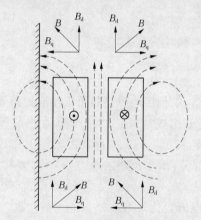

图4-1　绕组的漏磁分布情况

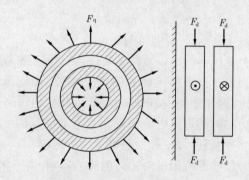

图4-2　变压器绕组受力情况

因此,变压器绕组在出口短路时,将承受很大的轴向和辐向电动力。轴向电动力使绕组向中间压缩,这种由电动力产生的机械应力,可能影响绕组匝间绝缘,对绕组的匝间绝缘造成损伤;而辐向电动力使绕组向外扩张,可能失去稳定性,造成相间绝缘损坏。

对于由变压器出口短路电动力造成的影响,判断主变压器绕组是否变形,过去只能采取吊罩检查的方法,目前则广泛采用绕组变形测试仪进行分析判断,取得了一些现场经验。通过对主变压器的高、中、低压三相的九个绕组分别施加10 kHz 至1 000 kHz 高频脉冲,由计算机记录脉冲波形曲线并储存,显示正常波形与故障后波形变化的对比和分析,试验人员根据该仪器特有的频率和波形,能比较科学地准确判断主变压器绕组变形情况。

对于变压器的热稳定及动稳定,在给定的条件下,仍以设计计算值为检验的依据,但计算值与实际值究竟有无误差,尚缺少研究与分析,一般情况下是以设计值大于变压器实际承受能力为准的。目前逐步开展的变压器突发短路试验,将为检验设计、工艺水平提供重要的依据。变压器低压侧发生短路时,所承受的短路电流最大,而低压绕组的结构一般采用圆筒式或螺旋式多股导线并绕。为了提高绕组的动稳定能力,绕组内多采用绝缘纸筒支撑,但有些厂家仅考虑变压器的散热能力,对于其动稳定,则只要计算值能够满足要求,便将支撑取消,于是当变压器遭受出口短路时,由于动稳定能力不足,会使绕组变形甚至损坏。

(一)绕组变形的特点

通过检查发生故障或事故的变压器进行事后分析,发现电力变压器绕组变形是诱发多种故障和事故的直接原因。一旦变压器绕组已严重变形而未被诊断出来仍继续运行,则极有可能导致事故的发生,轻者造成停电,重者将可能烧毁变压器。致使绕组变形的原因,主要是绕组机械结构强度不足、绕制工艺粗糙、承受正常容许的短路电流冲击能力和外部机械冲击能力差。因此,变压器绕组变形主要是受到内部电动力和外部机械力的影响,而电动力的影响最为突出,如变压器出口短路形成的短路冲击电流及产生的电动力将使绕组扭曲、变形甚至崩裂。

1. 受电动力影响的变形

(1)高压绕组处于外层,受轴向拉伸应力和辐向扩张应力,使绕组端部压钉松动、垫块飞出,严重时,铁轭夹件、拉板、紧固钢带都会弯曲变形,绕组松弛后,其高度增加。

(2)中、低压绕组的位置处于内柱或中间时,常受到轴向和辐向压缩力的影响,使绕组端部紧固压钉松动,垫块位移;匝间垫块位移,撑条倾斜,线饼在辐向上呈多边形扭曲。若变形较轻,如35 kV 线饼外圆无变形,而内圆周有扭曲,在辐向上向内突出,在绕组内衬是软纸筒时这种变形特别明显。如果变压器受短路冲击时,继电保护延时动作超过2 s,变形将更加严重,线饼会有较大面积的内凹、上翘现象。测量整个绕组时往往高度降低,如果变压器继续投运,变压器箱体振动将明显增大。

(3)绕组分接区、纠接区线饼变形。这是由于分接区和纠接区(一般在绕组首端)安匝不平衡,产生横向漏磁场,使短路时线饼受到的电动力比正常区要大得多,所以易产生变形和损坏。特别是分接区线饼,受到有载分接开关造成的分接段短路冲击时,绕组会变形成波浪状,而影响绝缘和油道的通畅。

(4)绕组引线位移扭曲。这是变压器出口短路故障后常发生的情况,由于受电动力的影响,绕组引线布置的绝缘距离被破坏。如引线离箱壁距离太近,会造成放电;引线间距离太近,因摩擦而使绝缘受损,会形成潜伏性故障,并可能发展成短路事故。

2. 受机械力影响的变形

受机械力影响的变形主要是变压器绕组整体位移变形。这种变形主要是在运输途中,运输车辆的急刹车或运输船舶撞击晃动所致。据有关报道,变压器器身受到大于3 g (g 为重力加速度)的重力加速的冲击,将可能使线圈整体在辐向上向一个方向产生明显位移。

(二)技术改进和降低短路事故的措施

基于上述,为防止绕组变形,提高机械强度,降低短路事故率,一些制造厂家和电力用户提出并采取了如下技术改进措施及减少短路事故的措施。

1. 技术改进措施

(1)电磁计算方面。在保证性能指标、温升限值的前提下,综合考虑短路时的动态过程。从保证绕组稳定性出发,合理选择撑条数、导线宽厚比及导线许用应力的控制值,在进行安匝平衡排列时,根据额定分接和各级限分接情况整体优化,尽量减小不平衡安匝。考虑到作用在内绕组上的轴向内力约为外绕组的两倍,因此尽可能使作用在内绕组上的轴向外力方向与轴向内力的方向相反。

(2)绕组结构方面。绕组是产生电动力又直接承受电动力的结构部件,要保证绕组在短路时的稳定性,就要针对其受力情况,使绕组在各个方向有牢固的支撑。具体做法如在内绕组内侧设置硬绝缘筒,绕组外侧设置外撑条,并保证外撑条可靠地压在线段上。对单螺旋低压绕组首末端均端平一匝以减少端部漏磁场畸变。对等效轴向电流大的低压和调压绕组,针对其相应的电动力,采取特殊措施固定绕组出头,并在出头位置和换位处采用适形的垫块,以保证绕组的稳定性。

(3)器身结构方面。器身绝缘是电动力传递的中介,要保证在电动力作用下,各方向均有牢固的支撑和减小相关部件受力时的压强。在设计时采用整体相套装结构,内绕组硬绝缘筒与铁芯柱间用撑板撑紧,以保证内绕组上承受的压应力均匀传递到铁芯柱上;合理布置压钉位置和选择压钉数量,并设计副压板,以减小压钉作用到绝缘压板上的压强和压板的剪切应力。

(4)铁芯结构方面。轴向电动力最终作用在铁芯框架结构上。如果铁芯固定框架出现局部结构失稳和变形,将导致绕组失稳而变形损坏。因此,设计铁芯各部分结构件时,强度要留有充分的裕度,各部件间尽量采用无间隙配合和互锁结构,使变压器器身成为一个坚固的整体。

(5)工艺控制和工艺手段。对一些关键工序,如垫块预处理、绕组绕制、绕组压装、相套装、器身装配时预压力控制等,进行严格的工艺控制,以保证设计要求。

2. 减少短路事故的措施

(1)优化选型要求。选型时应选用能顺利通过短路试验的变压器,并合理确定变压器的容量,合理选择变压器的短路阻抗。

(2)优化运行条件。要提高电力线路的绝缘水平,特别是提高变压器出线一定距离的绝缘水平,同时提高线路安全走廊和安全距离要求的标准,降低近区故障影响和危害,包括重视电缆的安装检修质量(因电缆头爆炸大多相当于母线短路);对重要变电站的中、低压母线,考虑全封闭,以防小动物侵害;提高对开关质量的要求,防止发生拒分等。

(3)优化运行方式。确定运行方式时要核算短路电流,并限制短路电流的危害。如采取装备用电源自投装置后开环运行,以减小短路时的电流和简化保护配置;对故障率高的非重要出线,可考虑退出重合闸保护;提高速切保护性能,压缩保护时间;220 kV 及以上电压等级的变压器尽量不直接带 10 kV 的地区电力负荷等。

(4)提高运行管理水平。要防止误操作造成的短路冲击;要加强变压器的适时监测和检修,及时发现变压器的变形情况,保证变压器的安全运行。

第二节　放电故障

根据放电的能量密度的大小,变压器的放电故障常分为局部放电、火花放电和高能电弧放电三种类型。

一、放电故障对变压器绝缘的影响

放电对绝缘有两种破坏作用:一种是放电质点直接轰击绝缘,使局部绝缘受到破坏并逐步扩大,使绝缘击穿;另一种是放电产生的热及臭氧、氧化氮等活性气体的化学作用,使局部绝缘受到腐蚀,介质损耗增大,最后导致热击穿。

(一)绝缘材料电老化是放电故障的主要形式

(1)局部放电引起绝缘材料中化学键的分离、裂解和分子结构的破坏。

(2)放电点热效应引起绝缘的热裂解或促进氧化裂解,增大了介质的电导和损耗,产生恶性循环,加速老化过程。

(3)放电过程生成的臭氧、氮氧化物遇到水分生成硝酸的化学反应腐蚀绝缘体,导致绝缘性能劣化。

(4)放电过程的高能辐射,使绝缘材料变脆。

(5)放电时产生的高压气体引起绝缘体开裂,并形成新的放电点。

(二)固体绝缘的电老化

固体绝缘的电老化是在电场集中处产生放电,引发树枝状放电痕迹,并逐步发展导致绝缘击穿。

(三)液体浸渍绝缘的电老化

如局部放电一般先发生在固体或油内的小气泡中,而放电过程又使油分解产生气体并部分溶解在油中,如果放电严重,在产气速率升高的同时,气泡也将扩大、增多,使放电进一步增强。另外,放电也能造成绝缘油的氧化,氧化严重时还析出油泥和水分,油泥沉淀于固体介质表面,影响散热,使局部温度升高,又进一步加速了绝缘的老化。绕组的线匝上堆积油泥以后,使得绝缘物的有效爬电距离大为缩短,容易形成表面闪络放电,这也加速了油的氧化和绝缘的老化、变质。

二、放电故障的类型与特征

(一)变压器局部放电故障

在电压的作用下,绝缘结构内部的气隙、油膜或导体的边缘发生非贯穿性的放电称为局部放电。局部放电刚开始时是一种低能量的放电,变压器内部出现这种放电时,情况比较复杂。根据绝缘介质的不同,可分为气泡局部放电和油中局部放电;根据绝缘部位的不同,可分为固体绝缘中空穴、电极尖端、油角间隙、油与绝缘纸板中的油隙以及油中沿固体绝缘表面等处的局部放电。

1.局部放电的原因

(1)当油中存在气泡或固体绝缘材料中存在空穴或空腔时,由于气体的介电常数小,在交流电压下所承受的场强高,但其耐压强度却低于油和纸绝缘材料,在气隙中容易首先引起放电。

(2)外界环境条件的影响。如油处理不彻底,使油中析出气泡等,都会引起放电。

(3)变压器制造质量不良。如某些部位有尖角而出现放电。带进气泡、杂物和水分,或因外界气温漆瘤等,它们承受的电场强度较高,易产生放电。

(4)金属部件或导电体之间接触不良。局部放电的能量密度虽不大,但若进一步发展将会形成放电的恶性循环,最终导致设备的击穿或损坏,从而引起严重的事故。

2. 放电产生气体的特征

放电产生的气体,由于放电能量不同而有所不同。如放电能量密度在 10^{-9} C 及以下时,一般总烃不高,主要成分是氢气,其次是甲烷,氢气占氢烃总量的 80% ~ 90%;当放电能量密度为 10^{-8} ~ 10^{-7} C 时,则氢气含量相应降低,而出现乙炔,但乙炔这时在总烃中所占的比例通常不到 2%,这是局部放电区别于其他放电现象的主要标志。

随着变压器故障诊断技术的发展,人们越来越认识到,局部放电是变压器诸多有机绝缘材料故障和事故的根源,因而该技术得到了迅速发展,出现了多种测量方法和试验装置。

3. 测量局部放电的方法

(1)电测法。利用示波器、局部放电仪或无线电干扰仪,查找放电的波形或无线电干扰程度。电测法的灵敏度较高,测到的是视在放电量,分辨率可达几皮库。

(2)超声测法。检测放电时出现的超声波,并将声波变换为电信号,录在磁带上进行分析。超声测法的灵敏度较低,大约几千皮库,它的优点是抗干扰性能好,且可"定位"。有的利用电信号和声信号的传递时间差异,估计探测点到放电点的距离。

(3)化学测法。检测溶解于油内的各种气体的含量,分析其增减变化规律。此法在运行监测上十分适用,简称"色谱分析"。化学测法对局部过热或电弧放电很灵敏,但对局部放电灵敏度不高。而且重要的是,观察其趋势,例如几天测一次,就可发现油中所含气体的组成、比例以及数量的变化,从而判定有无局部放电或局部过热。

(二)变压器火花放电故障

发生火花放电时放电能量密度大于 10^{-6} C 的数量级。

1. 悬浮电位引起火花放电

高压电力设备中某金属部件,由于结构上的原因,或运输过程和运行中造成接触不良而断开,处于高压与低压电极间并按其阻抗形成分压,而在这一金属部件上产生的对地电位称为悬浮电位。具有悬浮电位的物体附近的场强较集中,往往会逐渐烧坏周围固体介质或使之炭化,也会使绝缘油在悬浮电位作用下分解出大量特征气体,从而使绝缘油色谱分析结果超标。悬浮放电可能发生于变压器内处于高电位的金属部件,如调压绕组,当有载分接开关转换极性时的短暂电位悬浮,套管均压球和无载分接开关拨叉等电位悬浮。处于地电位的部件,如硅钢片磁屏蔽和各种紧固用金属螺栓等,与地的连接松动脱落,导致悬浮电位放电。变压器高压套管端部接触不良,也会形成悬浮电位而引起火花放电。

2. 油中杂质引起火花放电

变压器发生火花放电故障的主要原因是油中杂质的影响。杂质由水分、纤维质(主要是受潮的纤维)等构成。水的介电常数 ε 约为变压器油的 40 倍,在电场中,杂质首先极化,被吸引向电场强度最强的地方,即电极附近,并按电力线方向排列。如果极间距离大、杂质少,不易形成通路。杂质的导电率和介电常数都比变压器油大,从电磁场原理可知,杂质的存在,会畸变油中的电场。因为纤维的介电常数大,使纤维端部油中的电场加强,于是放电首先从这部分油中开始发生和发展,油在高场强下游离而分解出气体,在交流电压场强的作用下,气泡与油形成串联介质,其等值电路见图4-3。电场强度的分布与各介质的相对介电常数有关。油的相对介电常数 $\varepsilon_{ro} = 2.2$,而气隙的相对介电常数 $\varepsilon_{rg} = 1$,电压按电容分配,气隙上的电压为 $U_g = U \times [\, C'_o / (C_g + C'_o) \,]$。由于 C_g 较小,故气隙上的电压较大,则场强是油的 2.2 倍,用公式表达为

$$\frac{E_o}{E_g} = \frac{\varepsilon_{rg}}{\varepsilon_{ro}} \quad 或 \quad E_g = 2.2E_o$$

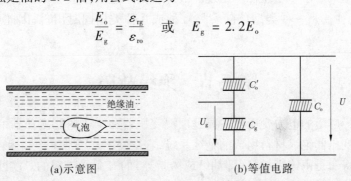

(a)示意图　　　　　　　(b)等值电路

图4-3　变压器绝缘油中气泡形成的串联介质

气体的击穿场强比油纸大得多,所以气泡将首先产生局部放电,这又使气泡温度升高,气泡体积膨胀,局部放电将进一步加剧。而局部放电使油分解产生更多的气体,一方面局部放电的电子电流加热使油分解产生气体,另一方面局部放电过程中电子的碰撞使油的分子解离出气体。另外,油中的一些微小杂质或水分的相对介电常数都很大,在电场的作用下,很容易沿电场方向极化定向,有利于与气泡形成"小桥"型的放电通道,使油介质击穿,这就是液体介质的"小桥放电理论"。

如果变压器绝缘纤维不受潮,则因杂质的电导很小,对油的火花放电电压的影响也较小;反之,则影响较大。因此,火花放电与杂质的加热过程相关。当冲击电压作用或电场极不均匀时,杂质不易形成通路,它的作用只限于畸变电场,其火花放电过程主要取决于外加电压的大小。

3.火花放电的影响

一般来说,火花放电不致很快引起绝缘击穿,主要反映在油色谱分析异常、局部放电量增加或轻瓦斯动作上,比较容易被发现和处理,但对其发展程度应引起足够的认识和注意。

(三)变压器电弧放电故障

电弧放电是高能量放电,常以绕组匝层间绝缘击穿为多见,其次为引线断裂或对地闪络和分接开关飞弧等故障。

1.电弧放电的影响

电弧放电故障由于放电能量密度大,产气急剧,常以电子崩形式冲击电介质,使绝缘

纸穿孔、烧焦或炭化，使金属材料变形或熔化烧毁，严重时会造成设备烧损，甚至发生爆炸事故。这种事故一般事先难以预测，也无明显预兆，常以突发的形式暴露出来。

2. 电弧放电的气体特征

出现电弧放电故障后，气体继电器中的 H_2 和 C_2H_2 等组分常高达每升几千微升，变压器油亦炭化而变黑。油中特征气体的主要成分是 H_2 和 C_2H_2，其次是 C_2H_6 和 CH_4。当放电故障涉及固体绝缘时，除上述气体外，还会产生 CO 和 CO_2。

综上所述，三种放电的形式既有区别又有一定的联系，区别是指放电能级和产气组分，联系是指局部放电是其他两种放电的前兆，而火花放电和电弧放电又是局部放电发展后的一种必然结果。由于变压器内出现的故障常处于逐步发展的状态，并且大多不是单一类型的故障，往往是一种类型伴随着另一种或几种类型同时出现，因此更需要认真分析，具体对待。

第三节　绝缘故障

目前应用最广泛的电力变压器主要是油浸变压器和干式树脂变压器两种，电力变压器的绝缘即由变压器绝缘材料组成的绝缘系统，它是变压器正常工作和运行的基本条件，变压器的使用寿命是由绝缘材料(即油纸或树脂等)的寿命所决定的。实践证明，大多变压器的损坏和故障都是因绝缘系统的损坏而造成的。据统计，因各种类型的绝缘故障形成的事故约占全部变压器事故的85%以上。对正常运行及注意进行维修管理的变压器，其绝缘材料具有很长的使用寿命。国外理论计算及实验研究表明，当小型油浸配电变压器的实际温度持续在95℃时，理论寿命将可达400年。设计和现场运行的经验说明，维护得好的变压器，实际寿命能达到50~70年;而按制造厂的设计要求和技术指标，一般把变压器的预期寿命定为20~40年。因此，保持变压器的正常运行和加强对绝缘系统的合理维护，很大程度上可以保证变压器具有相对较长的使用寿命，而预防性和预知性维护是提高变压器使用寿命和提高供电可靠性的关键。

油浸变压器中，主要的绝缘材料是绝缘油及固体绝缘材料绝缘纸、纸板和木块等。所谓变压器绝缘的老化，就是这些材料受环境因素的影响发生分解，降低或丧失了绝缘强度。

一、固体纸绝缘故障

固体纸绝缘是油浸变压器绝缘的主要部分之一，包括绝缘纸、绝缘板、绝缘垫、绝缘卷、绝缘绑扎带等，其主要成分是纤维素，化学表达式为 $(C_6H_{10}O_5)_n$，其中 n 为聚合度。一般新纸的聚合度为1 300左右，当下降至250左右时，其机械强度已下降了一半以上，极度老化致使寿命终止的聚合度为150~200。绝缘纸老化后，其聚合度和抗张强度将逐渐降低，并生成水、CO、CO_2，其次还有糠醛(呋喃甲醛)。这些老化产物大都对电气设备有害，会使绝缘纸的击穿电压和体积电阻率降低、介损增大、抗拉强度下降，甚至腐蚀设备中的金属材料。固体绝缘具有不可逆转的老化特性，其机械和电气强度的老化降低都是不能恢复的。变压器的寿命主要取决于绝缘材料的寿命，因此油浸变压器固体绝缘材料，应具有良好的电绝缘性能和机械特性,而且长年累月的运行后,其性能下降较慢,即老化特性好。

(一)纸纤维材料的性能

绝缘纸纤维材料是油浸变压器中最主要的绝缘组件材料,纸纤维是植物的基本固体组织成分,组成物质分子的原子中有带正电的原子核和围绕原子核运行的带负电的电子,与金属导体不同的是绝缘材料中几乎没有自由电子,绝缘体中极小的电导电流主要来自离子电导。纤维素由碳、氢和氧组成,这样由于纤维素分子结构中存在氢氧根,便存在形成水的潜在可能,使纸纤维有含水的特性。此外,这些氢氧根可认为是被各种极性分子(如酸和水)包围着的中心,它们以氢键相结合,使得纤维易受破坏;同时,纤维中往往含有一定比例(约7%)的杂质,这些杂质中包括一定量的水分,因纤维呈胶体性质,这些水分尚不能完全除去。这样也就影响了纸纤维的性能。

极性的纤维不但易于吸潮(水分是强极性介质),而且当纸纤维吸水时,氢氧根之间的相互作用力变弱,在纤维结构不稳定的条件下机械强度急剧变坏,因此纸绝缘部件一般要经过干燥或真空干燥处理和浸油或绝缘漆后才能使用,浸漆的目的是使纤维保持润湿,保证其有较高的绝缘和化学稳定性及具有较高的机械强度。同时,纸被漆密封后,可减少纸对水分的吸收,阻止材料氧化,填充空隙,以减少可能影响绝缘性能、造成局部放电和电击穿的气泡。但也有人认为浸漆后再浸油,可能有些漆会慢慢溶入油内,影响油的性能,对这类油漆的应用应充分予以注意。

当然,不同成分纤维材料的性质及相同成分纤维材料的不同品质,使其影响大小及性能也不同,如棉花中纤维成分最高,大麻中纤维最结实,某些进口绝缘纸板由于其处理加工质量好,性能明显优于国产某些材质的纸板等。变压器大多绝缘材料都是用各种形式的纸(如纸带、纸板、纸的压力成型件等)作绝缘的。因此,在变压器制造和检修中选择好纤维原料的绝缘纸材料是非常重要的。纤维纸的特殊优点是实用性强,价格低,使用加工方便,在温度不高时成型和处理简单灵活,且重量轻,强度适中,易吸收浸渍材料(如绝缘漆、变压器油等)。

(二)纸绝缘材料的机械强度

油浸变压器选择纸绝缘材料最重要的因素除纸的纤维成分、密度、渗透性和均匀性外,还有机械强度的要求,包括耐张强度、冲压强度、撕裂强度和坚韧性。

(1)耐张强度:要求纸纤维受到拉伸负荷时,具有能耐受而不被拉断的最大应力。

(2)冲压强度:要求纸纤维具有耐受压力而不被折断的能力的量度。

(3)撕裂强度:要求纸纤维发生撕裂所需的力符合相应标准。

(4)坚韧性:使纸折叠或纸板弯曲时的强度能满足相应要求。

判断固体绝缘性能,可以设法取样测量纸或纸板的聚合度,或利用高效液相色谱分析技术测量油中糠醛的含量,以便于分析变压器内部存在故障时,确定是否涉及固体绝缘或是否存在引起线圈绝缘局部老化的低温过热,或判断固体绝缘的老化程度。对纸纤维绝缘材料,在运行及维护中,应注意控制变压器额定负荷,要求运行环境空气流通、散热条件好,防止变压器温升超标和箱体缺油。还要防止油质污染、劣化等造成纤维的加速老化,而损害变压器的绝缘性能、使用寿命和安全运行。

(三)纸纤维材料的劣化

纸纤维材料的劣化主要包括以下三个方面:

(1)纤维脆裂。当过度受热使水分从纤维材料中脱离时,会加速纤维材料脆化。由于纸材脆化剥落,在机械振动、电动应力、操作波等冲击力的影响下可能产生绝缘故障而形成电气事故。

(2)纤维材料机械强度下降。纤维材料的机械强度随受热时间的延长而下降,当变压器发热造成绝缘材料中水分再次排出时,绝缘电阻的数值可能会变高,但其机械强度将会大大下降,绝缘纸材将不能抵御短路电流或冲击负荷等机械力的影响。

(3)纤维材料本身的收缩。纤维材料在脆化后收缩,使夹紧力降低,可能造成收缩移动,使变压器绕组在电磁振动或冲击电压下移位摩擦而损伤绝缘。

二、液体油绝缘故障

液体绝缘的油浸变压器是 1887 年由美国科学家汤姆逊发明的,1892 年被美国通用电气公司等推广应用于电力变压器,这里所指的液体绝缘即是变压器油绝缘。油浸变压器的特点如下:

(1)大大提高了电气绝缘强度,缩短了绝缘距离,减小了设备的体积。

(2)大大提高了变压器的有效热传递和散热效果,提高了导线中允许的电流密度,减轻了设备重量。它将运行变压器器身的热量通过变压器油的热循环,传递到变压器外壳和散热器中进行散热,从而提高了有效的冷却降温水平。

(3)由于油浸密封而降低了变压器内部某些零部件和组件的氧化程度,延长了使用寿命。

(一)变压器油的性能

运行中的变压器油除必须具有稳定优良的绝缘性能和导热性能外,还需具有的质量标准见表 2-1。绝缘强度、$\tan\delta$、黏度、凝点和酸价等是绝缘油的主要性能指标。

从石油中提炼制取的绝缘油是各种烃、树脂、酸和其他杂质的混合物,其性质不都是稳定的,在温度、电场及光合作用等影响下会不断地氧化。正常情况下绝缘油的氧化过程进行得很缓慢,如果维护得当甚至使用 20 年还可保持应有的质量而不老化,但混入油中的金属、杂质、气体等会加速氧化的发展,使油质变坏,颜色变深,透明度变差,所含水分、酸价、灰分增加等,使油的性质劣化。

(二)变压器油劣化的原因

变压器油质变坏,按轻重程度可分为污染和劣化两个阶段。

污染是油中混入水分和杂质,这些不是油氧化的产物,污染油的绝缘性能会变坏,击穿电场强度降低,介质损失角增大。劣化是油氧化后的结果,当然这种氧化并不仅指纯净油中烃类的氧化,而是存在于油中的杂质将加速氧化过程,特别是铜、铁、铝金属粉屑等。氧来源于变压器内的空气,即使在全密封的变压器内部仍有容积为 0.25% 左右的氧存在,氧的溶解度较高,因此在油中溶解的气体中占有较高的比率。变压器油氧化时,作为催化剂的水分及加速剂的热量,使变压器油生成油泥,其影响主要表现在:在电场的作用下沉淀物粒子大;杂质沉淀集中在电场最强的区域,对变压器的绝缘形成导电的"桥";沉淀物并不均匀而是形成分离的细长条,同时可能按电力线方向排列,这样无疑妨碍了散热,加速了绝缘材料老化,并导致绝缘电阻降低和绝缘水平下降。

(三)变压器油劣化的过程

油在劣化过程中主要阶段的生成物有过氧化物、酸类、醇类、酮类和油泥。

早期劣化阶段油中生成的过氧化物与绝缘纤维材料反应生成氧化纤维素,使绝缘纤维机械强度变差,造成脆化和绝缘收缩。生成的酸类是一种黏液状的脂肪酸,尽管腐蚀性没有矿物酸那么强,但其增长速率及对有机绝缘材料的影响是很大的。

后期劣化阶段生成油泥。当酸侵蚀铜、铁、绝缘漆等材料时,反应生成油泥,它是一种黏稠而类似沥青的聚合型导电物质,能适度溶解于油中,在电场的作用下生成速度很快,黏附在绝缘材料或变压器箱壳边缘,沉积在油管及冷却器散热片等处,使变压器工作温度升高,耐电强度下降。

油的氧化过程是由两个主要反应条件构成的,其一是变压器中酸价过高,油呈酸性;其二是溶于油中的氧化物转变成不溶于油的化合物,从而逐步使变压器油质劣化。

(四)变压器油质分析、判断和维护处理

(1)绝缘油变质,指它的物理性能和化学性能都发生变化,从而使其电性能变坏。通过测试绝缘油的酸值、界面张力、油泥析出、水溶性酸值等项目,可判断是否属于该类缺陷。对绝缘油进行再生处理,可消除油变质的产物,但处理过程中也可能去掉了天然抗氧剂。

(2)绝缘油进水受潮。由于水是强极性物质,在电场的作用下易电离分解,而增加了绝缘油的电导电流,因此微量的水分可使绝缘油介质损耗显著增加。通过测试绝缘油的微水含量,来判断是否属于该类缺陷。对绝缘油进行压力式真空滤油,一般能消除水分。

(3)绝缘油感染微生物细菌。在变压器制造、安装、检修和油处理过程中,不可避免地会从与空气的接触面带入微生物。此外,工作人员和使用的工具、安装或更换的零部件,都有可能成为带菌的来源,从而感染了绝缘油或者绝缘油本身已感染微生物。主变压器一般运行在 40～80 ℃的环境下,非常有利于这些微生物的生长、繁殖。由于微生物及其排泄物中的矿物质、蛋白质的绝缘性能远远低于绝缘油,从而使绝缘油介质损耗升高。这种缺陷采用现场循环处理的方法很难处理好,因为无论如何处理,始终有一部分微生物残留在绝缘固体上。处理后,短期内主变压器绝缘会有所恢复,但由于主变压器运行环境非常有利于微生物的生长、繁殖,这些残留微生物还会逐年生长繁殖,从而使某些主变压器绝缘逐年下降。

(4)含有极性物质的醇酸树脂绝缘漆溶解在油中。在电场的作用下,极性物质会发生偶极松弛极化,在交流极化过程中要消耗能量,所以使油的介质损耗上升。虽然绝缘漆在出厂前经过固化处理,但仍可能存在处理不彻底的情况。主变压器运行一段时间后,处理不彻底的绝缘漆逐渐溶解在油中,使之绝缘性能逐渐下降。该类缺陷发生的概率与绝缘漆处理的彻底程度有关,通过一两次吸附处理可取得一定的效果。

(5)油中只混有水分和杂质。这种污染情况并不改变油的基本性质。对于水分可用

干燥的办法加以排除,对于杂质可用过滤的办法加以清除,油中的空气可通过抽真空的办法加以排除。

(6)两种及两种以上不同来源的绝缘油混合使用。油的性质应符合相关规定,油的比重相同、凝固温度相同、黏度相同、闪点相近,且混合后油的安定度也符合要求。对于混油后劣化的油,由于油质已变,产生了酸性物质和油泥,需用油再生的化学方法将劣化产物分离出来,才能恢复其性质。

三、干式树脂变压器的绝缘与特性

干式变压器(这里指环氧树脂绝缘的变压器)主要使用在具有较高防火要求的场所,如高层建筑、机场、油库等。

(一)树脂绝缘的类型

环氧树脂绝缘的变压器根据制造工艺特点可分为环氧石英砂混合料真空浇注型、环氧无碱玻璃纤维补强真空压差浇注型和无碱玻璃纤维绕包浸渍型三种。

(1)环氧石英砂混合料真空浇注绝缘。这类变压器是以石英砂为环氧树脂的填充料,将经绝缘漆浸渍处理绕包好的线圈,放入线圈浇注模内,在真空条件下再用环氧树脂与石英砂的混合料滴灌浇注。由于浇注工艺难以满足质量要求,如残存的气泡、混合料的局部不均匀及可能导致局部热应力开裂等,这样绝缘的变压器不宜用于湿热环境和负荷变化较大的区域。

(2)环氧无碱玻璃纤维补强真空压差浇注绝缘。环氧无碱玻璃纤维补强是用无碱玻璃短纤维玻璃毡为绕组层间绝缘的外层绕包绝缘。其最外层的绝缘绕包厚度一般为1~3 m 的薄绝缘,经环氧树脂浇注料配比进行混合,并在高真空下除去气泡浇注。由于绕包绝缘的厚度较薄,当浸渍不良时易形成局部放电点,因此要求浇注料的混合要完全,真空除气泡要彻底,并掌握好浇注料的低黏度和浇注速度,以保证浇注过程中线包浸渍的高质量。

(3)无碱玻璃纤维绕包浸渍绝缘。无碱玻璃纤维绕包浸渍的变压器是在绕制变压器线圈的同时,完成线圈层间绝缘处理和线圈浸渍的,它不需要上述两种方式浸渍过程中的绕组成型模具,但要求树脂黏度小,在线圈绕制和浸渍的过程中树脂不应残留微小气泡。

(二)树脂变压器的绝缘特点及维护

树脂变压器的绝缘水平与油浸变压器相差并不显著,关键在于树脂变压器温升和局部放电这两项指标上。

(1)树脂变压器的平均温升水平比油浸变压器高,因此相应要求绝缘材料耐热的等级更高,但由于变压器的平均温升并不反映绕组中最热点部位的温度,当绝缘材料的耐热等级仅按平均温升选择,或选配不当,或树脂变压器长期过负荷运行时,就会影响变压器的使用寿命。由于变压器测量的温升往往不能反映变压器最热点部位的温度,因此有条件时最好能在变压器最大负荷运行下,用红外测温仪检查树脂变压器的最热点部位,并有针对性地调整风扇冷却设备的方向和角度,控制变压器局部温升,保证变压器的安全运行。

（2）树脂变压器局部放电量的大小与变压器的电场分布、树脂混合均匀度及是否残存气泡或树脂开裂等因素有关，局部放电量的大小影响树脂变压器的性能、质量及使用寿命。因此，对树脂变压器进行局部放电量的测量、验收，是对其工艺、质量的综合考核。在树脂变压器交接验收及大修后，应进行局部放电的测量试验，并根据局部放电量是否变化，来评价其质量和性能的稳定性。

随着干式变压器越来越广泛的应用，在选择变压器的同时，应对其工艺结构、绝缘设计、绝缘配置了解清楚，选择生产工艺及质量保证体系完善、生产管理严格、技术性能可靠的产品，确保变压器的产品质量和耐热寿命，才能提高变压器的运行安全性和供电可靠性。

四、影响变压器绝缘性能的主要因素

影响变压器绝缘性能的主要因素有温度、湿度、油保护方式和过电压影响等。

（一）温度的影响

电力变压器为油、纸绝缘，在不同温度下油、纸中含水量有着不同的平衡关系曲线。一般情况下，温度升高，纸内水分要向油中析出；反之，温度降低，则纸要吸收油中水分。因此，当温度较高时，变压器内绝缘油的微水含量较大；反之，微水含量就小。

温度不同时，纤维素解环、断链并伴随气体产生的程度有所不同。在一定温度下，CO 和 CO_2 的产生速率恒定，即油中 CO 和 CO_2 气体含量随时间呈线性关系。在温度不断升高时，CO 和 CO_2 的产生速率往往呈指数规律增大。因此，油中 CO 和 CO_2 的含量与绝缘纸热老化有着直接的关系，并可将含量变化作为密封变压器中纸层有无异常的判据之一。

变压器的寿命取决于绝缘的老化程度，而绝缘的老化又取决于运行的温度。如油浸变压器在额定负载下，绕组平均温升为 65 ℃，最热点温升为 78 ℃，若平均环境温度为 20 ℃，则最热点温度为 98 ℃，在这一温度下，变压器可运行 20 ~ 30 年。若变压器超载运行，温度升高，会促使其寿命缩短。

国际电工委员会（IEC）认为 A 级绝缘的变压器在 80 ~ 140 ℃温度范围内，温度每增加 6 ℃，变压器绝缘有效寿命降低的速度就会增加一倍，这就是 6 ℃法则，说明对热的限制已比过去认可的 8 ℃法则更为严格。

（二）湿度的影响

水分的存在将加速纸纤维素降解。因此，CO 和 CO_2 的产生与纤维素材料的含水量也有关。当湿度一定时，含水量越高，分解出的 CO_2 越多；反之，含水量越低，分解出的 CO 就越多。

绝缘油中的微量水分是影响绝缘特性的重要因素之一。绝缘油中微量水分的存在，对绝缘介质的电气性能与理化性能都有极大的危害，水分可导致绝缘油的火花放电电压降低，介质损耗因数 $\tan\delta$ 增大，促进绝缘油老化，绝缘性能劣化。水分对油火花放电电压的影响如图 4-4 所示，水分对油介质损耗因数 $\tan\delta$ 的影响如图 4-5 所示。水分对油浸纸击穿电压的影响如图 4-6 所示。而设备受潮，不仅导致电力设备的运行可靠性降低和寿命缩短,更可能导致设备损坏,甚至危及人身安全。

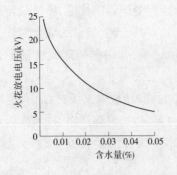

图 4-4　水分对油火花放电电压的影响

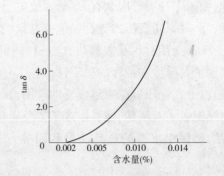

图 4-5　水分对油介质损耗因数 $\tan\delta$ 的影响

(三)油保护方式的影响

变压器油中氧的作用会加速绝缘分解反应,而含氧量与油保护方式有关。另外,油保护方式不同,使 CO 和 CO_2 在油中溶解和扩散状况不同。如 CO 的溶解度小,使开放式变压器 CO 易扩散至油面空间,因此开放式变压器一般情况下 CO 的体积分数不大于 300×10^{-6}。对于密封式变压器,由于油面与空气绝缘,CO 和 CO_2 不易挥发,所以其含量较高。

(四)过电压的影响

(1)暂态过电压的影响。三相变压器正常运行产生的相地间电压是相间电压的 58%,但发生单相故障时,主绝缘的电压对中性点接地系统将增加 30%,对中性点不接地系统将增加 73%,因而可能损伤绝缘。

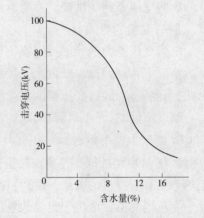

图 4-6　水分对油浸纸击穿电压的影响

(2)雷电过电压的影响。雷电过电压波头陡,引起纵绝缘(匝间、饼间、绝缘)上电压分布很不均匀,可能在绝缘上留下放电痕迹,从而使固体绝缘受到破坏。

(3)操作过电压的影响。由于操作过电压的波头相当平缓,所以电压分布近似线性。操作过电压波由一个绕组转移到另一个绕组上时,电压分布约与这两个绕组间的匝数成正比,从而容易造成主绝缘或相间绝缘的劣化和损坏。

(4)短路电动力的影响。出口短路时的电动力可能会使变压器绕组变形、引线移位,从而改变了原有的绝缘距离,使绝缘发热,加速老化或受到损伤造成放电、拉弧及短路故障。

综上所述,电力变压器的绝缘性能及合理的运行维护,直接影响到变压器的安全运行、使用寿命和供电可靠性。电力变压器是电力系统中重要而关键的主设备,作为变压器的运行维护人员和管理者,必须了解和掌握电力变压器的绝缘结构、材料性能、工艺质量、维护方法及科学的诊断技术,并进行优化合理的运行管理,才能保证电力变压器的使用效率、寿命和供电可靠性。

第四节 铁芯故障

变压器磁路故障主要是在铁芯、铁轭及夹件中产生的故障,轻者造成铁芯局部过热,重者可能发生损坏铁芯,甚至损坏绕组的事故。

一、变压器磁路故障原因概述

变压器磁路中的故障由如下原因造成:

(1)穿芯螺栓的绝缘较薄或被击穿、破损、位移,可能引起铁芯硅钢片局部短路,形成较大的局部涡流而发热。大型变压器的铁芯柱叠片普遍采用绝缘带紧固,这样就可以避免因穿芯螺栓绝缘缺陷引发的故障。

(2)铁芯硅钢片间的绝缘老化、损坏,会产生循环涡流而产生过热,亦可危及铁芯和绕组绝缘的安全。同样,如果铁芯及夹件的结构紧固螺栓没有采取必要措施而松动或没有紧固,电磁力引起的振动会破坏硅钢片间的绝缘,导致过热。

(3)在铁芯的制作过程中,铁芯和铁轭叠片边缘存在毛刺,可使铁芯叠片产生局部短路;铁芯叠片夹有金属杂质或硅钢片产生弯折,形成局部涡流发热。

(4)铁芯的上铁轭采用对接结构时,若铁芯柱与铁轭之间产生缝隙,则可能产生较严重的涡流而导致过热。

(5)铁芯内部的接地铜片过长,可能搭接在铁芯的硅钢片上,造成铁芯的局部短路,严重时熔断接地铜片,形成悬浮电位,造成油的分解劣化。

(6)变压器的金属开口压板与压钉之间的绝缘破损,可能与夹件另一侧绝缘较差的压钉之间形成涡流的闭合回路,导致过热。

(7)变压器铁芯屏蔽,低压套管尾部磁屏蔽和油箱内部磁屏蔽所采取的措施不当,可能使某些金属结构处在漏磁场之中,导致过热。

(8)由于焊渣或遗留杂质等原因,在变压器投入运行时,在油流的作用下,焊渣或杂质聚集在油箱底部或夹杂在铁轭和夹件处形成桥路造成多点接地。

二、变压器磁路故障的处理措施

(一)铁芯多点接地的临时处理措施

变压器铁芯结构设计均是将铁芯单独外引接地,在油箱顶部设有铁芯接地套管,在油箱壁上通过铝排或电缆直接将接地套管端子引到下部的接地螺栓,通过钳形电流表检测运行中的接地电流不超过 0.1 A 即可,当该电流超过 0.1 A 比较大时,说明变压器铁芯有多点接地现象。现场如果不能停电处理,可以采取图 4-7 所示的方法临时接限流电阻,限制铁芯接地电流。限流电阻按电流大小选择瓷釉电阻或分段限流电阻、滑动限流电阻。运行时要定期进行油色谱监测。

(二)不稳定接地点的查找和消除

铁芯不稳定接地故障多为铁芯底部接地,一般是由金属或导电异物引起的。由于大型变压器吊罩和吊芯较困难,可采用电容放电冲击法,即利用大电容充电储能,然后再向

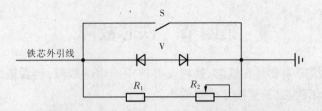

S—空气开关;V—硅堆;R_1、R_2—固定阻值和可调电阻

图4-7　限制铁芯接地电流的电气原理接线图

铁芯突然放电的方法,借助瞬间强大的冲击放电电流通过故障点,产生电动力,将不稳定的接地点消除。具体方法如图4-8所示。

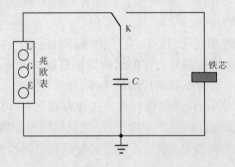

K—切换开关;C—电容

图4-8　电容放电冲击法原理接线图

先用兆欧表对电容器进行充电,再由电容器对变压器铁芯放电。由于用直流2 500 V电压测量铁芯对地绝缘电阻时有放电现象,因此用直流电容冲击,将电容器充电电压控制在2 500 V。在对铁芯放电时,听见变压器内部下方发出"啪"的一声,立即停止试验,测量铁芯对地绝缘电阻。如接地电阻值变化不大,可提高电容的充电电压,提高放电能量,如此重复2~3次,可消除铁芯不稳定接地故障。

(三)吊罩检查和消除铁芯多点接地

对于采用上述方法消除不了的稳定的接地点,采取吊罩方法进行检查和消除。吊罩后,首先对变压器铁芯底部和垫块进行直观检查和查找,在难以确定部位时,可以采用测试方法进行查找,具体测试查找方法有以下两种。

(1)直流电压法:在铁芯两侧加低压直流电压(6~10 V),然后用直流电压表(mV)逐级测量每级叠片对地直流电压,电压表为零时,则该级有接地故障。

(2)交流电流法:将低压绕组接入220~380 V低压电源中,断开铁芯和夹件的连接线,用毫安表测量各级叠片对地电流,为零时,则该级有接地故障。

第五节　分接开关故障

目前,对变压器进行调压有两种方式,即有载调压和无载调压。由于无载调压时需将变压器停电,十分不便,有时甚至是不可能的。因此,现在的电力系统中,变压器越来越多地采用了有载分接开关。但是,各种类型的分接开关在使用过程中都多多少少出现了一些不同类型、不同程度的故障,有的甚至还导致事故的发生。分接开关的故障原因很多,但绝大多数是动、静触头接触不良等。变压器有载调压是通过变压器的调压线圈及有载开关来实现的,就是在变压器的绕组中,引出若干分接抽头,通过有载调压分接开关,在保证不切断负荷电流的情况下,由一个分接头切换到另一个分接头,以达到改变绕组的有效匝数,即改变变压器变压比的目的。分接开关包括切换开关或选择开关、分接选择器、转换选择器等。双圈变压器中只在高压侧装设,三圈变压器在高、中压侧装设。变压器有载调压分接开关在运行当中能使变压器在带负荷情况下,手动或电动变换一次分接头,以达到改变一次线圈匝数,进行分级调压的目的。

一、无励磁分接开关故障类别

无励磁分接开关故障类别如下:

(1)动、静触头接触不良,弹簧压力不足。有一种老式鼓形开关,动触头为盘形弹簧,与静触头之间的接触压力完全靠盘形弹簧的弹性压力。一旦运行年久,特别是经过大电流后,弹簧容易发生退火,从而使弹性压力降低,造成接触不良。接触处存在的氧化膜、油污也可以造成接触不良。

(2)绝缘部件(绝缘筒、绝缘操纵杆)受潮。单相鼓形、楔形开关,操纵杆大多采用木质材料,如果检修、安装时不注意,就有可能受潮,成为一个绝缘弱点。

(3)操作不到位。比较容易出现问题的是楔形触头的分接开关。楔形触头上有一弹簧将楔形触指顶压于静触头上,动、静触头之间的压力依靠楔形触头上的弹簧弹性压力实现。该弹簧弹性基本不会发生大的劣化,因而接触压力基本不会发生变化。在调节挡位时,用扳手旋动调节盘上的螺杆,当调到某个挡位后,应将扳手稍许回调,若不动方调整到位。操作手感很不好,很容易造成误操作。此外,鼓形开关挡位调节采取用手扳动的调节方式,听到一响声表明已经调节一挡,但到位程度无法从手感上判断,因此也有可能造成误操作。

(4)绝缘材料因堆积油泥被玷污。运行中发生过电压,将使分接开关相间或对地发生短路接地等故障。

(5)分接开关上各分接头的相间或相对地绝缘距离不够。

(6)绝缘支架上的紧固金属螺栓断裂,造成悬浮放电。

(7)引出线连接或焊接不良。

二、有载分接开关常见的异常和故障

(1)操作电源电压消失或过低。这类异常比较多见,常见的为有载分接开关动作失灵的情况。经判断为操作电源空开使用时间过长劣化所致,更换后正常。

(2)电机绕组断线烧毁,启动电机失压。电机由于频繁操作,常出现绕组断线烧毁情况。

(3)连锁触点接触不良。此类异常主要是极限开关、连锁开关、顺序开关接触不良使控制回路不通所致。

（4）传动机构脱扣及销子脱落。此类异常最典型的现象是，现场电机转动而挡位不动。

（5）有载分接开关电动操作过程中出现"滑挡"现象。根本原因是控制回路中起限制作用的电压回路故障。

（6）有载分接开关辅助触头中的过渡电阻在调挡过程中被击穿并烧损。在过渡电阻已烧断的情况下，若正好带负荷切换，不但可能使负载电流出现间断，而且会在过渡电阻动、静触头断开瞬时出现很高的相电压，这种相电压会对有载调压装置造成致命损坏，不仅可能使电阻的断口造成击穿，而且有时也会在有载调压装置、动静触头开断时产生非常强大的高温电弧，导致变压器变换的两个分接头之间短路，并使高压绕组分接头部分线段短路烧毁。同时，强大电弧能使分接开关油室的油迅速分解，产生大量的气体。如果这时候，变压器的安全保护装置不能立即排出这些破坏性的气体，这些破坏性的气体就会使开关破损。另外，高温电弧还有可能使分接开关的绝缘筒烧损，导致分接开关必须更换。如果出现有载开关不能正常切换的情况，直观地说，就是快速机构主弹簧疲劳、紧固件松动、传动系统损坏、机械卡死、限位失灵等故障情况，导致分接开关不能正常切换或即使切换，也在切换中途失败。

（7）分接开关密封不严，进水造成相间短路。应密切分接开关运行当中储油柜的油位，当储油柜的油位异常升高或降低，直至变压器储油柜油位非常低时，就要认真检查分接开关的切换开关油室是否渗漏油。同时要对变压器定期、及时取油样，在取油样的主变色谱分析中，如果出现氢、乙炔和总烃含量超标，更要检查切换开关油室是否出现渗漏油现象，以便更彻底地处理。

（8）分接开关油箱缺油。造成油箱缺油的原因大致有多次放油未及时补油、长期渗漏油、突发性漏油、气温突然降低很多等几种。油箱缺油，使分接开关失去变压器油应有的绝缘和灭弧保护。

三、应对防止措施

（1）安装前对分接开关，一定要仔细检查，不能认为新的组、附件无质量问题，并把好测试监督关。安装后一定要对分接开关进行电压比试验、直流电阻测定，尤其要进行动作顺序（即分离角）试验及过渡时间（即切换程序）测量。

（2）加强变压器油中气体的色谱检测。对变压器油中的气体进行色谱分析可以有效地反映变压器内部故障。通过这些检测，不但可发现变压器内部绝缘缺陷，而且可及时对变压器故障部位进行有效的处理，从而达到消除变压器的重大事故隐患的目的。

（3）重视变压器直流电阻试验。运行当中变压器绕组直流电阻的试验是一项很重要的检查项目。规程规定直流电阻试验是变压器大修时、变压器出口短路后、无载开关调级后和 1~3 年 1 次等必试项目。另外，在变压器的所有试验项目当中，直流电阻试验是一种十分方便而有效的检测变压器绝缘和电流回路连接状况的手段，直流电阻试验能够反映绕组匝间短路、绕组断股、分接开关接触状态等缺陷，而且也是判断变压器各相绕组直流电阻是否平衡、有载调压开关挡位是否正确的有效检测手段。

第六节　渗漏油故障

变压器油是变压器的一个重要组成部分,它起到绝缘和循环冷却的双重作用。由于在变压器油箱铸造和变压器运输、安装过程中的不当,变压器在运行中就会存在油渗漏现象,变压器渗漏油会影响变压器外观质量,而且还会使变压器从密封状态转变为非密封状态,从而导致水分进入,影响变压器的安全、稳定运行。尤其是当储油柜顶部排气螺丝、套管头部等高处出现密封损坏时,可能并不出现渗漏油现象,但储油柜油位会有所上升,潮气甚至水分将直接进入,造成局部油中含水量上升,导致绝缘水平下降而引起绝缘击穿、绕组烧毁事故。因此,变压器的渗漏油现象一定要引起高度重视,发现问题应仔细分析其原因,及早处理,保证设备的安全运行。

一、渗漏油的原因分析

产生渗漏油的原因很多,它与密封结构设计、工艺、环境温度、温差、金属材料的材质、密封件的材质、组件及密封件的安装质量、密封面的好坏、压力的大小、机械振动的频率大小等都有密切的关系,当其中某一个环节出现问题后,就会引起连锁反应,从而产生渗漏油。

(一)变压器密封结构不良引起的渗漏

(1)由于变压器本体与冷却器为两个独立系统,采用硬管(伸缩节)连接,冷却器是独立地安装在基础之上的,所以在安装变压器本体与冷却器间的进出油管时,为避免基础浇注所造成的安装偏差,在油管的中部采厢伸缩节的结构,这种结构的伸缩节可根据现场的情况进行前后、上下的适量调节,但这种调节是建立在不考虑密封结构的基础之上的。其密封圈套在内管的外径上,靠活动法兰来压紧。当油管的两端不在一条中心线上时,只能靠活动法兰及内管来进行微调,此时密封件密封内管的外管壁,但势必也使两法兰间隙小的地方压缩量较大,间隙大的地方压缩量较小,因此可能达不到均匀压缩,从而产生渗漏。

(2)在密封结构设计时,对变压器各法兰面未设计密封槽或密封槽深度不够,加之法兰在加工过程中,平面不精细,使密封件受压时产生偏移错位,造成渗漏。

(二)焊接缺陷造成的渗漏油

变压器的箱体、大盖、散热器、储油柜等为焊接件,焊缝较多。常见的渗漏点有箱体、箱沿下、法兰盘、散热管根部等处,主要原因是制造期间组对焊接不良,焊缝存在虚焊、脱焊、砂眼、夹渣等缺陷和未消除的内应力,运行一段时间后,隐患便暴露出来。

(1)焊缝中的气孔造成的渗漏。焊接时,熔池在结晶过程中产生的气体未完全逸散而残存,在焊缝的表面形成贯穿性气孔。

(2)焊缝中夹杂物引起的渗漏。在焊接过程中,熔池结晶速度过快,焊缝内侧可能残存某些非金属或金属杂质。这些杂质可降低焊缝金属的塑性,增加产生裂纹的可能性。

(3)焊接热裂纹和残余应力产生裂纹导致渗漏。焊接过程中,熔池金属中的硫、磷在结晶过程中形成低熔点共晶,随着结晶过程的进行,它们逐渐被排挤在晶界形成液态薄膜。在焊缝凝固收缩时,液态薄膜不能承受拉应力产生裂纹。按照产生裂纹的温度和时间的不同,裂纹分为冷裂纹、热裂纹和再生裂纹。另外,在金属重新熔炼过程中,高温金属液在空气中骤冷,必将产生残余拉应力,在变压器运输、运行中,受冲击和振动的作用,存在残余应力的焊缝超过疲劳强度,就会开裂。

(三)密封不良引起的渗漏

密封材料质量不良,密封面处理不良以及安装工艺不佳也易引起变压器的渗漏。主要表现为:

(1)密封面材质的影响。变压器油箱及组件上的密封均采用胶条或胶垫,有些密封件存在质量问题,外形上尺寸偏差大,薄厚不匀,表面有气泡、杂质;性能上吸油率高,弹性小,抗老化性能差。使用此类密封圈,会导致接触面小、压缩不均、密封不严、老化快等问题,运行较短时间即开始渗漏。

(2)密封面处理质量不良。变压器的法兰面和管接头密封面可能存在锈迹、沙坑、焊渣、漆瘤和焊柱凸起现象,这些缺陷部位与胶条接触并承压时,凸起的部位易使胶条破坏而漏油。

(3)现场安装工艺不当造成渗漏油,指在工厂装配和现场安装时,对密封面的密封处理工艺控制不严造成的渗漏。

(四)其他影响变压器渗漏的因素

(1)环境温度的影响。变压器运行过程中,负荷的变化,特别是季节的变化使温差变化较大,从而导致金属的膨胀和收缩变形较大。如果密封件的质量存在问题,随温度的变化,其弹性降低导致渗漏。

(2)振动频率加剧渗漏现象的发生。由于大型变压器本体和附件是分开的,其机械振动频率的不一致,导致变压器本体与附件的连接部位的振动频率发生不规则的变化,会造成螺栓的松动,从而产生渗漏。

(3)材料的热膨胀系数。材料的膨胀系数不一样会导致渗漏。

二、变压器渗漏油的防治和处理措施

一台普通变压器有 30 多处密封点(复杂变压器更多),加上焊缝,则可能造成渗漏的地方更多,如何保证修理后的变压器在长时间内不再渗漏是一项非常细致的工作。

(一)改进密封设计,以提高产品质量

变压器渗漏油的防治应由制造厂家就密封结构设计、密封材料的使用和密封结构的几何尺寸,并从结合面加工、焊接工艺控制及渗漏试验检测方面入手,把渗漏隐患消除在产品出厂之前。在结构设计方面,避免使用隔膜式储油柜,变压器本体与冷却器的连接尽可能使用软连接,各连接部位的法兰应使用厚钢板且密封槽的深度应足够;在制造加工方面,所有焊接结合面应尽可能采用开坡口后双面焊的焊接方法,有条件时,应采用更为先进的技术和设备来进一步提高产品质量。

(二)消除焊接渗漏点

对于渗漏不太严重,渗漏点便于现场焊接的情况,可以采用现场电焊补焊。首先找准渗漏点,用尖铲或尖冲子将渗漏点铆死,用酒精布擦拭干净,然后用 $\phi 2.5$ mm 的焊条快速补焊。要求快焊的原因是防止油箱里的油冲破焊点外溢和局部过热使绝缘油炭化,点焊时间一般控制在 6 s 以内,必要时,间歇进行。渗漏点现场难于处理时,拉回解体后焊接。

解体后焊接比较容易,但仍要认真对待。施焊前,先用扁铲将旧有的焊渣和焊瘤剔除干净,露出母体金属光泽,对于散热器集油盒的四角焊缝,还需剔出沟槽,然后用气焊将剔后焊缝处的油迹烤干。施焊时,采用 $\phi 2.5 \sim 3$ mm 的焊条,焊接电流控制在 $80 \sim 100$ A,要求连续焊,并尽量减少焊缝接头。第一层焊缝接头应与第二层焊缝接头错开。散热管根部补焊往往很困难,排数越多,补焊越困难。焊内排管时,可将 2 根 $\phi 1.5 \sim 2$ mm 的焊条接起来,端头煨成圆弧状,电流控制在 $60 \sim 80$ A,同样要求焊缝接头错开。一般焊完第二层才能完全消除微渗孔。

(三)选用优质密封件

密封件本身的质量好坏对变压器的渗漏影响很大,最好选用正规企业的合格产品,材质为丁腈橡胶。小厂生产的密封件,往往其弹性、硬度、吸油率、抗老化性达不到要求,且外观上有气泡、起层、杂质、薄厚不均、尺寸偏差大等问题。要选用质量优良的密封材料,在购买密封材料前随机抽取一定比例的密封件,外观检验合格后,放入沸腾的变压器油中,蒸煮 4 h,依据蒸煮前后的变化进行判断。优质的密封件蒸煮前后差别不大,而劣质的密封件蒸煮一段时间后,便部分熔化,冷却后发硬甚至掉块,说明其不耐油,抗老化性能差。选定供货厂家后,应保持相对稳定,但仍要定期抽检。

(四)改进安装工艺

针对渗漏问题,应细化安装工艺,并要求操作者严格执行,具体要求如下:

(1)密封面不平的箱沿、法兰,必须进行锉刀修整,必要时,补焊后机械加工。

(2)安装密封件前,必须将密封件和密封面的油泥等擦拭干净。

(3)紧固螺栓时,要对角紧固或按照规定顺序进行,所有紧固螺钉不得一次紧固到位,应循环 $2 \sim 3$ 次以上,最后一次紧固,最好由专人进行,以保证紧力均匀。

(4)紧固螺钉时,要细心注意压缩量,能够用游标卡尺或塞尺检查的部位要进行检查,不能检查的部位应根据螺纹旋进量推算,不可压得过紧。圆橡胶棒的压缩量一般为原直径的 $1/5 \sim 1/3$,橡胶垫的压缩量一般为原垫厚度的 $1/10 \sim 1/5$。

(5)箱沿与箱盖密封件的接头采用黏合的办法形成整体。具体工艺如下:

①将生橡胶剪成碎块,放入磨口瓶内,再倒入甲苯,使生橡胶块全部浸入甲苯中,浸泡 24 h 后搅拌均匀,成糊状后待用。

②将耐油橡胶棒或垫按需要长度下料,在 2 个接头处切成斜面,斜面长度大于或等于橡胶棒直径或橡胶垫厚度的 2 倍左右,并锉平、锉毛,斜面接触严密。

③将糊状胶合剂均匀涂在两个斜面上,在室温下晾 10 min 后,将两斜面压合在一起作为搭接头,搭接部分略高于橡胶棒或垫 0.5 mm;将搭接头放在热压模具内,盖好上压模,拧紧固定螺栓,加热热压模具,温度控制在 (210 ± 10) ℃,保持 $15 \sim 20$ min;冷却到室温后,卸模具,取出橡胶棒或垫,削去飞边,清除掉粘在模具上的残胶;热压的搭接头应表面光滑、无毛刺、无气泡和砂眼等缺陷,黏合成一个整体。另外,现场安装变压器时,要防止接触不良而发热,如母线螺栓孔变大,严重影响紧固和导电面积时,要给予更换;如母线变形要校正锉平,接触处涂敷凡士林膏;先连接握手线夹与低压母线,紧固后再锁紧握手线夹,反之则可能造成憋劲而接触不良。

(五)现场采用胶粘堵漏

对于变压器有些不宜实施焊接的部位,如油泵、阀门等铸件,因其存在砂眼、气孔所造成的渗漏,可采用胶粘(二组分堵漏胶、强补胶)的方法进行堵漏。

第七节　油流带电故障

在采用强迫油循环冷却方式的电力变压器中,绝缘油具有冷却和绝缘的双重作用,其循环流动在很大程度上加剧了固体绝缘表面的电荷分离和积聚,即油流带电。油流带电可破坏油道的绝缘性能,且减弱绝缘油中游离电荷的泄放能力,导致变压器的绝缘事故。因此,油流带电问题可能成为威胁超高压变压器和影响电网安全稳定运行的重要因素之一。

一、流动带电的形成过程

变压器绝缘系统一般是由变压器油和绝缘纸组成的。绝缘纸中含有纤维素和木质素,它们带有羟基(—OH)。此外,木质素还带有醛基(—CHO)和羧基(—COOH)。在这些基团中的氧原子具有较大的电负性,吸引与其结合的氢原子中的电子,使氢原子带正电。这样,当绝缘油与绝缘纸相接触时,绝缘纸表面的正电荷就吸引油中的负电荷,在表面形成固定层,而油中的负离子被固定层吸引,靠近负电荷层形成一层称为附着层的正电荷层,如图 4-9 所示。

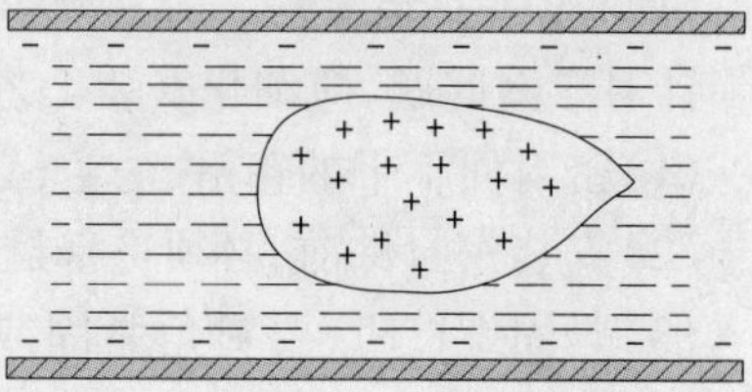

图 4-9　变压器油流电子分布情况

在这种由固定层和附着层形成的偶电层结构中,因变压器油高速流动,偶电层的电荷发生分离,负电荷仍附着在绝缘纸板的表面,正电荷随油流动,形成的油流带正电荷。随着变压器油的循环流动,被带走的正电荷在油中的浓度差就显示出来,形成电位差使液体带电,给充油设备带来危害,影响电力设备的安全运行。

二、油流带电的影响因素

(1)油流与纤维板之间的相对运动。

油流动速度过高,油流与纤维板之间因摩擦会出现电荷分离:高速油流带走大量带正电的氢离子,并随油流扩散到变压器的许多部位,而纤维绝缘表面却留下过多的电子(负电荷)。事实上,正、负电荷的产生量受油流速度、流动状态、油的带电性能、温度、油道壁光滑程度等多种因素的影响。因存在对地泄漏、电荷中和,且一般产生的电荷多于泄漏、中和的电荷,静电放电的实质就是一种静电电荷集中释放或复合的过程。随着静电电荷的不断积累,纤维绝缘表面将可能产生很高的电位,其电位的高低取决于静电电荷的产生量与泄漏、复合量之间的平衡。

(2)泄漏通道的电导率。

由于变压器油和绝缘纸及绝缘纸板、油道等都是良好的绝缘材料,因此很容易形成局部静电电荷的分离和积累。油的电导率直接影响油流中的离子含量和电荷的泄漏(松弛)时间常数。油温为 30～50 ℃时,电导率随温度上升而增加,基本呈线性关系,随着油流流速增加,电导率与泄漏电流均有增大趋势。当油流速度小于 0.3 m/s 时,电导率与泄漏电流关系曲线出现峰值;当油流速度大于 0.3 m/s 时,泄漏电流随着电导率增加单调上升,且随着电导率的增大,泄漏电流上升速度变快。当某处的电荷积累得比较密集时,其产生的场强也随之增大,当这种局部场强超过一定程度时,高静电场与正常运行电压造成的交流电场强度叠加就会导致沿绝缘静电放电、爬电放电或表面闪络,发展成为贯穿性击穿,将使固体绝缘受到损伤,甚至导致严重的变压器事故。

(3)油流速度。

油流速度是影响油流带电的关键因素,油流带电程度随流速的增加而提高,油流流动为电荷的分离提供了能量,为电荷的迁移和累积创造了条件。根据有关学者研究,油流带电程度的提高与油流速度的 1～4 次方成正比。

(4)油的流动状态。

油的流动状态主要分为层流和湍流两种。与层流状态相比,处于湍流状态的油流带电程度显著增高。

(5)油的温度。

油温高低对油流带电程度有显著的影响。由于变压器中存在电荷泄漏过程,油中电荷在 30～60 ℃时达最大值。

(6)油中水分的含量。

绝缘油的带电程度随着油中水分含量的降低而升高,水分含量低于 15×10^{-4}% 时具有较高的带电趋势。通常,符合要求的油的水分含量低(约 10×10^{-4}%),电荷泄放困难,因此运行中高压、超高压变压器的油流带电问题相对严重。

(7)外加交流电场。

一般而言,油流带电程度随交流场强的增加而提高,随电场频率的增加而降低。对流动油和层压纸板系统的研究表明,强交流电场助长了电荷的分离,使油中电荷密度大约提高 5 倍。

三、油流带电的防治措施

根据以上分析,油流带电主要受到变压器油自身的特性和运行条件两方面因素的影响。根据研究,变压器油的含水量、微粒物质、介电强度、原油的充电趋势以及油中表面活性剂等都会影响油流带电程度。降低油流带电强度可以从以下几个方面考虑:

(1)降低油液流动速度。

油的充电趋势随流速的增加而增强。因此,尽量降低油液的流动速度可在一定程度上降低油流带电强度。

(2)降低运行温度。

油的充电趋势是随温度增加而增强的。在变压器运行过程中,降低油温对减轻油流带电是有利的。

(3)降低外加激励。

流动起电强度与交流场强成正比。目前在流动油液与机制纸板系统中的研究表明,交流场强增大能增强局域化的电荷密度。因此,在高电压等级的变压器中应当重视油流带电及其破坏性。

(4)降低油流的湍流。

静电电荷的运动及产生不取决于扩散,而取决于油的湍流运动。当表面粗糙度较大,或者存在孔等突变结构情况下都容易产生湍流。当流速降低时,油液向层流状态发展,湍流电流会降低。

(5)尽量减少油泵的运行台数。

油泵是一个重要的电荷产生源,这在运行中的变压器或等效模型上已经得到了证实。因此,控制油泵的运行台数也可降低油流的带电程度。

第八节　保护误动故障

变压器运行过程中出现的绕组、分接开关、套管、引线发热放电以及因油质、铁芯多点接地、附加运行异常等故障引发的变压器电气事故,如不及时切除电气故障,就会造成变压器严重损坏。为避免变压器发生严重损坏,变压器配置了电气量保护和非电气量保护。

一般情况下容量超过 6 300 kVA 的变压器配置的电气量保护有:变压器差动保护、主变中性点零序过电流和零序过电压保护、速断过流保护、低阻抗保护、过负荷及过励磁保护;非电气量保护有:重瓦斯、铁芯和绕组温度高、压力释放装置动作及轻瓦斯、油位低等保护。

在变压器安装和运行过程中,由于保护装置设计不当、安装调试人员责任心不强及维护不当而造成的变压器保护的误动和拒动,在影响设备和电网安全稳定运行的同时,也对用户的正常供电造成影响。

一、造成变压器保护误动和拒动的主要原因

(一)定值选择不正确造成误动

差动速断动作电流往往取变压器的励磁涌流和最大运行方式下穿越性故障引起的不平衡电流两者中的较大者。定值计算部门往往根据运行经验将差动速断定值取为$(5 \sim 6)I_e$,这样就会造成主变在空载合闸时出现误跳闸。一般比率差动电流和制动电流都在额定情况下计算得到,但现场变压器却在一般运行方式下运行(一般运行方式下的电流并不等于额定电流),由于电流互感器(简称 CT)变比、同型系数、计算误差的影响,就会导致变压器实际运行时形成一定的差电流,导致比率差动保护误动。

(二)二次 CT 接线方式选择不正确造成误动

对于微机保护来说,高、低压侧电流相角的转移由软件来完成,不管高压侧是采用 Y 形接线还是采用△形接线,都能得到正确的差动电流,和传统的常规继电保护比较起来,实际运用更方便、灵活,但也正是这种灵活性和方便性,往往导致现场的差动保护误动作。对于一次绕组采用 Y/△—11 或 Y/△—1 接线的主变来说,为了消除相角差引起的差电流,通常主变高压侧的 CT 接成△形方式。而对于微机保护来说却没有必然的要求,只需要对应的接线方式与保护整定值设置一致。如果二次 CT 接线方式整定值选择不正确,

就不能实现高压侧相角的转移,高、低压侧差电流在正常运行情况下就不能平衡,从而造成差动保护误动。

(三)CT 极性接反导致拒动

一般来说,每一个厂家根据自己产品采用的算法特点规定一种默认的同名端指向。如果现场的 CT 极性接反,在主变正常运行情况下,差动电流回路就会产生差流,从而造成差动保护误动作;在主变故障情况下,差动电流回路电流相互抵消,从而造成差动保护拒动。

(四)相序接反导致误动

电力系统正常的相序为正序,也就是以 A 相为基准,B 相比 A 相超前 120°,C 相比 A 相滞后 120°。如果主变任意一侧的 CT 出现相序接反的情况,这样差动回路在正常运行情况下将产生 $\sqrt{3}$ 倍穿越电流幅值的差动电流,很容易导致主变差动保护误动。

(五)CT 中性线没有按照一点接地原则接线导致保护误动

差动保护的二次电流回路接地时,包括各侧 CT 的二次电流回路必须通过一点可靠接于接地网。因为一个变电站的接地网各点并非绝对等电位,在不同点之间有一定的电位差,当发生区外短路故障时,有较大的电流流入接地网,各点之间将会产生较大的电位差。如果差动保护的二次电流回路在接地网的不同点接地,接地网中的不同接地点间的电位差产生的电流将会流入保护二次回路,这一电流将可能增加差动回路中的不平衡电流,使差动保护误动。

(六)暂态误差的影响造成保护误动

变压器差动保护不仅有电路问题,还存在磁路问题。由于大型变压器的磁路正常运行于微饱和工况下,所以变压器在带非线性负载(如空充负载变压器)时就会发生暂态饱和,励磁电流增大,导致差动保护发生误动;变压器保护的电流测量的 CT 选择不当,在一次回路故障时,较大的短路电流使变压器一侧的 CT 饱和,差流的增大造成保护误动。

(七)人为因素造成保护误动

人为因素造成的保护误动主要表现为:

(1)电流互感器二次接线极性错误,特别是电流互感器二次绕组与端子箱之间的部分;

(2)差动保护电流回路二次电缆绝缘损坏;

(3)Y/△-11 接线的变压器,变压器 Y 形侧的电流互感器二次△接线错误;

(4)人为造成电流互感器二次回路开路;

(5)微机差动平衡系数计算整定错误。

(八)非电量保护回路线芯接地造成保护误动

非电量保护回路线芯接地时,可造成非电量保护误动跳闸。

二、防治保护误动所采取的措施

由上述可知,继电保护事故的原因是多方面的,有设计不合理、原理不成熟、制造上的缺陷、定值问题、调试不良等。为减少因事故引起的损失可采取如下措施:

（1）应该严格按照国家相关标准、文件或者厂家说明书执行，每一个流程均需要严格把关。特别是主变初次投运，一定要带负荷查看差电流，做好差动向量（六角图）测试，以确定保护回路的正确性。

（2）应根据电压等级、使用场所按照规定标准对 CT 合理优选。选择伏安特性高、变比适度的差动保护专用 CT，以增强 CT 抗饱和能力。为保护传变真实的电流，从根本上防止饱和，特别要求变压器各侧 CT 应具有一致的误差方向。互感器可按稳态短路条件计算选择，为减轻可能发生的暂态饱和影响，宜具有适当的暂态系数。考虑保护双重化配置，优先选用低涌流的贯穿式 CT。330 kV 及以上变压器差动保护宜采用误差限制系数和饱和电压较高的 TPY 型 CT；220 kV 系统优先采用 TPY 型 CT；采用 P 级 CT 暂态系数不宜低于 2；110 kV 系统宜采用 P 级 CT。各侧 CT 变比不宜使差动平衡系数大于 10。已运行的各类差动保护用 CT 应复核变比、极性、直阻、伏安特性等数据。对二次负载进行 10% 误差及综合误差计算分析，不符合要求的，及时调整变比或安排更换。

（3）提高差动保护动作门槛定值，适度减小谐波制动比例。差动最小动作定值按 $\geq 0.5I_e$（变压器二次额定电流）选定，定值无须太小。二次、五次谐波闭锁和波形对称判别技术仍是目前保护装置广泛应用的行之有效的涌流闭锁措施。二次谐波制动比下调为 13%～15%，利用 5 次空投变压器的机会来检验可行度，不影响区内故障时保护的灵敏性，因为区内故障时差流大得多，二次谐波比例相对较小，不会降低保护灵敏度。

（4）人为因素的杜绝和防止。增强现场继电保护从业人员工作责任心，加强和提高从业人员的业务技术水平。整定计算人员应当有足够的时间，仔细阅读保护技术装置说明书，不得出现丝毫马虎和懈怠心理。现场施工人员从开始安装到设备投运期间，应当给予整定计算人员足够的定值计算时间。现场继电保护检修维护人员正确使用现场作业指导书、继电保护安全票、危险点分析预控等安全保障措施，确保工作万无一失。杜绝人为因素造成误动的发生。

（5）检查二次回路的绝缘性，在使用前或大修后，用 1 000 V 摇表测量各芯线对地和各芯线之间的绝缘，检验是否符合标准。

第九节　变压器故障检测

变压器故障的检测技术是准确诊断故障的主要手段。根据《电力设备预防性试验规程》（DL/T 596—1996）规定的试验项目及试验顺序，变压器故障检测手段主要包括油中气体的色谱分析、直流电阻检测、绝缘电阻及吸收比、极化指数检测、绝缘介质损耗角正切检测、油质检测、局部放电检测及绝缘耐压试验等。

在变压器故障诊断中应综合各种有效的检测手段和方法，对得到的各种检测结果要进行综合分析和评判。因为不可能具有一种包罗万象的检测方法，也不可能存在一种面面俱到的检测仪器，只有通过各种有效的途径和利用各种有效的技术手段，在可能条件下进行相互补充、验证和综合分析判断，才能取得较好的故障诊断效果。其中，检测方法分为离线检测和在线检测，又可分为电气检测、化学检测、超声波检测、红外成像检测等。

一、变压器故障的油中气体色谱检测

目前,在变压器故障诊断中,单靠电气试验方法往往很难发现某些局部故障和发热缺陷,而变压器油中气体的色谱分析方法,对发现变压器内部的某些潜伏性故障及其发展程度的早期诊断非常灵敏而有效,这已为大量故障诊断的实践所证明。

油色谱分析的原理是:任何一种特定的烃类气体的产生速率随温度而变化,在特定温度下,往往有某一种气体的产气率会出现最大值;随着温度升高,产气率最大的气体依次为 CH_4、C_2H_6、C_2H_4、C_2H_2。这也证明故障温度与溶解气体含量之间存在着对应的关系。而局部过热、电晕和电弧是导致油浸纸绝缘中产生故障特征气体的主要原因。

变压器在正常运行状态下,由于油和固体绝缘会逐渐老化、变质,并分解出极少量的气体(主要包括 H_2、CH_4、C_2H_6、C_2H_4、C_2H_2、CO、CO_2 等气体)。当变压器内部发生过热性故障、放电性故障或内部绝缘受潮时,这些气体的含量会迅速增加。

这些气体大部分溶解在绝缘油中,少部分上升至绝缘油的表面,并进入气体继电器。经验证明,油中气体的各种成分含量的多少和故障的性质及程度直接相关。因此,在设备运行过程中,定期测量溶解于油中的气体成分和含量,对于及早发现充油电力设备内部存在的潜伏性故障有非常重要的意义和现实的成效。1997 年颁布执行的《电力设备预防性试验规程》中,已将变压器油的气体色谱分析放到了首要的位置,并通过近些年的普遍推广应用和经验积累取得了显著的成效。

电力变压器的内部故障主要有过热性故障、放电性故障及绝缘受潮等多种类型。据有关资料介绍,对多台故障变压器的统计表明:过热性故障占63%,高能量放电故障占18.1%,过热兼高能量放电故障占10%,火花放电故障占7%,受潮或局部放电故障占1.9%。而在过热性故障中,分接开关接触不良占50%;铁芯多点接地和局部短路或漏磁环流约占33%;导线过热和接头不良或紧固件松动引起过热约占14.4%;其余2.6%为其他故障,如硅胶进入本体引起的局部油道堵塞,致使局部散热不良而造成的过热性故障。而电弧放电以绕组匝、层间绝缘击穿为主,其次为引线断裂或对地闪络和分接开关飞弧等故障。火花放电常见于套管引线对电位未固定的套管导电管、均压圈等的放电,引线局部接触不良或铁芯接地片接触不良而引起的放电,分接开关拨叉或金属螺丝电位悬浮而引起的放电等。

针对上述故障,根据色谱分析数据进行变压器内部故障诊断时,内容应包括:

(1)分析气体产生的原因及变化。

(2)判定有无故障及故障的类型,如过热、电弧放电、火花放电和局部放电等。

(3)判断故障的状况,如热点温度、故障回路严重程度以及发展趋势等。

(4)提出相应的处理措施。如能否继续运行,以及运行期间的技术安全措施和监视措施或是否需要吊芯检修等。若需加强监视,则应缩短下次试验的周期。

在一般情况下,变压器油中是含有溶解气体的,新油含有的气体最大值约为 CO 100 $\mu L/L$,CO_2 35 $\mu L/L$,H_2 15 $\mu L/L$,CH_4 2.5 $\mu L/L$。运行油中有少量的 CO 和烃类气体。但是,当变压器有内部故障时油中溶解气体的含量就大不相同了。变压器内部故障时产生的气体及其产生的原因如表4-2所示。

表 4-2　特征气体产生的原因

气体	产生的原因	气体	产生的原因
H_2	电晕放电、油和固体绝缘热分解、水分	CH_4	油和固体绝缘热分解、放电
CO	固体绝缘受热及热分解	C_2H_6	固体绝缘热分解、放电
CO_2	固体绝缘受热及热分解	C_2H_4	高温下油和固体绝缘热分解、放电
—	—	C_2H_2	强弧光放电、油和固体绝缘热分解

油中各种气体成分可以从变压器中取油样经脱气后用气相色谱分析仪分析得出。根据这些气体的含量、特征、成分比值(如三比值)和产气速率等判断变压器内部故障。但在实际应用中,不能将油中气体含量简单作为划分设备有无故障的唯一标准,而应结合各种可能的因素进行综合判断。

二、特征气体变化与变压器内部故障的关系

(一)H_2 变化

变压器在高、中温过热时,H_2 一般占氢烃总量的 27% 以下,而且随温度升高,H_2 的绝对含量有所增长,但其所占比例却相对下降。变压器无论是热故障还是电故障,最终都将导致绝缘介质裂解产生各种特征气体。由于碳氢键之间的键能低,生成热小,在绝缘的分解过程中,一般总是先生成 H_2,因此 H_2 是各种故障特征气体的主要组成成分之一。变压器内部进水受潮是一种内部潜伏性故障,其特征气体 H_2 含量很高。客观上如果色谱分析发现 H_2 含量超标,而其他成分并没有增加,可大致先判断为设备含有水分,为进一步判别,可加做微水分析。导致水分分解出 H_2 有两种可能:一是水分和铁产生化学反应;二是在高电场作用下水分子本身分解。设备受潮时固体绝缘材料含水量比油中含水量要大 100 多倍,而 H_2 含量高,大多是由于油、纸绝缘内含有气体和水分,所以在现场处理设备受潮时,仅靠真空滤油法不能持久地降低设备中的含水量,原因在于真空滤油对于设备整体的水分影响不大。

(二)C_2H_2 变化

C_2H_2 的产生与放电性故障有关,当变压器内部发生电弧放电时,C_2H_2 一般占总烃的 20% ~ 70%,H_2 占氢烃总量的 30% ~ 90%,并且在绝大多数情况下,C_2H_4 的含量高于 CH_4。当 C_2H_2 为主要成分且超标时,则很可能是设备绕组短路或分接开关切换产生弧光放电所致。如果其他成分没超标,而 C_2H_2 超标且增长速率较快,则可能是设备内部存在高能量放电故障。

(三)CH_4 和 C_2H_4 变化

在过热性故障中,当只有热源处的绝缘油分解时,特征气体 CH_4 和 C_2H_4 两者之和一般可占总烃的 80% 以上,且随着故障点温度的升高,C_2H_4 所占比例也增加。另外,丁腈橡胶材料在变压器油中将可能产生大量的 CH_4,丁腈在变压器油中产生甲烷的本质是橡胶将本身所含的 CH_4 释放到油中,而不是将油催化裂解为 CH_4。硫化丁腈橡胶在油中释

放 CH_4 的主要成分是硫化剂,其次是增塑剂、硬脂酸等含甲基的物质,而释放量取决于硫化条件。

(四) CO 和 CO_2 变化

无论何种放电形式,除产生氢烃类气体外,与过热故障一样,只要有固体绝缘介入,都会产生 CO 和 CO_2。但从总体上来说,过热性故障的产气速率比放电性故障慢。

在《电力设备预防性试验规程》(DL/T 596—1996)中对 CO、CO_2 的含量没有作出具体要求。《变压器油中溶解气体分析和判断导则》中也只对 CO 含量正常值提出了参考意见。具体内容是:开放式变压器中 CO 含量的正常值一般应在 300 μL/L 以下,若总烃含量超过 150 μL/L,CO 含量超过 300 μL/L,则设备有可能存在固体绝缘过热性故障;若 CO 含量虽超过 300 μL/L,但总烃含量在正常范围,可认为正常。密封式变压器,溶于油中的 CO 含量一般均高于开放式变压器,其正常值约 800 μL/L,但在突发性绝缘击穿故障中,CO、CO_2 含量不一定高,因此其含量变化常被人们忽视。

由于 CO、CO_2 气体含量的变化反映了设备内部绝缘材料老化或故障,而固体绝缘材料决定了充油设备的寿命。因此必须重视绝缘油中 CO、CO_2 含量的变化。

(1)绝缘老化时产生的 CO、CO_2。正常运行中的设备内部绝缘油和固体绝缘材料由于受到电场、热度、湿度及氧的作用,随运行时间而发生速度缓慢的老化现象,除产生一些作气态的劣化产物外,还会产生少量的氧、低分子烃类气体和碳的氧化物等,其中碳的氧化物 CO、CO_2 含量最高。

油中 CO、CO_2 含量与设备运行年限有关,例如,国外有人提出 CO 的产气速率与运行年限关系的经验公式为

$$CO(\mu L/L) = 374 lg4Y$$

式中 Y——运行年限,年。

上述与变压器运行年限有关的经验公式,适用于一般密封式变压器。CO_2 含量变化的规律性不强,除与运行年限有关外,还与变压器结构、绝缘材料性质、运行负荷以及油保护方式等有密切关系。

变压器正常运行下产生的 CO、CO_2 含量随设备的运行年限的增加而上升,这种变化趋势较缓慢,说明变压器内固体绝缘材料逐渐老化,随着老化程度的加剧,一方面绝缘材料的强度不断降低,有被击穿的可能;另一方面绝缘材料老化产生沉积物,降低绝缘油的性能,易造成局部过热或其他故障。这说明设备内部绝缘材料老化发展到一定程度有可能产生剧烈变化,容易形成设备故障或损坏事故。因此,在进行色谱分析判断设备状况时,CO、CO_2 作为与固体绝缘材料有关的特征气体,当其含量上升到一定程度或其含量变化幅度较大时,都应引起警惕,尽早将绝缘老化严重的设备退出运行,以防发生击穿短路事故。

(2)故障过热时产生的 CO、CO_2。固体绝缘材料在高能量电弧放电时产生较多的 CO、CO_2。由于电弧放电的能量密度高,在电应力作用下会产生高速电子流,固体绝缘材料遭到这些电子轰击后,将受到严重破坏,同时产生的大量气体一方面会进一步降低绝缘,另一方面还含有较多的可燃气体,因此若不及时处理,严重时有可能造成设备的重大损坏或爆炸事故。

当设备内部发生各种过热性故障时,由于局部温度较高,可导致热点附近的绝缘物发生热分解而析出气体,变压器内油浸绝缘纸开始热解时产生的主要气体是 CO_2,随温度的升高,产生的 CO 含量也增多,使 CO 与 CO_2 比值升高,至 800 ℃时,比值可高达 2.5。局部过热危害不如放电故障那样严重,但从发展的后果分析,热点可加速绝缘物的老化、分解,产生各种气体,低温热点发展成为高温热点,附近的绝缘物被破坏,导致故障扩大。

充油设备中固体绝缘受热分解时,变压器油中所溶解的 CO、CO_2 浓度就会偏高。试验证明,在电弧作用下,纯油中 CO 占总量的 0~1%,CO_2 占 0~3%;纸板和油中 CO 占总量的 13%~24%,CO_2 占 1%~2%;酚醛树脂和油中 CO 占总量的 24%~35%,CO_2 占 0~2%。230~600 ℃局部过热时,绝缘油中产生的 CO_2 含量很低,为 0.017~0.028 mg/g,CO 不能明显测到。局部放电、火花放电同时作用下,纯油中 CO 不能明显测到,CO_2 约占 5%;纸和油中 CO 约占总量的 2%,CO_2 约占 7.1%;油和纤维中 CO 约占总量的 10.5%,CO_2 约占 9.5%。因此,CO、CO_2 的产生与设备内部固体绝缘材料的老化或故障有明显的关系,反映了设备的绝缘状况。在色谱分析中,应关注 CO、CO_2 的含量变化情况,同时结合烃类气体和 H_2 含量变化进行全面分析。

(五)气体成分变化

在实际情况下,往往是多种故障类型并存,多种气体成分同时变化,且各种特征气体所占的比例难以确定。如变压器内部发生火花放电,有时总烃含量不高,但 C_2H_2 在总烃中所占的比例可达 25%~90%,H_2 占氢烃总量的 30% 以上。当发生局部放电时,一般总烃不高,其主要成分是 H_2,其次是 CH_4,与总烃之比大于 90%。当放电能量密度增高时也出现 C_2H_2,但它在总烃中所占的比例一般不超过 2%。

当 C_2H_2 含量较大时,往往表现为绝缘介质内部存在严重的局部放电故障,同时常伴有电弧烧伤与过热,因此会出现 C_2H_2 含量明显增大,且占总烃较大比例的情况。

应注意,在 H_2 和 CH_4 增长的同时,若接着又出现 C_2H_2,即使未达到注意值也应给予高度重视,因为这可能存在着由低能放电发展成高能放电的危险。

过热涉及固体绝缘时,除产生上述气体外,还会产生大量的 CO 和 CO_2。当电气设备内部存在接触不良时,如分接开关接触不良、连接部分松动、绝缘不良,特征气体会明显增加。超过正常值时,一般占总烃含气量的 80% 以上,随着运行时间的增加,C_2H_4 所占比例也增加。受潮与局部放电的特征气体有时比较相似,也可能两种异常现象同时存在,目前仅从油中气体分析结果还很难加以区分,而应辅助以局部放电测量和油中微水分析等来判断。

第十节 变压器故障综合处理

一、变压器故障的综合判断方法

根据变压器运行现场的实际状态,在发生以下情况时,需对变压器进行故障诊断:

(1)正常停电状态下进行的交接、检修验收或预防性试验中一项或几项指标超过标准。

（2）运行中出现异常而被迫停电进行检修和试验。

（3）运行中出现其他异常（如出口短路）或发生事故造成停电，但尚未解体（吊芯或吊罩）。

当出现上述任何一种情况时，往往要迅速进行有关试验，以确定有无故障、故障的性质、可能位置、大概范围、严重程度、发展趋势及影响波及范围等。

对变压器故障的综合判断，还必须结合变压器的运行情况、历史数据、故障特征，通过采取针对性的色谱分析及电气检测手段等各种有效的方法和途径，科学有序地对故障进行综合分析判断。

二、综合判断的针对性检测方法

对大中型变压器故障的判断采用如下检测方法。

（1）进行油色谱分析，判断有无异常：

①检测变压器绕组的直流电阻。

②检测变压器铁芯的绝缘电阻和铁芯接地电流。

③检测变压器的空载损耗和空载电流。

④在运行中进行油色谱和局部放电跟踪监测。

⑤检查变压器潜油泵及相关附件运行中的状态。用红外测温仪器在运行中检测变压器油箱表面温度分布及套管端部接头温度。

⑥进行变压器绝缘特性试验，如绝缘电阻、吸收比、极化指数、介质损耗、泄漏电流等试验。

⑦进行绝缘油的击穿电压、油介质损耗、油中含水量、油中含气量（500 kV 电压等级时）等检查。

⑧变压器运行或停电后的局部放电检测。

⑨绝缘油中糠醛含量及绝缘纸材聚合度检测。

⑩交流耐压试验检测。

（2）气体继电器动作报警后应进行油色谱分析和气体继电器中的气体分析。

（3）变压器出口短路后，要进行的试验：

①油色谱分析。

②变压器绕组直流电阻检测。

③短路阻抗试验。

④绕组的频率响应试验。

⑤空载电流和空载损耗试验。

（4）判断变压器绝缘受潮要进行的试验：

①绝缘特性试验，如绝缘电阻、吸收比、极化指数、介质损耗、泄漏电流等试验。

②变压器油的击穿电压、油介质损耗、含水量、含气量（500 kV 电压等级时）试验。

③绝缘纸的含水量检测。

（5）判断绝缘老化进行的试验：

①油色谱分析，特别是油中 CO 和 CO_2 的含量及其变化。

②变压器油酸值检测。

③变压器油中糠醛含量检测。

④油中含水量检测。

⑤绝缘纸或纸板的聚合度检测。

(6)变压器振动及噪声异常时的检测:

①振动检测。

②噪声检测。

③油色谱分析。

④变压器阻抗电压测量。

对中小型变压器检测判断常采用如下方法:

(1)检测直流电阻。用电桥测量每相高、低压绕组的直流电阻,观察其相间阻值是否平衡,是否与制造厂出厂数据相符;若不能测相电阻,可测线电阻,从绕组的直流电阻值即可判断绕组是否完整,有无短路和断路情况,以及分接开关的接触电阻是否正常。若切换分接开关后直流电阻变化较大,说明问题出在分接开关触点上,而不在绕组本身。上述测试还能检查套管导杆与引线、引线与绕组之间连接是否良好。

(2)检测绝缘电阻。用兆欧表测量各绕组间、绕组对地之间的绝缘电阻值和吸收比,根据测得的数值,可以判断各侧绕组的绝缘有无受潮,彼此之间以及对地有无击穿与闪络的可能。

(3)检测介质损耗因数 tanδ。测量绕组间和绕组对地的介质损耗因数 tanδ,根据测试结果,判断各侧绕组绝缘是否受潮、是否有整体劣化等。

(4)取绝缘油样作简化试验。用闪点仪测量绝缘油的闪点是否降低,绝缘油有无炭粒、纸屑,并注意油样有无焦臭味,同时可测油中的气体含量,用上述方法判断故障的种类、性质。

(5)空载试验。对变压器进行空载试验,测量三相空载电流和空载损耗值,以此判断变压器的铁芯硅钢片间有无故障,磁路有无短路,以及绕组短路故障等现象。

二、综合分析判断的基本原则

(1)与设备结构联系。

熟悉和掌握变压器的内部结构和状态是变压器故障诊断的关键,如变压器内部的绝缘配合、引线走向、绝缘状况、油质情况等,又如变压器的冷却方式是风冷还是强迫油循环冷却方式等,再如变压器运行的历史、检修记录等,这些内容都是诊断故障时重要的参考依据。

(2)与外部条件相结合。

诊断变压器故障的同时,一定要了解变压器外部条件是否构成影响,如是否发生过出口短路,电网中的谐波或过电压情况是否构成影响,负荷率如何,负荷变动幅度如何等。

(3)与规程标准相对照。

与规程标准进行对照,假如发生超标情况,必须查明原因,找出超标的根源,并进行认真的处理和解决。

（4）与历次数据相比较。

仅以是否超标为依据进行故障判断,往往不够准确,需要与本身历次数据进行比较才能了解潜伏性故障的起因和发展情况。例如,试验结果尽管数值偏大,但一直比较稳定,应该认为仍属正常;但试验结果虽未超标,与上次相比却增加很多,就需要认真分析,查明原因。

（5）与同类设备相比较（横向比较）。

同容量或相同运行状态的变压器是否有异常因素的影响,还是有内在的变化。一台变压器发现异常,而同一地点的另一台相对比分析,这样分析有利于准确判断故障现象是外部原因,还是内在变化。

（6）与自身不同部位相比较（纵向比较）。

对变压器本身的不同部位进行检查比较。如变压器油箱箱体温度分布是否变化均匀,局部温度是否有突变。又如,用红外成像仪检查变压器套管或油枕温度,以确定是否存在缺油故障等。再如,测绕组绝缘电阻时,分析高对中、低、地,中对高、低、地与低对高、中、地是否存在明显差异;测绕组直流电阻、套管电容值 C 及介质损耗因数 $\tan\delta$ 时,三相间有无异常。这些也有利于对故障部位的准确判断。

三、故障分析判断的程序

（一）故障判断的步骤

（1）判断变压器是否存在故障,是隐性故障还是显性故障。

（2）判断属于什么性质的故障,是电性故障还是热性故障,是固体绝缘故障还是油性故障。

（3）判断变压器故障的状况,如热点温度、故障功率、严重程度、发展趋势以及油中气体的饱和程度和达到饱和而导致继电器动作所需的时间等。

（4）提出相应的反事故措施,如能否继续运行,继续运行期间的安全技术措施和监视手段或是否需要内部检查修理等。

（二）有无异常的判断

从变压器故障诊断的一般步骤可见,根据色谱分析的数据着手诊断变压器故障时,首先要判定设备是否存在异常情况,常用的方法有:

（1）将分析结果的几项主要指标（总烃、乙炔、氢气含量）与 DL/T 596—1996 规程中的注意值作比较。如果有一项或几项主要指标超过注意值,说明设备存在异常情况,要引起注意。但规程推荐的注意值是指导性的,它不是划分设备是否异常的唯一判据,不应当做强制性标准执行,而应进行跟踪分析,加强监视,注意观察其产生速率的变化。有的设备即使特征气体低于注意值,但增长速度很高,也应追踪分析,查明原因;有的设备因某种原因使气体含量超过注意值,也不能立即判定有故障,而应查阅原始资料,若无资料,则应考虑在一定时间内进行追踪分析;当增长率低于产气速率注意值时,仍可认为是正常的。在判断设备是否存在故障时,不能只根据一次结果来判定,而应经过多次分析以后,将分析结果的绝对值与《变压器油中溶解气体分析和判断导则》的注意值作比较,将产气速率与产气速率的参考值作比较,当两者都超过时,才判定为故障。

(2)了解设备的结构、安装、运行及检修等情况,彻底了解气体真实来源,以免造成误判断。另外,为了减少可能引起的误判断,必须按 DL/T 596—1996 的规定:新设备及大修后投运前,应作一次分析;在投运一段时间后,应作多次分析。因为故障设备检修后,绝缘材料残油中往往残存着故障气体,这些气体在设备重新投运的初期,还会逐步溶于油中,因此在追踪分析的初期,常发现油中气体有明显增长的趋势,只有通过多次检测,才能确定检修后投运的设备是否消除了故障。造成油色谱误判断的非故障原因如表4-3所示。

表4-3 造成油色谱误判断的非故障原因

非故障原因	对油中气体组分变化的影响	可能的误判
属于设备结构上的原因 (1)有载调压器灭弧室油向本体渗漏; (2)使用有不稳定的绝缘材料,造成早期热分解(如使用1030醇酸绝缘漆); (3)使用有活性的金属材料,促进油的分解(如使用奥氏体不锈钢)	(1)使变压器本体内的乙炔增加; (2)产生 CO 与 H_2 等,增加它们在油中的浓度; (3)增加油中 H_2 含量	(1)放电故障; (2)固体绝缘发热或受潮; (3)油中有水分
属于安装、运行、维护上的原因 (1)设备安装前,充 CO_2 安装注油时,未排尽余气; (2)充氮保护时,使用了不合格的氮气; (3)油与绝缘物中有空气泡(如安装投运前,油未脱气及真空注油,运行中系统不严密而进气等); (4)检修中带油补焊; (5)油处理时,油加热器不合格,使油过热分解; (6)充用含可燃烃类气体的油,或原有过故障,油未脱气或脱气不完全	(1)增加油中 CO_2 含量; (2)氮气含 H_2、CO 等杂气; (3)由于气泡性放电产生 H_2 和 C_2H_2; (4)增加乙炔等含量; (5)在油中溶解度大的可燃烃类气体含量高	(1)固体绝缘发热; (2)发热受潮; (3)放电故障; (4)发热、放电
属于附属设备或其他原因 (1)油泵、油流继电器产生电火花或电机缺陷; (2)设备环境空气中 CO 和烃含量高	(1)增加乙炔等可燃气体; (2)增加油中 CO 和烃含量	(1)放电故障; (2)固体绝缘发热

(3)注意油中 CO、CO_2 含量及比值。变压器在运行中固体绝缘老化会产生 CO 和 CO_2。同时,油中 CO 和 CO_2 的含量既同变压器运行年限有关,也与设备结构、运行负荷和油温等因素有关,因此目前《变压器油中溶解气体分析和判断导则》还不能规定统一的注意值。只是粗略地认为,在开放式的变压器中,CO 含量小于 300 $\mu L/L$,CO_2 与 CO 含量比值在 7 左右时,属于正常范围;而薄膜密封变压器中,CO_2 与 CO 含量比值一般低于 7 时也属于正常值。

(三)故障严重性判断

当确定设备存在潜伏性故障时,就要对故障严重性作出正确的判断。判断设备故障的严重程度,除根据分析结果的绝对值外,还必须根据产气速率来考虑故障的发展趋势,因为计算故障的产气速率可确定设备内部有无故障,又可估计故障严重程度。

《变压器油中溶解气体分析和判断导则》推荐变压器和电抗器总烃产气速率的注意值:开放式变压器为0.25 mL/h,密闭式变压器为0.5 mL/h。如以相对产气速率来判断设备内部状况,则总烃的相对产气速率大于每月10%就应引起注意,如大于每月40 μL/L可能存在严重故障。在实际工作中,常将气体浓度的绝对值与产气速率相结合来诊断故障的严重程度,例如当绝缘值超过《变压器油中溶解气体分析和判断导则》规定注意值的5倍,且产气速率超过导则规定注意值的2倍时,可以判断为严重故障。

当有意识地用产气速率考察设备的故障程度时,在考察期间变压器必须不停运而尽量保持负荷的稳定性,考察的时间以1~3个月为宜。如果在考察期间对油进行脱气处理,或在较短的运行期间及油中含气量很低时进行产气速率的考察,会带来较大的误差。

(四)故障类型的判断

设备存在异常情况时,应对其故障类型作出判断,主要有特征气体法和IEC三比值法,但采用IEC三比值法时应注意下列问题:

(1)采用三比值法来判断故障的性质时必须符合的条件如下:

①色谱分析的气体成分浓度应不少于分析方法灵敏度极限值的10倍。

②应排除非故障原因引入的数值干扰。

③在一定的时间间隔内(1~3个月)相对产气速率超过每月10%。

(2)三比值表以外的比值的应用。

如122、121、222等组合形式在表中找不到相应的比值组合,对这类情况要进行对应分析和分解处理。如有的认为122组合可以分解为102+020,即说明故障是高能放电兼过热。另外,在追踪监视中,要认真分析含气成分变化规律,找出故障类型的变化、发展过程,例如三比值组合方式102—122,则可判断故障是先过热,后发展为电弧放电兼过热。当然,分析比值的组合方式时,还要结合设备的历史状况、运行检修和电气试验等资料,最后作出正确的结论。

(3)对低温过热涉及固体绝缘老化的正确判断。

因为绝缘纸在150 ℃以下热裂解时,除主要产生CO_2外,还会产生一定量的CO、乙烯和甲烷,此时,成分的三比值会出现001、002甚至021、022等的组合,这样就可能造成误判断。在这种情况下,必须首先考虑各气体成分的产气速率,如果CO_2始终为主要成分,并且产气速率一直比其他气体高,则对001、002及021、022等组合,应认为是固体绝缘老化或低温过热。

(4)设备的结构与运行情况。

三比值法引用的色谱数据针对的是典型的故障设备,而不涉及故障设备的各种具体情况,如设备的保护方式、运行情况等。如开放式的变压器,应考虑到气体的逸散损失,特别是甲烷和氢气的损失率,因此引用三比值时,应对甲烷、H_2比值作些修正。另外,各成分气体超过注意值,特别是产气速率,有理由判断可能存在故障时才应用三比值进一步判断其故障性质,所以用三比值监视设备的故障性质应在故障不断产气过程中进行。如果设备停运,故障产气停止,油中各成分会逐渐散失,成分的比值也会发生变化,因此不宜应用三比值法。

(5)目前对尚没有列入三比值法的某些组合的判断正在研究之中。

例如121或122对应于某些过热与放电同时存在的情况,202或212对于装有载调压开关的变压器应考虑开关油箱的油可能渗漏到本体油中的情况。

四、综合分析判断的要求

综合分析判断故障时一般要注意以下几个方面:

(1)将试验结果的几项主要指标(总烃、乙炔、氢)与DL/T 596—1996规程列出的注意值作比较。

(2)对CO和CO_2变化要进行具体分析比较。

(3)油中溶解气体含量超过DL/T 596—1996规程所列任一项数值时应引起注意,但注意值不是认定设备是否正常的唯一判据。必须同时注意产气速率,当产气速率也达到注意值时,应作综合分析并查明原因。有的新投入运行的或重新注油的设备,短期内各种气体含量迅速增加,但尚未超过给定的数值,也可判断为内部异常状况;有的设备因某种原因使气体含量基值较高,超过给定的注意值,但增长率低于前述产气速率的注意值,仍可认为是正常设备。

(4)当认为设备内部存在故障时,可用三比值法对故障类型作出分析。

(5)在气体继电器内出现气体情况下,应将继电器内气样的分析结果,按前述方法与油中气体的分析结果作比较。

(6)根据上述结果,再与其他检查性试验相结合,测量绕组直流电阻,进行空载特性试验、绝缘试验、局部放电试验,测量微量水分等,并结合该设备的结构、运行、检修等情况,综合分析判断故障的性质及部位,并根据故障特征,相应采取红外检测、超声波检测和其他带电检测等技术手段加以综合诊断。并针对具体情况采取不同的措施,如缩短试验周期、加强监视、限制负荷、近期安排内部检查、立即停电检查等。

综合分析判断应注意的问题如下:

(1)由于变压器内部故障的形式和发展是比较复杂的,往往与多种因素有关,这就特别需要进行全面分析。首先要根据历史情况和设备特点以及环境等因素,确定所分析的气体究竟是来自外部还是内部。所谓外部的原因,包括冷却系统潜油泵故障、油箱带油补焊、油流继电器接点火花、注入油本身未脱净气等。如果排除了外部的可能,在分析内部故障时,也要进行综合分析,分析内容包括绝缘预防性试验结果和检修的历史档案、设备当时的运行情况,包括温升、过负荷、过励磁、过电压等,及设备的结构特点,制造厂同类产品有无故障先例、设计和工艺有无缺陷等。

(2)根据油中气体分析结果,对设备进行诊断时,还应从安全和经济两方面考虑。对于某些过热故障,一般不应盲目地建议吊罩、吊芯,进行内部检查修理,而应首先考虑这种故障是否可以采取其他措施,如改善冷却条件、限制负荷等来予以缓和或控制其发展,何况有些过热性故障即使吊罩、吊芯也难以找到故障源。对于这一类设备,应采用临时对策来限制故障的发展,只要油中溶解气体未达到饱和,即使不吊罩、吊芯修理,仍有可能安全运行一段时间,以便观察其发展情况,再考虑进一步的处理方案。这样的处理方法,既能避免热性损坏,又能避免人力、物力的浪费。

(3)关于油的脱气处理的必要性,要分几种情况区别对待:当油中溶解气体接近饱和时,应进行油脱气处理,避免气体继电器动作或油中析出气泡发生局部放电;当油中含气量较高而不便于监视产气速率时,也可考虑脱气处理后,从起始值进行监测。但需要明确的是,油的脱气并不是处理故障的手段,少量的可燃性气体在油中并不危及安全运行,因此在监视故障的过程中,过分频繁的脱气处理是不必要的。

(4)在分析故障的同时,应广泛采用新的测试技术,例如电气或超声波法的局部放电的测量和定位、红外成像技术检测、油及固体绝缘材料中的微量水分测定,以及油中金属微粒的测定等,以利于寻找故障的线索,分析故障原因,并进行准确诊断。

第十一节 变压器事故处理

一、变压器自行跳闸后的处理

为了变压器的安全运行及操作,变压器高、中、低压各侧都装有断路器,同时还装设了必要的继电保护装置。当变压器的断路器自动跳闸后,运行人员应立即清楚、准确地向值班调度员报告情况,不应慌乱、匆忙或未经慎重考虑即行处理。待情况清晰后,要迅速详细地向调度员汇报事故发生的时间及现象,跳闸断路器的名称、编号,继电保护和自动装置的动作情况及表针摆动,频率、电压、潮流的变化等。并在值班调度员的指挥下沉着、迅速、准确地进行处理。

为加速事故处理,限制事故的发展,消除事故的根源,并解除对人身和设备安全的威胁,应进行下列操作:

(1)将直接对人员生命有威胁的设备停电;

(2)将已损坏的设备隔离;

(3)运行中的设备有受损伤的威胁时,应停用或隔离;

(4)厂用电气设备事故恢复电源;

(5)电压互感器保险熔断或二次开关掉闸时,将有关保护停用;

(6)现场规程中明确规定的操作,可无须等待值班调度员命令,变电站当值运行人员可自行处理,但事后必须立即向值班调度员汇报。

当变压器自动跳闸时,应改变运行方式,使供电恢复正常,并查明变压器自动跳闸的原因。

(1)如有备用变压器,应立即将其投入,以恢复向用户供电,然后再查明故障变压器的跳闸原因。

(2)如无备用变压器,则只有尽快根据掉牌指示,查明何种保护动作。

在查明变压器跳闸原因的同时,应检查有无明显的异常现象,如有无外部短路、线路故障、过负荷、明显的火光、怪声、喷油等。如确实证明变压器两侧断路器跳闸不是由于内部故障引起,而是由于过负荷、外部短路或保护装置二次回路误动造成,则变压器可不经外部检查重新投入运行。

如果不能确定变压器跳闸是由于上述外部原因造成的,则必须对变压器进行内部检查,主要应进行绝缘电阻、直流电阻的检查。经检查判断变压器无内部故障时,应将瓦斯保护投入到跳闸位置,将变压器重新合闸,整个过程应慎重行事。

如经绝缘电阻、直流电阻检查判断变压器有内部故障,则需对变压器进行吊芯检查。

二、变压器气体保护动作后的处理

变压器运行中如发生局部过热,在很多情况下,没有表现为电气方面的异常,而首先表现出的是油气分解的异常,即油在局部高温作用下分解为气体,逐渐集聚在变压器顶盖上端及瓦斯继电器内。区别气体产生的速度和产气量的大小,实际上是区别过热故障的大小。

(一)轻瓦斯保护动作后的处理

轻瓦斯保护动作发出信号后,首先应停止音响信号,并检查瓦斯继电器内气体的多少,判明原因。

(1)非变压器故障原因。如空气侵入变压器内(滤油后),油位降低到气体继电器以下(浮子式气体继电器)或油位急剧降低(挡板式气体继电器),瓦斯保护二次回路故障(如气体继电器接线盒进水、端子排或二次电缆短路等)。如确定为外部原因引起的动作,则恢复信号后,变压器可继续运行。

(2)主变压器故障原因。如果不能确定是由于外部原因引起瓦斯信号动作,同时又未发现其他异常,则应将瓦斯保护投入跳闸回路,同时加强对变压器的监护,认真观察其发展变化。

(二)重瓦斯保护动作后的处理

运行中的变压器发生重瓦斯保护动作跳闸,或者瓦斯信号和瓦斯跳闸同时动作,则首先考虑该变压器有内部故障的可能。对这种变压器的处理应十分谨慎。

故障变压器内产生的气体是由于变压器内不同部位不同的过热形式造成的。因此,判明瓦斯继电器内气体的性质、气体集聚的数量及速度程度对判断变压器故障的性质及严重程度是至关重要的。

(1)集聚的气体是无色无臭且不可燃的,则瓦斯动作是因油中分离出来的空气引起的,此时可判定为非变压器故障,变压器可继续运行。

(2)气体是可燃的,则有极大可能是变压器内部故障所致。对这类变压器,在未经检查并试验合格前,不允许投入运行。

变压器瓦斯保护动作是一种内部事故的前兆,或本身就是一次内部事故。因此,对这类变压器的强送、试送、监督运行,都应特别小心,事故原因未查明前不得强送。

三、变压器差动保护动作后的处理

为了保证变压器的安全可靠运行,当变压器本身发生电气方面的故障(如层间、匝间短路)时差动保护可尽快地将其退出运行,从而减小事故情况下变压器损坏的程度。规程规定,对容量较大的变压器,如并列运行的 6 300 kVA 及以上、单独运行的 10 000 kVA 及以上的变压器,要设置差动保护装置。其与瓦斯保护相同之处是,动作比较灵敏、迅速,是保护变压器本体的主要保护。其与瓦斯保护不同之处在于,瓦斯保护主要是反映变压器内部过热引起油气分离的故障,而差动保护则是反映变压器内部(差动保护范围内)电气方面的故障。差动保护动作,则变压器两侧(三绕组变压器则是三侧)的断路器同时跳闸。

运行中的变压器,如果差动保护动作引起断路器跳闸,运行人员应采取如下措施:

(1)首先拉开变压器各侧闸刀,对变压器本体进行认真检查,如油温、油色、防爆玻璃、瓷套管等,确定是否有明显异常。

(2)对变压器差动保护区的所有一次设备进行检查,即变压器高压侧及低压侧断路器之间的所有设备、引线、铝母线等,以便发现在差动保护区内有无异常。

(3)对变压器差动保护回路进行检查,看有无短路、击穿以及有人误碰等情况。

(4)对变压器进行外部测量,以判断变压器内部有无故障。测量项目主要是摇测绝缘电阻。

差动保护动作后的处理如下:

(1)经过上述步骤检查后,如确实判断差动保护是由于外部原因,如保护误碰、穿越性故障引起误动作等,则该变压器可在重瓦斯保护投跳闸位置情况下试投。

(2)如不能判断为外部原因,则应对变压器进行更进一步的测量分析,如测量直流电阻,进行油的简化分析或油的色谱分析等,以确定故障性质及差动保护动作的原因。

(3)如果发现有内部故障的特征,则须进行吊芯检查。

(4)当重瓦斯保护与差动保护同时动作于开关跳闸,应立即向调度员汇报,不得强送。

(5)对差动保护回路进行检查,防止误动引起跳闸的可能。

除上述变压器两种保护外还有定时限过电流保护、零序保护等。

当主变压器由于定时限过电流保护动作跳闸时,首先应解除音响信号,然后详细检查有无越级跳闸的可能,即检查各出线开关保护装置的动作情况,各信号继电器有无掉牌,各操作机构有无卡死等现象。如查明是因某一出线故障引起的越级跳闸,则应拉开出线开关,将变压器投入运行,并恢复向其余各线路送电;如果查不出是否为越级跳闸,则应将所有出线开关全部拉开,并检查主变压器其他侧母线及本体有无异常情况,若查不出明显的故障,则变压器可以空载试投送一次,运行正常后再逐路恢复送电。当在送某一路出线开关时,又出现越级跳主变压器开关,则应将其停用,恢复主变压器和其余出线的供电。若检查中发现某侧母线有明显故障征象,而主变压器本体无明显故障,则可切除故障母线后再试合闸送电;若检查时发现主变压器本体有明显的故障征兆,不允许合闸送电,应汇报上级听候处理。当零序保护动作时,一般是系统发生单相接地故障而引起的,事故发生后,立即汇报调度听候处理。

四、变压器着火事故处理

变压器着火,应首先断开电源,停用冷却器,迅速使用灭火装置。若油溢在变压器顶盖上面着火,则应打开下部油门放油至适当油位;若是变压器内部故障而引起着火,则不能放油,以防变压器发生严重爆炸。一旦变压器故障导致着火事故,后果将十分严重,因此要高度警惕,做好各种情况下的事故预想,提高应付紧急状态和突发事故下解决问题的应变技能,将事故的影响降低到最小的范围。

(一)变压器油着火的条件和特性

绝缘油是石油分馏时的产物,主要成分是烷族和环烷族碳氢化合物。用于电气设备的绝缘油的闪点不得低于135 ℃,所以正常使用时不存在自燃及火烧的危险性。因此,如果电气故障发生在油浸部位,因电弧在油中不接触空气,不会立即成为火焰,电弧能量完全为油所吸收,一部分热量使油温升高,一部分热量使油分子分解,产生乙炔、乙烯等可燃性气体,此气体亦吸收电弧能量而体积膨胀,因受外壳所限制,使压力升高。但是当电弧点燃时间长时,压力超过了外壳所能承受的极限强度就可能产生爆炸。这些高温气体冲到空气中,一遇氧气即成明火而发生燃烧。

(二)防范要求

(1)变压器着火事故大部分是由本体电气故障引起的,做好变压器的清扫维修和定期试验是十分重要的防范措施。如发现缺陷应及时处理,使绝缘经常处于良好状态,不致产生可将绝缘油点燃起火的电弧。

(2)变压器各侧开关应定期校验,动作应灵活可靠;变压器配置的各类保护应定期检查,保持完好。这样,即使变压器发生故障,也能正确动作,切断电源,缩短电弧燃烧时间。主变压器的重瓦斯保护和差动保护,在变压器内部发生放电故障时,能迅速使开关跳闸,因而能将电弧燃烧时间限制得最短,使在油温还不太高时,就将电弧熄灭。

(3)定期对变压器油作气相色谱分析,发现乙炔或氢烃含量超过标准时应分析原因,甚至进行吊芯检查,找出问题所在。在重瓦斯动作跳闸后不能盲目强送,以免事故扩大,发生爆炸和大火。

(4)变压器周围应有可靠的灭火装置。

第五章　电压互感器和电流互感器

第一节　电压互感器

一、电压互感器的基本原理、分类和用途

(一)电压互感器的基本原理

电压互感器是将电力系统的高电压变换成标准的低电压(例如100 V 或 $100/\sqrt{3}$ V)的电器。它与测量仪表配合可测量电压和电能,与继电器配合则可对电力系统发生的故障进行有效可靠的保护。同时,它使测量仪表和继电保护装置标准化、小型化,并与高电压隔离。电压互感器有电磁式与电容式之分。电磁式电压互感器实际上就是一种小容量、大电压比的降压变压器,因而其基本原理与变压器无任何区别。它的一次绕组与线路并联,一次绕组的额定电压与线路电压一致,基本的接线图如图5-1 所示。

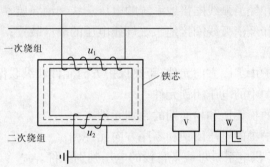

图 5-1　电压互感器基本电路

但是,电压互感器与变压器有所不同,因为它的主要功能是传递电压信息,而不是输送电能。它有以下两个特点:

(1)电压互感器二次回路的负荷是一些高阻抗的测量仪表和继电保护装置的电压线圈,二次电流很小,因而内阻压降很小,所以二次电压基本上就等于二次电势,即相当于变压器的空载运行状态。

(2)电压互感器二次绕组不能短路运行。因为电压互感器要求变换电压准确,通常内阻抗很小,短路阻抗压降很小。二次短路时电流剧增,电压互感器有烧坏的危险。此外,由于电压互感器一次侧与线路直接连接,其二次侧绕组必须接地,以免在线路发生故障时,因二次绕组上感应出高电压而危及仪表、继电器和人身安全。电压互感器二次绕组有关接地的规定有:①电压二次回路只能有一点接地,经中控室零相小母线(N600)连通的几组电压互感器二次回路,只应在中控室将 N600 一点接地,各电压互感器二次中性点

在开关站的接地点应断开;②为保证可靠接地,各电压互感器的中性线不得接有可能断开的断路器或保险;③已在中控室一点接地的二次绕组,如有必要,可在开关站将二次绕组的中性点经放电间隙或氧化锌阀片接地。

(二)电压互感器的分类

电压互感器种类很多,大致可分为以下几类:

(1)按相数分有单相和三相电压互感器。

(2)按绕组数分有双绕组、三绕组及四绕组电压互感器。

(3)按安装场所分有户内与户外用电压互感器。

(4)按绝缘介质分有干式、油浸式和气体绝缘电压互感器。

一般情况下,从互感器产品型号就可看出该互感器的类别。

例如:JDZ6－10 表示单相环氧树脂浇注绝缘,设计序号为 6 的 10 kV 级电压互感器。

JDX1－110 表示单相油浸式带剩余电压绕组,设计序号为 1 的 110 kV 级电压互感器。在我国,额定电压 20 kV 及以下电压互感器一般为户内单相或三相环氧树脂浇注绝缘结构。35 kV 及以上电压互感器为户外单相油浸式。

(三)电压互感器的用途

电压互感器的主要用途如下:

(1)10 kV、35 kV 线路保护的电压闭锁电流保护和相间断路的功率方向元件;

(2)不接地系统和经消弧线圈接地系统的电压选线和绝缘监察装置;

(3)不接地系统和经消弧线圈接地系统母线电压的消谐装置;

(4)低频减载装置;

(5)高压线路保护中零序方向元件、距离保护方向元件和纵联保护方向元件;

(6)母线差动保护中的电压闭锁元件;

(7)高压线路中的检无压和检同期的判别元件;

(8)主变后备保护中的电压闭锁和零序方向元件;

(9)10 kV、35 kV 供电系统母线备自投的电压判别元件。

二、三绕组高压电压互感器的结构特点

专供测量用的电压互感器,一般采用单相双绕组结构,其一次绕组接在相与相间,可以单相使用,也可以用两台互感器接成"V"形来测量三相系统的电压与电能,其典型结构如图 5-2 所示。此类互感器一次绕组的两端具有相同的绝缘水平,称全绝缘或不接地电压互感器。

为适应三相电力系统广泛采用的单相接地故障保护,电压互感器通常做成单相三绕组结构。所谓"三绕组",即互感器除有一次绕组和二次绕组外,还有一个剩余电压绕组。使用时三台单相电压互感器组合成三相接线,二次绕组接成星形,剩余电压绕组接成开口三角形。正常运行时,开口三角端电压接近零,当系统发生单相接地故障时,开口三角两端产生零序电压,使继电保护装置发出信号。此类互感器的一次绕组高压端(A 端)具有规定的绝缘水平,另一端(N 端)接地,绝缘要求较低,也称为半绝缘电压互感器。其典型结构如图 5-3 所示。此类电压互感器也称半绝缘或接地互感器。通常 35 kV 及以下电压

互感器双绕组和三绕组结构并存,但 35 kV 以上则通常为单相三绕组结构。

图 5-2　全绝缘电压互感器外形

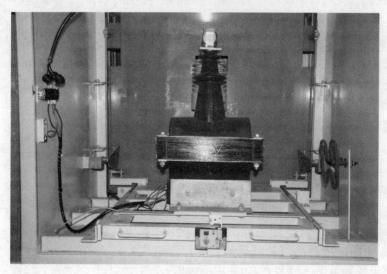

图 5-3　半绝缘电压互感器外形

当前,国内采用的高压电压互感器可分为电磁式电压互感器和电容式电压互感器(CVT)以及光电式电压互感器。下面主要介绍普遍使用的电磁式和电容式电压互感器。

(一)高电压电磁式电压互感器的结构特点

63 kV 及以上电磁式电压互感器普遍采用串级式,其结构与串级式试验变压器极为相似。其特点是:绕组和铁芯采用分级绝缘,以简化绝缘结构;串级式电压互感器由底座、器身、瓷套、储油柜与膨胀器等部分组成,瓷套既作外绝缘,又作油箱用。所谓串级式就是将互感器承受的全电压分成几个较低电压的部分串接,例如 63 kV、110 kV 分成 2 级串接,而 220 kV 则分成 4 级串接。4 级串级式电压互感器的原理如图 5-4 所示。

由图 5-4 可见,互感器由两个铁芯组成,一次绕组分成匝数相等的 4 个部分,分别套在两个铁芯的上、下铁柱上,按磁通相加方向顺序串联,接在相与地之间。每一元件上的绕组中点与铁芯相连,二次绕组绕设在末级铁芯的下铁柱上。当二次绕组开路时,一次绕组电位分布均匀,每一级绕组只承受 1/4 的电压,各铁芯均带电位,铁芯的电位由上而下逐渐降低,每级绕组的绝缘负担大大减轻。因此,绕组对铁芯的绝缘只需按 1/4 的额定一次电压设计,可大大节约绝缘材料,降低造价。当二次绕组接通负荷后,由于负荷电流的去磁作用,末级铁芯内的磁通小于其他铁芯的磁通,从而使元件的电抗不等,电压分布不均匀,使准确度下降。为避免这一现象,在两铁芯相邻的铁芯柱上,绕有匝数相等的连耦绕组(绕向相同、反向对接)。这样当各个铁芯中磁通不相等

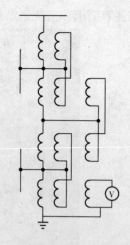

图 5-4　串级式电压互感器原理图

时,连耦绕组内出现电流,使其磁通较大的铁芯去磁,磁通较小的铁芯增磁,从而达到各级铁芯内磁通大致相等、各元件绕组电压均匀分布的目的。在同一铁芯的上下柱上,还设有平衡绕组(绕向相同、反向对接),平衡绕组内的电流,使两铁芯柱上的安匝分别平衡。串级式电压互感器一次绕组采用宝塔形结构,铁芯是带电位的,因此要用绝缘支架支撑在瓷箱内,绝缘支架的材质既要保证良好的电气性能,又要有很高的机械强度。

随着电力系统输电电压等级的增高,电磁式电压互感器的体积越来越大,成本随之增高,因此研制开发了电容式电压互感器,并得到了广泛的应用。

(二)高电压电容式电压互感器的结构特点

电容式电压互感器的工作原理是:由电容分压器将系统电压降至一较低的中间电压(10 ~ 20 kV),再经中间电压互感器得到所需的技术参数。其主要结构部件为电容分压器(C_1, C_2)、调谐电抗器 L、中间电压互感器 H 及阻尼装置 Z,原理接线图如图 5-5 所示。调谐电抗器、中间电压互感器和阻尼装置统称为电磁单元。电容分压器由主电容器 C_1 和分压电容器 C_2 组成。C_1 和 C_2 的电容量根据分压比而定。因为两个电容串联,电压分配与其电容的大小成反比,当 C_2 电容量比 C_1 大到一定比例时,C_2 上的电压就可按比例得到比线路电压小得多的一个中间电压,其值为

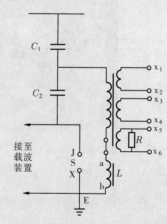

图 5-5　高压电容式电压互感器原理图

$$U_{C2} = \frac{U_1 C_1}{C_1 + C_2} = KU_1 \tag{5-1}$$

式中　K——分压比;

　　　U_1——高压相电压。

因 U_{C2} 与一次相电压成比例变化,故可测出相对地电压,当 C_2 两端与负荷接通时,由于 C_1、C_2 有内阻压降,使 U_{C2} 小于电容分压值,负荷电流愈大,误差愈大。为减小误差,因

此中间电压互感器不能正确变换线路电压。a、b 回路中增加了调谐电抗器 L,目的是保证中间电压互感器上的电压完全等于电容分压器所分得的电压。我们用等效发电机原理来进行解释,将电源侧被短接后,自 a、b 两点可测得内阻抗为 $Z_n = 1/[\omega(C_1 + C_2)]$,为减小阻抗,在 a、b 回路中加入调谐电抗器 L,则

$$Z_n = j\omega L + \frac{1}{j\omega(C_1 + C_2)} \tag{5-2}$$

当 $\omega L = 1/[\omega(C_1 + C_2)]$ 时,$Z_n = 0$,即输出电压 U_{C2} 与负荷无关。实际上由于电容器有损耗,电抗器也有电阻,内阻不可能为零,因此负荷变化时,还会有误差产生。为了进一步减小负荷电流的影响,将测量仪表经中间变压器 YH 升压后与分压器相连。电容式电压互感器的等值电路如图 5-6 所示。

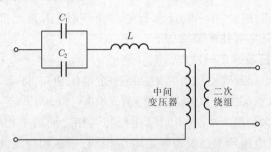

图 5-6 电容式电压互感器的等值电路

阻尼装置是为消除电磁单元的铁磁谐振而设置的。任何由电容和铁芯组成的非线性电感回路都可能发生铁磁谐振。电容式电压互感器的电磁单元正具备此条件。当一次侧突然加压或二次侧短路消除时,中间电压互感器将产生磁饱和,励磁电感减小,使回路固有频率上升到电网频率的 1/7、1/5 和 1/3,可能出现某一分频谐波的振荡,常见的是 1/3 次谐波的振荡,可达 2~3 倍额定电压。这种过电压,一是给二次仪表和继电保护装置传递一虚假的信号,二是过电压和随之产生的过电流危及绝缘。因此,必须采取阻尼装置,抑制或消除这种铁磁谐振。阻尼装置就是起开关作用的元件加上阻尼电阻的总称,一般接在剩余电压绕组回路上。

当互感器二次侧发生短路时,由于回路中的电阻 R 和剩余电抗 $(X_L - X_C)$ 均很小,短路电流可达额定电流的几十倍,此电流在调谐电抗器 L 和电容 C_2 上产生很高的共振过电压,为了防止过电压引起的绝缘击穿,在电容 C_2 两端并联放电间隙 S。

电容式电压互感器的技术要求除电磁式电压互感器的要求外,还有两项特殊的要求,即铁磁谐振和暂态响应的要求。暂态响应规定当一次侧发生对地短路时二次侧电压衰减特性。因为在短路瞬间,电容器和电抗器及中间电压互感器所储存的能量要经过 R、L、C 回路释放,其间将可能出现振荡衰减或指数衰减过程。若残余电压过高,衰减速度过慢,将会造成继电保护拒动或延时动作而使系统保护可靠性降低。标准规定:高电压端子在额定电压下发生对地短路后,二次输出电压应在额定频率的一个周波内降低到短路前电压峰值的 10% 以下。电容式电压互感器按电容分压器与电磁单元的组合方式通常有两种结构:一种是分立式,另一种是整体式。分立式是电容分压器和电磁单元分别为独立的元件并分开安装,整体式则是两者组装为一元件安装。目前,电容式电压互感器一般采用

整体式。

与电磁式电压互感器比较,电容式电压互感器结构简单、重量轻、体积小、可兼作载波通信用而使电力建设总成本下降,同时也由于承受高压的耦合电容器的内部电场分布均匀而具有较好的耐冲击能力,绝缘可靠性较高,因此广泛应用于 110～500 kV 及以上中性点直接接地系统。另外,电容式电压互感器是通过电容分压器与电网连接的,它不会像电磁式电压互感器那样与断路器断口电容产生铁磁谐振(电容式电压互感器内部的铁磁谐振不会影响到一次侧,同时产品本身已采取措施可有效地消除铁磁谐振)。电容式电压互感器的不足之处是,其准确级及额定输出的提高比电磁式电压互感器要困难。

三、电压互感器的技术要求

电压互感器在规定的使用环境及运行条件下,按照国家标准《电压互感器》(GB 1207—1997)的规定,其主要技术要求如下。

(一)设备额定电压及额定一次电压

设备额定电压与电压互感器运行时的系统额定电压相同,即 0.38 kV、3 kV、6 kV、10 kV、15 kV、20 kV、35 kV、63 kV、110 kV、220 kV、330 kV 和 500 kV。电压互感器的额定一次电压是指运行时一次绕组所承受的电压,用在相与相之间的单相电压互感器及三相电压互感器,其额定一次电压与上述设备额定电压相同;用在相与地间的电压互感器,其额定一次电压为上述电压值的 $1/\sqrt{3}$。

(二)额定二次电压

额定二次电压是作为互感器性能基准的二次电压值。对于三相电压互感器及相与相间连接用的电压互感器,其额定二次电压为 100 V;对于相与地连接的电压互感器,其额定二次电压为 $100/\sqrt{3}$ V。用于接地保护的电压互感器,其剩余电压绕组的额定电压视互感器所接的系统状况而定,对中性点有效接地系统为 100 V,对中性点非有效接地系统为 100/3 V,这是由于在系统发生单相接地故障时,其开口三角端电压必须保证 100 V 而确定的。IEC186 标准所规定的额定二次电压值较多,有 100 V、110 V、115 V、120 V、200 V 和 230 V。

(三)额定电压比

额定电压比是作为互感器性能基准的额定一次电压与额定二次电压之比。通常互感器技术文件及产品铭牌上并不表示此比值,而是用一斜横线表示其比式,分子为额定一次电压值,分母为额定二次电压值。

(四)额定输出

额定输出即互感器在额定二次电压下接有额定负荷时供给二次回路的功率,以 VA 值表示。国标规定的标准额定输出值有:10 VA、15 VA、25 VA、50 VA、75 VA、100 VA、150 VA、200 VA、250 VA、300 VA、400 VA、500 VA 和 1 000 VA。标准额定输出所规定的功率因数为 0.8(滞后)。IEC186 标准所规定的额定输出标准值最高为 500 VA。互感器的铭牌上还标有极限输出的数值。极限输出的数值由互感器长期工作发热的温升决定,不规定准确等级。这是由于互感器在额定输出下实际温升较低,而在某些场合下互感器不要求电源设备工作时所要求的准确度。

（五）准确级和误差极限

电压互感器和变压器一样，一次电压变换到二次电压时，由于励磁电流和负荷电流在绕组中产生压降，将二次电压折算到一次与一次电压相比较，数量大小和相位都有差别，即互感器产生了误差。在数值上的误差称为电压误差，在相位上的差别称为相位差。电压误差（f）定义如下

$$f = \frac{KU_2 - U_1}{U_1} \times 100\% \tag{5-3}$$

式中　K——电压互感器变比；

　　　U_1——实际一次电压；

　　　U_2——实际二次电压。

相位差（δ）即二次电压相量与一次电压相量的相角之差，当二次电压相量超前一次电压相量时，相位差为正，反之为负。误差性能是电压互感器的主要技术要求。通常以准确级来衡量其优劣，准确级标称以在额定电压下规定的最大电压误差的百分数来表示。例如 0.2 级即在额定电压下最大允许电压误差为 0.2%。国家标准 GB 1207—1997 规定的标准准确级测量用电压互感器为 0.1 级、0.2 级、0.5 级、1 级和 3 级；保护用电压互感器为 3P 和 6P（P 表示保护，3 和 6 表示在规定电压范围内电压误差的百分数）。各标准准确级的误差极限及其规定的电压范围与输出范围如表 5-1 所示。

表 5-1　各标准准确级的误差极限及其规定的电压范围与输出范围

准确级	电压误差 ±（%）	相位差	
		±（′）	±（rad）
0.1	0.1	5	0.15
0.2	0.2	10	0.3
0.5	0.5	20	0.6
1	1.0	40	1.2
3	3.0	不规定	不规定
3P	3.0	120	3.5
6P	6.0	240	7.0

表 5-1 中测量级误差限值规定的电压范围为 80%～120% 额定一次电压，输出范围为 25%～100% 额定输出。保护级误差限值规定的电压范围为 5% 额定一次电压到额定电压数相对应的电压，输出范围为 25%～100% 额定输出。当电压在 2% 额定一次电压时，电压误差与相位差限值为表 5-1 所列数值的两倍。

（六）额定电压因数

额定电压因数是在规定时间内能满足互感器温升要求及准确级要求的最大电压与一次电压的比值。它与系统的最高电压与接地方式有关。对用于中性点有效接地系统的电压互感器，其标准值为 1.2 倍连续运行，1.5 倍运行 30 s；对用于中性点非有效接地系统的

电压互感器,其标准值为 1.2 倍连续运行,1.9 倍运行 8 h。额定电压因数是对接地保护用电压互感器的一项重要技术要求,在系统发生单相接地故障时,可保证互感器在产生过热、过励磁以及过电压情况下不损坏并能可靠发出信号。

(七)温升限值

电压互感器因要满足误差的要求,铁芯的磁通密度一般较低,绕组导线的电流密度较小,所以实际运行温升不高,能够满足温升的要求。

(八)短路承受能力

电压互感器在运行中严禁二次回路短路,为了防止二次回路偶发的短路事故,要求互感器具有一定的短路承载能力。国标规定,电压互感器在额定电压下励磁时,应能承受 1 s 外部短路的机械效应和热效应而无损伤。

四、改善电压互感器误差特性所采用的方法

在电压互感器的设计中,往往采用一些误差补偿方法来改善误差特性,以满足高准确级的要求,甚至降低材料消耗。误差补偿方法很多,但通常用的是匝数补偿和串联绕组补偿。三相三柱式电压互感器还可采用所谓 Z 形接线补偿,但现在这种互感器很少见。下面着重介绍匝数补偿和串联绕组补偿。

(一)匝数补偿

匝数补偿是最普遍采用的。其原理是:在较小的范围内通过改变绕组的匝电势来改变二次电势。因为设计上都是预先选定了额定一次匝数,即确定了额定匝电势,当适当减少一次匝数时,就提高了匝电势,二次电势也就增加了,即二次电压提高了,从而减小了误差(未补偿的电压互感器的电压误差是负的,即实际二次电压值小于额定二次电压值)。设减匝前的每匝电势为

$$e_{tn} = U_{1n}/N_{1n} \qquad (5\text{-}4)$$

式中　U_{1n}——互感器一次侧额定电压;

　　　N_{1n}——互感器一次侧额定匝数。

减匝后的每匝电势为 $e'_{tn} = U_{1n}/N_1$,显然,每匝电势的百分数就是二次电压增加的百分数,用百分数表示的电压误差补偿值为

$$f_b = \frac{e_t - e_{tn}}{e_{tn}} \times 100\% = (e_{tn}\frac{N_{1n}}{N_1} - e_{tn})/e_{tn} \times 100\% = \frac{N_{1n} - N_1}{N_1} \times 100\% = \frac{N_b}{N_1} \times 100\%$$

$$(5\text{-}5)$$

式中　e_t——减匝后每匝电势;

　　　e_{tn}——减匝前每匝电势;

　　　N_b——补偿匝数;

　　　N_1——实际一次匝数。

根据上述公式,增加二次绕组匝数,即实际二次匝数大于额定二次绕组匝数,二次电压也增加,同样对电压误差起到补偿作用。但由于二次绕组匝数较少,调整二次绕组匝数所引起的电压变化百分数很大,很难达到预期目的,所以一般不采取改变二次绕组匝数的方法。

另外,匝数补偿的计算公式还可以写成

$$f_b = \frac{K_{12} N_{2n} - N_1}{K_{12} N_{2n}} \times 100\% \qquad (5\text{-}6)$$

式中 K_{12}——额定电压比;

N_{2n}——额定二次匝数。

如果已知需要补偿值,则一次绕组应减少的匝数可按下式计算

$$\Delta N_1 = \frac{f_b}{100\%} K_{12} N_{2n} \qquad (5\text{-}7)$$

(二)串联绕组补偿

串联绕组补偿的原理是在二次回路串联一附加电势,以增大或减小二次端电压。在环形铁芯上绕有适当匝数的补偿绕组,由电压互感器铁芯上的附加绕组(一匝)供电,再将二次绕组的引线穿过环形铁芯。二次感应电势为主电势 E_2' 与环形铁芯绕组之一匝电势之代数和。改变补偿绕组的匝数即可得到不同电压补偿值,改变二次引线穿过环形铁芯的方向可改变补偿值的正负。串联绕组补偿方法特别适用于油箱式电压互感器类产品,一般它与匝数补偿方法同时使用,即可得到更好的补偿效果。

匝数补偿和串联绕组补偿都只对电压误差起补偿作用,对相位差不起作用,但在电力用电压互感器中,其相位差一般容易满足规定限值的要求,不需要对相位进行补偿。

五、电压互感器的接线方式和特点

电压互感器的接线方式根据继电保护装置和测量电压的要求而不同。电压互感器的接线方式与变压器类似,所不同的是,它们大多是由单相产品连接而成的,有如下几种。

(一)II 接线组合

这种接线组合就是用一台单相电压互感器的接线,只适用于需要线电压的情况,可接入电压表、频率表的电压绕组和电压继电器等。如图 5-7 所示。

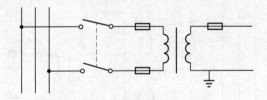

图 5-7   电压互感器 II 接线组合

(二)Vv 接线组合

这种接线采用两台单相电压互感器连接而成。Vv 接线可以测出三个线电压,适用于只需测量线电压而不测量相电压的一切场合。也就是仅用于中性点非有效接地的系统中,用来连接三相功率表、电压表和继电器等。如图 5-8 所示。

(三)Yyn 接线组合

这种接线采用三台单相电压互感器或三相芯式电压互感器连接而成,可以满足仪表和继电保护装置测线电压和相电压的要求。如图 5-9 所示。这种接线一次侧中性点不接地,其一次绕组接的是相线对中性点的电压,而不是对地的电压。系统单相接地时接地相

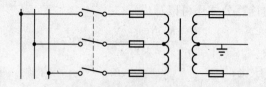

图5-8　电压互感器 Vv 接线组合

为地电压,但对中性点仍为相电压,二次侧也仍为相电压,测量不出对地电压,因此用它来供电给绝缘检查电压表,反映不出系统接地。

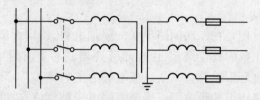

图5-9　电压互感器 Yyn 接线组合

(四)YNynd 开口的接线组合

这种接线采用三台单相三绕组电压互感器或三相三绕组五柱铁芯电压互感器连接而成,如图5-10所示其二次绕组既可以测量线电压和相电压,并且接成开口三角形的零序电压绕组,又能进行绝缘监视和供单相接地保护之用。电压互感器剩余电压绕组组成的开口三角形接线是反映零序电压的,开口三角形两端与继电器电压线圈相接。正常运行时,系统的三相电压对称,零序电压绕组上感应电压三相之和为零或很小,一旦系统发生单相接地故障,会出现一个零序电压。零序电压作用到继电器上,引起继电器动作,而且一次侧中性点能引出,从而对系统起到保护作用,监视交流系统各相对地绝缘。绕组出现零序电压,铁芯就会有零序磁通。这和三倍频变压器一样,为了提供零序磁通回路,这种互感器必须做成三个单相的三相组、或三相五柱式铁芯的电压互感器。如果这种接线的

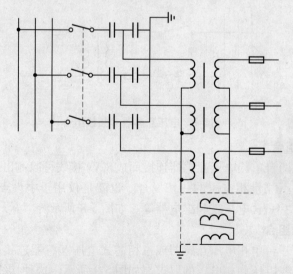

图5-10　电压互感器 YNynd 开口的接线组合

三相电压互感器做成三柱式，零序磁通只能以空隙、油箱等为回路，将引起很大的零序空载电流，长期维持下去会使电压互感器过热，使一次绕组烧毁。所以，这样的互感器一次侧的中性点是不能引出的，也不能作为三绕组电压互感器。

六、电压互感器运行中的注意事项

(一)单相电压互感器在进行组合运用时要注意互感器的极性

这里仅以两台电压互感器接成 Vv 形接线为例，说明必须注意其极性的问题。当电压互感器一次和二次绕组接成 Vv 接线后，仅一次侧通电是不会发生事故的，因为在二次开路状态下，一次绕组连接不会发生极性问题。如图 5-11(a)所示，既可以是 A—X—A—X 连接，也可以是 A—X—X—A 连接，这是由于它们各自有独立的磁路，即使一次侧通电时间很长，也不会发生事故。但是，如果是 A—X—X—A 连接，二次侧一旦接入负荷，不超过 30 min 就可能发生爆炸。这是因为极性正确时，如图 5-11(b)所示，其二次侧电压相量是平衡的。只要四个绕组中有一个极性接错了，就会出现如图 5-11(c)所示的电压相量，必有一相电压要扩大 $\sqrt{3}$ 倍，它引起的大电流同时流经两个二次绕组，所以两台电压互感器的二次绕组会全部烧坏。同时，在一次侧也要引起一次电流的增加，所以一次绕组也将烧坏。如果箱盖上兼作出气螺栓的注油塞没有拧松，烧坏时高温引起气体膨胀无法自由逸出，将使箱底炸掉。因此，若将两台同型号的电压互感器接成 Vv 接线使用，必须注意：

(1)极性要正确。正确的接法是一次侧 A—X—A—X 连接，二次侧也是 a—x—a—x连接。

(2)凡是带有 $\sqrt{3}$ 电压比的电压互感器不能接成 Vv 形使用。如 10 kV 的线路，就不能用 $\dfrac{10\,000\sqrt{3}}{100/\sqrt{3}}$ 的规格。因此，电压互感器在使用前须测量其极性，如同变压器一样。

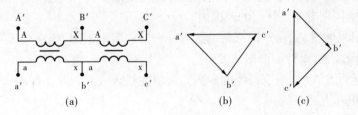

(a)　　　　　　　　　(b)　　　　　　(c)

图 5-11　电压互感器 Vv 形接线

(二)电压互感器在运行时发生铁磁谐振过电压的现象和防治措施

电压互感器是一个非线性的电感元件，它与系统线路对地电容构成一个电容电感并联回路，如图 5-12所示。

当系统运行状态发生变化时，有可能使电压互感器的感抗和线路对地容抗相等，即处于谐振状态。

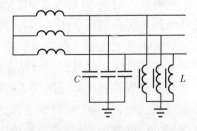

图 5-12　电容电感并联回路示意图

谐振状态通常是在中性点不接地或经消弧线圈接地的系统中,由于某些操作和接地故障及其他电冲击而导致电压互感器铁芯饱和而出现的,所以称铁磁谐振。铁磁谐振会产生过电压和过电流,一般过电压不会太高,往往是产生分频(即 1/2、1/3 工频)谐振,铁芯深度饱和,互感器绕组因励磁电流过大而烧毁。在中性点直接接地系统中,因电网运行方式的要求有些变压器中性点不接地,在此发生单相接地故障、开关非全相和严重非同期时,互感器也可能发生铁磁谐振现象。这正是某些用于中性点直接接地系统中的 220 kV 电压互感器也有因铁磁谐振而被烧坏的原因。另外,电力系统中应用的带有断口均压电容的断路器,在断路器处于断开状态时,其断口电容与电压互感器的非线性电感形成串联回路,如图 5-13 所示。

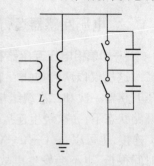

图 5-13 断口电容与非线性电感形成串联回路示意图

在一定条件下,此回路也会发生串联谐振。谐振产生的过电压和过电流也危及互感器的安全。铁磁谐振必须在一定的条件下发生,一般有以下几点:

(1)中性点不接地系统。

(2)振荡回路中的损耗足够小(实际上谐振发生在系统空载或轻载时)。

(3)电感的非线性程度足够大。

(4)有一定的激发条件,即系统有某种电压、电流的冲击,如开、合闸,瞬间短路又消除等。

为防止运行中电压互感器发生谐振,关键是防止运行母线上 LC 谐振回路的生成,可采取下列措施防止电压互感器谐振的发生:

(1)选用电容式电压互感器替代电磁感应式电压互感器或选用铁芯有较好的伏安特性的电磁感应式电压互感器。

(2)加强对于分相操作的高压开关的维护,避免或减少操作开关非全相现象的发生,控制开关非合闸同期时间在规定的范围内。

(3)附加阻尼装置,如在开口三角端接入一合适的阻尼电阻,或在电压互感器二次侧中线上增加消谐装置,以抑制谐振的发生。

(4)改变运行方式(即改变系统的参数),如事先投入或断开某些线路和设备,先合上断路器后投入电压互感器等。

(三)保护用二次绕组与计量用二次绕组分开

在可能的情况下,将保护用二次绕组与计量用二次绕组分开。在以前,用于接地保护的高电压单相三绕组电压互感器,其二次绕组回路接有测量仪表和继电保护装置。由于二次回路负荷电流造成的二次线路压降大,实际测量仪表所测量的误差大,不能保证测量精度。随着计算用测量仪表的精度的提高,希望减小线路压降,提高测量准确度。因此,需要测量仪表特别是计量用仪表应有独立的回路,即互感器应有两个二次绕组,一个专对测量仪表供电,另一个专对继电保护装置供电。这样,测量回路的负荷电流大大减小,二次线路的压降减小,提高了测量精度。这种互感器称为测量和保护分开二次绕组的电压互感器,亦称单相四绕组电压互感器。

第二节 电压互感器的试验

一、电压互感器的误差试验

电压互感器的误差试验一般都用由标准互感器和互感器误差检验器组成的比较法进行,试验线路如图5-14所示。

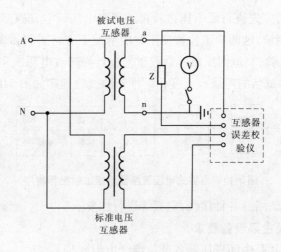

图5-14 电压互感器误差测量试验接线图

当标准电压互感器的准确级比被试互感器高两级,其实际误差小于被试互感器允许误差的1/5时,标准互感器的误差一般可略去不计,检验器的读数就是被试互感器的误差。试验时,在一次绕组上施加额定频率正弦波的指定电压,被试互感器二次绕组接规定的负荷。外壳或油箱以及运行中应接地的各绕组端子都必须可靠接地。对于单相三绕组电压互感器,测量二次绕组误差时,剩余电压绕组应开路;测量剩余电压绕组误差时,二次绕组应接规定的负荷。对于单相四绕组电压互感器,测量某绕组的误差时,其余各绕组应按产品技术要求接规定的负荷。

二、电压互感器绝缘试验

(一)试验目的
试验的目的是判定电容式电压互感器的误差、绝缘状况,能否投入使用或继续使用。试验所使用的仪器为介损仪M2000。

(二)试验项目
电容式电压互感器(CVT)绝缘试验包括以下试验项目:
(1)中间变压器一次、二次绕组的直流电阻测量;
(2)各电容器单元及中间变压器各部位绝缘电阻测量;
(3)电容器各单元的电容量及 tanδ 测量;

(4)交流耐压试验与局部放电测试。

(三)试验程序

(1)应在试验开始之前检查试品的状态并进行记录,有影响试验进行的异常状态时要研究并向有关人员请示调整试验项目。

(2)详细记录试品的铭牌参数。

(3)应根据交接或预试等不同的情况依据相关规程规定从上述项目中确定本次试验所需进行的试验项目和程序。

(4)一般情况下,应先进行低电压试验再进行高电压试验,应在绝缘电阻测量之后再进行 tanδ 及电容量测量,这两项试验数据正常的情况下方可进行试验电压较高的局部放电测试和交流耐压试验;交流耐压试验后宜重复进行局部放电测试和介损及电容量测量,以判断耐压试验前后试品的绝缘有无变化。推荐的试验程序如图 5-15 所示。

图 5-15 电容式电压互感器绝缘试验推荐程序

(5)试验后要将试品的各种接线、盖板等进行恢复。

(四)试验方法及主要设备要求

(1)各电容器单元及中间变压器各部位绝缘电阻测量。

使用仪器:2 500 V 绝缘电阻测量仪(又称绝缘兆欧表,包含绝缘摇表)。

(2)测量要求:

各电容器单元测极间,中间变压器测各二次绕组、N 端(有时称 J 或 δ)、X 端等。

(3)试验结果判断依据:

电容器单元极间绝缘电阻一般不低于 5 000 MΩ;中间变压器一次绕组(X 端)对二次绕组及地应大于 1 000 MΩ,二次绕组之间及对地应大于 10 MΩ。

(4)注意事项:

试验时应记录环境湿度。测量二次绕组绝缘电阻时其他绕组及端子应接地,时间应持续 60 s,以替代二次绕组交流耐压试验。

三、中间变压器一次、二次绕组的直流电阻测量

(1)使用仪器:测量二次绕组使用双臂直流电阻电桥,测量一次绕组使用双臂直流电阻电桥或单臂直流电阻电桥。当一次绕组与分压电容器在内部连接而无法测量时可不测。

(2)试验结果判断依据:

与出厂值或初始值比较应无明显差别。

(3)注意事项:

试验时应记录环境温度。

四、电容器各单元的电容量及 tanδ 测量

(一)使用仪器

介损仪 M2000 及标准电容器、升压装置(有的自动介损测量仪内置 10 kV 标准电容器和升压装置);现场用测量仪应选择具有较好抗干扰能力的型号,并采用倒相、移相等抗干扰措施。

(二)测量方法

220 kV 及以上电压等级的电容式电压互感器的高压电容器 C_1 一般会分节,对于其中各独立电容器分节,宜采用正接线测量,测量电压 10 kV。

对于 C_1 下节连同中压电容器 C_2,一般建议采用自激法(一般分两次分别进行,个别型号的仪器一次接线可同时完成测量),测量电压不应超过 2 kV;对于某些型号的 CVT,自激法测试不理想,也可测量 C_1 串联 C_2 的总体电容量及介损,介损仪用正接线测量方式,中间变压器 X 端子悬空,N 端子(有时称 J 或 δ)不接地、接入介损仪测量信号端,测量电压 5 kV。测量接线图如图 5-16 所示。

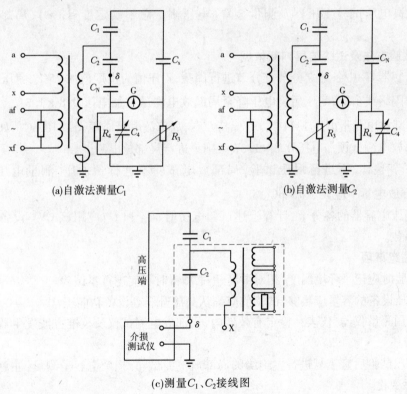

(a)自激法测量C_1 (b)自激法测量C_2

(c)测量C_1、C_2接线图

图 5-16　测量接线图

如果 CVT 下节带有中压测试抽头,则优先采用利用测试抽头的接线方法,即测量 C_1 下节时从电容器高压侧一次加压,从测试抽头取信号,而 X 端子及 N 端子(有时称 J 或 δ)应悬空,介损仪用正接线测量方式,测量电压 10 kV;测量中压电容器 C_2 时从测试抽头加

压,从 N 端(有时称 J 或 δ)取信号,而电容器高压侧应悬空、X 端子应悬空,介损仪用正接线测量方式,测量电压不应高于 C_2 在正常工作时的电压。

(三)试验结果判断依据

(1)电容量:每节电容值不超出额定值的 −5% ~ +10%,电容值大于出厂值的 102% 时应缩短试验周期;一相中任两节实测电容值相差不超过 5%。

(2)tanδ:交接时,膜纸复合绝缘型不超过 0.001 5,油纸绝缘型不超过 0.005;运行中,膜纸复合绝缘型不超过 0.003,超过 0.001 5 的应加强监视,超过 0.003 的应更换。油纸绝缘型不超过 0.005,超过 0.005 但与历年测试值比较无明显变化且不大于 0.008 的可监督运行。

(四)注意事项

试验时应记录环境温度、湿度。测量完成后恢复中间变压器各端子的正确连接状态。

五、交流耐压试验与局部放电测试

(一)使用仪器

无局放高电压试验变压器及测量装置(电压测量总不确定度 ≤3%)、局部放电测量仪。

(二)试验方法及试验结果判断依据

高压电容器 C_1 中各独立分节宜分节进行试验,耐压值为出厂值的 75%,耐压 60 s 应无内外绝缘闪络或击穿;耐压后将电压降至局部放电测试预加电压 $0.8 \times 1.3 U_m$,历时 10 s,再降至局部放电测量电压 $1.1 U_m / \sqrt{3}$,保持 60 s,局部放电量应不大于 10 pC。如果耐压值低于局部放电测试预加电压 $0.8 \times 1.3 U_m$,则只进行局部放电测试。

对于下节整体,不进行耐压试验,局部放电试验不进行预加压,测量电压为 $1.2 U_m / \sqrt{3}$,局部放电量不应大于 15 pC。

对于高压电容器的各分节,计算上述试验电压时,U_m 和 U_n 应用该 CVT 设备的相应参数除以节数。

(三)注意事项

(1)试验时应记录环境湿度,相对湿度超过 75% 时不应进行本试验。

(2)升压设备的容量应足够,试验前应确认高压升压等设备功能正常。

(3)所用测量仪器、仪表在检定有效期内,局部放电测试仪及校准方波发生器应定期进行性能校核。

(4)耐压试验后宜重复进行主绝缘的局部放电测试、介损及电容量测量,注意耐压前后应无明显变化。

六、原始记录与正式报告的填写要求

(1)原始记录的填写要字迹清晰、完整、准确,不得随意涂改,不得留有空白,并在原始记录上注明使用的仪器设备名称及编号。

(2)当记录表格出现某些项目确无数据记录时,可用"/"表示此格无数据。

（3）若确属笔误，出现记录错误时，允许用"单线划改"，并要求更改者在更改旁边签名。

（4）原始记录应由记录人员和审核人员二级审核签字；试验报告应由拟稿人员、审核人员、批准人员三级审核签字。

（5）原始记录的记录人与审核人不得是同一人，正式报告的拟稿人与审核/批准人不得是同一人。

（6）原始记录及试验报告应按规定存档。

第三节　电流互感器

一、电流互感器的基本原理、分类和用途

电流互感器是将高压系统中的电流或低压系统中的大电流，变成标准的小电流（5 A或1 A）的电器。它与测量仪表相配合时，则可测量电力系统的电流和电能；与继电器配合时，则可对电力系统进行保护。同时，也使测量仪表和继电保护装置标准化、小型化，并与高电压隔离。电流互感器是接近于短路运行的变压器，其基本原理与变压器没有多大的差别，只是取其电流的变换。它的一次绕组应与线路串联，额定一次电流等于线路的实际电流，如图5-17所示。但是，电流互感器与变压器的不同之处如下：

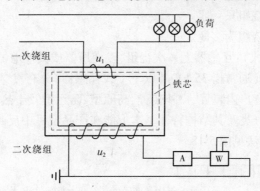

图5-17　电流互感器原理图

（1）电流互感器二次回路的负荷是电流表或继电器的电流线圈，阻抗小，相当于变压器的短路运行。而一次电流由线路的负荷决定，不由二次电流决定。因此，二次电流几乎不受二次负荷的影响，只随一次电流的改变而变化，所以能测量电流，且具有一定的准确级。

（2）电流互感器二次绕组绝对不允许开路运行。这是因为二次电流对一次电流产生的磁通是去磁的，一次电流一部分用以平衡二次电流，另一部分是励磁电流。如果二次开路，则一次电流全部是励磁电流，铁芯过饱和（磁通为平顶波），产生很高的电势（尖顶波），从而产生很高的电压，极不安全。同时铁损也增加，有烧坏的可能，所以它不能开路运行。

此外，电流互感器与电压互感器一样，二次侧一端必须接地，以防止一、二次之间绝缘击穿时危及仪表和人身的安全。差动保护电流回路一般由保护盘经端子排接地，其他电

流回路则在配电装置端子箱内经端子排接地。电流互感器二次侧只允许有一点接地,否则在两接地点间形成分流回路,输电线路或设备发生故障时继电保护就不能动作。

二、电流互感器的分类

(一)按绕组外绝缘介质分类

(1)一般干式:绝缘介质为一般干式绝缘材料或浸渍绝缘纤维材料等。

(2)浇注式:绝缘介质为环氧树脂加填料浇注成型固体。

(3)油浸式:绝缘介质为变压器油或油浸纸。

(4)气体式:绝缘介质为 SF_6 气体等。

(二)按绝缘结构形式分类(通常指油浸式)

(1)链形:绝缘纸连续缠绕在一次绕组和二次绕组上或全部绕在一次绕组上,且一次和二次绕组交链或成"链形"(俗称"8"字形)。

(2)电容均压型:绝缘全部缠绕在一次绕组或二次绕组上,绝缘内由若干过电容屏分成多个电容层而形成电场分布均匀的绝缘结构。电容均压型绝缘结构按绕组形状又为"U"形、正立吊环形、倒立吊环形电容型绝缘。

(三)按一次绕组结构形式分类

(1)绕线式:用普通导线卷制后再套在铁芯上。

(2)母线式:以线路的母线作为一次绕组。

(3)单匝式:一次绕组只一匝。

(4)复匝式:一次绕组为多匝。

(5)套管式(装入式):互感器无一次绕组,以变压器或其他电器的导体作一次绕组。

此外,按安装方式(通常指 35 kV 及以下干式互感器)分有贯穿式(亦称穿插式)和支柱式。按使用场所分有户内装置、户外装置、高原型、防污型及干热带与湿热带型等。

电流互感器各种分类及其结构特征基本上能在产品型号中反映出来。产品型号由字母和数字组成,表示方法见图5-18。

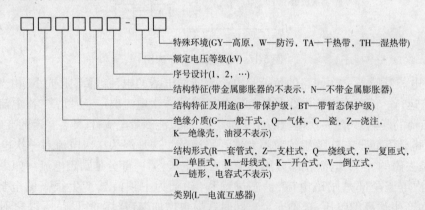

图 5-18 电流互感器型号表示方法

例如,LMZ-220 表示母线式浇注绝缘、额定电压为 220 kV 级电流互感器。LB-220

表示带保护级户外装置一般地区用油浸电容型、额定电压为 220 kV 级电流互感器。套管式电流互感器的型号为 LR－×××及 LRB－×××，"×××"表示额定电压等级，B 表示"保护"用。例如 LRB－220 为 220 kV 保护用套管式电流互感器。

三、电流互感器的结构特点

35 kV 以下电流互感器一般为户内环氧树脂浇注绝缘结构，35～500 kV 一般为户外油浸式结构。10 kV 级电流互感器有线绕式、母线式、单匝和复匝式、支柱式与贯穿式等结构。35～63 kV 级电流互感器一般采用链形绝缘结构，110 kV 及以上大都采用"U"形电容型绝缘结构，带金属膨胀器全密封，同时具有多个二次绕组。浇注绝缘电流互感器过去往往采用半浇注式结构，户外高压电流互感器通常采用瓷套作外绝缘。随着 SF$_6$ 气体作为一种良好的绝缘介质被应用在高压电气中，也研制出 SF$_6$ 气体的电流互感器，且这种变压器被广泛应用于 220 kV 及以上电网中。

（一）套管式电流互感器的特点

套管式电流互感器也称装入式电流互感器，它可安装在变压器或其他电器的引出套管上。套管式电流互感器的特点是无一次绕组，套管的导杆就成了互感器的一次绕组，结构上就只是外装电流互感器的一个二次绕组。由于套管式电流互感器无一次绕组，互感器的一次安匝是固定的，没有选择余地，所以电流比较小的套管式电流互感器的准确度的提高受到限制。一般情况下，200 A/5 A 及以下很难做到 1.0 级，600 A/5 A 以上才有可能到 0.5 级，1 200 A/5 A 以上方可做到 0.2 级。如果电流比小到 100 A/5 A 以下则根本不可能有什么准确级可言。这就是说，套管式电流互感器一般不能做计量用。当然，如果采取一些特殊的措施及使用高导磁材料有可能把准确级提高一些，但结构上的复杂或材料成本的昂贵可能难以为用户所接受。另外，由于变压器的负载往往是逐期变化的，为了测量的准确度，套管式电流互感器往往有多个抽头可改变电流比，通常电流比为 1～4 个，但是抽头电流比的准确度及其二次负荷等都要降低。电压 60 kV、容量为 8 MVA 及以上、电压 110 kV、容量为 16 MVA 及以上变压器，在高压侧的每相套管上装三台，其中一台供测量用，两台供继电保护用。电压为 220 kV、容量在 20MVA 以上的三绕组变压器，其高压侧（220 kV）和中压侧（110 kV）套管上均装三台，一台供测量用，两台供继电保护用。中性点有效接地系统用变压器，如 220 kV 侧和 110 kV 侧的中性点套管上也均装一台套管式电流互感器。

（二）保护用电流互感器的特点

在超高压电力系统中，为保持系统的稳定性，系统出现故障时应快速切除故障，即要求继电保护快速动作，发出断路器跳闸指令。由于超高压系统一次电路时间常数较大，短路电流直流分量衰减较慢，因此电流互感器此时工作在一次电流的过渡过程中，如图 5-19 所示。

由于电网在短路时，一次电流中含有较大的直流分量，在暂态过程中，普通的电流互感器在铁芯中产生很高的磁通密度而饱和，励磁电流很大且波形畸变，误差很大，可能使继电保护不能正确动作。因此，有暂态特性要求的互感器与普通互感器是大不相同的。因此，将保护用电流互感器在一次电流的暂态过程中的误差特性称为电流互感器的暂态

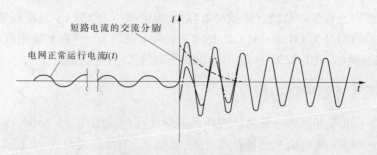

短路电流的交流分量

电网正常运行电流$i(t)$

图 5-19　短路电流的过渡过程

特性。500 kV 电力系统对电流互感器的暂态特性有着严格的要求,目前,对 220 kV 及以下电网(不与 500 kV 电网联网的)的互感器还没有暂态特性的要求。为使保护用电流互感器在系统发生故障时,满足暂态特性要求,通常在结构上与普通的电流互感器有很大的区别,其主要的特点是铁芯截面比普通互感器要大一个倍数,一般在 15~20 倍,同时大都要在铁芯中设置一定的非磁性间隙。因此,暂态特性互感器的体积和成本比普通互感器要大得多,且制造工艺更复杂些。

对暂态特性电流互感器的误差要求,《保护用电流互感器暂态特性技术要求》(GB 16847—1997)规定有四个准确级:TPS、TPX、TPY 和 TPZ。其中"TP"表示暂态保护,其后面的字母表示误差特性分级。各准确级定义如下:

TPS 级:低漏磁电流互感器,其性能由二次励磁特性和匝比误差限值规定。无剩磁限值。

TPX 级:准确限值规定为在指定的暂态工作循环中的峰值瞬时误差。无剩磁限值。

TPY 级:准确限值规定为在指定的暂态工作循环中的峰值瞬时误差。剩磁通不超过饱和磁密的 10%。

TPZ 级:准确限值规定为在指定的二次回路时间常数下和具有最大直流偏移的单次通电时的峰值瞬时交流分量误差。无直流分量的误差限值要求。剩磁通实际上可以忽略。

影响电流互感器暂态特性的主要参数有一次电流衰减时间常数 T_p、短路电流和非周期分量、二次回路时间常数 T_s 等。

(1)一次电流衰减时间常数 T_p。

一次衰减时间常数对电流互感器暂态过程有重要影响,该时间常数由该短路支路的电感与电阻之比确定,即 $T_p = L_p / R_p$。电力系统中发电机和大型变压器的时间常数较大,高压系统的时间常数也相对较大,中低压系统的时间常数相对较小。一次电流衰减时间常数随电力系统不同短路地点而不同,通常离电源点越近,时间常数越大。

(2)短路电流和非周期分量。

短路电流中通常包含周期分量(对称分量)和非周期分量(直流分量)两部分,对电流互感器特性造成严重影响的是非周期分量。非周期分量的大小取决于短路发生时系统电压的相位角,当短路时系统相位角 $\theta = 0$,即 $\cos\theta = 1$ 时,非周期分量最大,此时短路电流为全偏移状态。在 IEC 和国家标准中,电流互感器的暂态特性的计算通常取短路电流全偏移的情况。

（3）二次回路时间常数 T_{s}。

除了个别类型电流互感器（如 TPZ 型）的二次回路时间常数有明确的规定，一般是根据电流互感器的特性要求由制造厂家优化确定，二次回路时间常数的值应在一定的范围内。TPS 和 TPX 级电流互感器为几秒以上；TPY 级的二次回路时间常数受暂态误差的限制，一般在数百毫秒至一两秒；TPZ 级为线性互感器，二次回路时间常数通常为 $(60 \pm 6)\,\mathrm{ms}$。

（4）为确定电流互感器的暂态特性需要规定电流互感器在电网故障时的工作历程和有关时间。工作循环通常分为单次通电和双次通电两类。C—0 即单次通电，为 C—$t'(t'_{\mathrm{aL}})$—0。C—0—C—0，即双次通电，为 C—$t'(t'_{\mathrm{aL}})$—t_{fr}—C—$t''(t''_{\mathrm{aL}})$—0。其中，t' 为首次断路器跳开的时间（保护动作时间 t_{op} + 断路器动作时间 t_{b}）；t'' 为第二次断路器跳开的时间（保护后加速动作时间 t_{op} + 断路器动作时间 t_{b}）；t'_{aL}、t''_{aL} 为第一次和第二次电流互感器不饱和时间，一般为继电保护动作时间，有时也包括断路器切断电流所需的时间（即 $t'_{\mathrm{aL}} = t'$，$t''_{\mathrm{aL}} = t''$）；t_{fr} 为保护重合闸时间（无电流时间），在使用 TPY 级电流互感器时，通常为 400 ms，但国内超高压系统中继电保护均采用单相重合闸的方式，为考虑潜供电流的影响，t_{fr} 一般取 800 ms 以上。

当电流互感器出现饱和现象时，互感器中的磁通密度为饱和磁通密度，此时电流互感器二次回路中感应的对称电动势的峰值称为饱和电动势。为避免互感器稳态（交流）饱和，确保得到额定等效二次极限电动势，并使其励磁电流不超过该互感器相应各级的最大允许误差电流，二次励磁极限电动势 E_{aL} 不应小于规定值。极限电势 E_{aL} 幅值增大 10%时，饱和电动势应致使励磁电流峰值的增加不超过 50%（对于 TPS 级不超过 100%）。同时，在 E_{aL} 作用下励磁电流峰值不应超过规定值。如未规定，则在任何情况下励磁电流应不超过折算到二次侧的短时热电流值的 10%。由使用条件规定的二次励磁极限电动势，通常按下式计算

$$E_{\mathrm{aL}} = KK_{\mathrm{SSC}}(R_{\mathrm{ct}} + R_{\mathrm{b}})I_{\mathrm{an}} \tag{5-8}$$

式中　K——面积系数；

$\quad\quad K_{\mathrm{SSC}}$——额定对称短路电流倍数；

$\quad\quad R_{\mathrm{ct}}$——电流互感器二次绕组电阻（折算到75°）；

$\quad\quad R_{\mathrm{b}}$——二次回路负荷电阻；

$\quad\quad I_{\mathrm{an}}$——电流互感器二次额定电流。

通常 TPS 和 TPX 级互感器的铁芯为连续圆环形，不设非磁性间隙（即气隙）。由于未限制剩磁，它们不宜用于有双工作循环要求的继电保护。TPY 和 TPZ 级电流互感器的铁芯中要设置一定气隙，其相对气隙长度（气隙长度占铁芯平均磁路长度的百分数）通常为 0.05% ~0.2%。TPZ 级的气隙要比 TPY 级的大些。由于铁芯设置气隙后，铁芯的磁导率在一定范围内恒定，即铁芯的励磁特性是线性的，故这两种互感器也称线性互感器。在相同的技术要求下，铁芯截面的大小大致是：TPX 级最大，TPY 级次之，TPZ 级最小。尽管 TPZ 级铁芯截面小，但因其相位差有严格的偏差要求，其结构设计及工艺控制是较为麻烦的。暂态互感器的各准确级需与不同动作原理的保护装置相匹配，根据国内继电保护装置的动作原理，电力系统普遍采用 TPY 级暂态互感器，TPZ 级只在个别线路使用。

(三)SF₆型电流互感器

SF₆型电流互感器是以SF₆气体做绝缘介质的一种新型电流互感器。SF₆型电流互感器与充油式电流互感器相比,有结构简单、工艺过程简化、生产周期短、运行安全可靠性高及维护工作量小等优点,因此SF₆型电流互感器在电力系统中得到了广泛的应用。

图 5-20   SF₆型电流互感器的外形

SF₆型电流互感器分两大类:一类是配合SF₆全封闭组合电器(GIS)的电流互感器,如图 5-20 所示;另一类是独立式SF₆互感器,如图 5-21 所示。前者发展较早,后者起步较晚。GIS用SF₆型电流互感器实际上是一种套管式互感器,采用双柱式叠片铁芯,无一次绕组,不承受主绝缘,SF₆型电流互感器外形如图 5-20 所示。独立式SF₆电流互感器外形如图 5-21 所示,独立式SF₆型电流互感器为全密封倒立式结构,头部壳体为铝制件,其内部装有二次绕组及一次导电杆。二次绕组引出线通过引线套管引至底座的接线盒内。头部壳体装有防爆片,内部发生高能放电,气体压力超过 0.7 MPa 时,防爆片破裂,达到压力释放目的。底座装

图 5-21   独立式SF₆互感器
外形

有密度表,可显示互感器内部气体的压力(显示值为转换成20 ℃时的内部气体压力)及密度,具有温度补偿作用,并带有两对触点,当互感器内部压力降到报警压力时发出信号。SF₆型电流互感器为倒立式电容型绝缘结构,将低电位的二次绕组置于电流互感器的上部,并将主绝缘包在二次绕组及其引线上。为了充分利用材料的绝缘特性,使电场均匀分布,在主绝缘内设有电容屏。对倒立式绝缘结构来讲,主绝缘最外层接高电压,最内层接地,形成一个串联的电容屏组,若各屏间的电容接近相等,则其屏间的电压分布也趋于均匀。倒立式结构的主要特点是:一次绕组容易散热,比较容易满足较大的短时热稳定电流和动稳定电流的要求;为保证产品有足够的机械强度,提高其抗地震的能力,要尽可能减轻倒立式结构头部的重量,因此一次绕组数及其重量都受到一定的限制。在运输时其内部充有 0.08 ~ 0.1 MPa 的SF₆气体,在使用前必须将SF₆气

体充到额定压力。独立式 SF_6 型电流互感器的绝缘子采用一个外表面浇注硅橡胶伞裙的玻璃纤维增强型复合绝缘套管。这种绝缘子是由耐机械冲击、耐高内压的绝缘筒外壁铺硅橡胶伞裙而成的，因伞裙做得很薄，风吹雨淋均可把其上的污尘除净，所以这种绝缘子防污性能很好，运行更加安全可靠。

SF_6 气体是一种无色、无味、无臭、无毒的具有良好绝缘强度的气体，同时其灭弧性能较佳，所以 SF_6 气体最先用在高压断路器上，后用在全封闭电站中。SF_6 气体的绝缘强度与气体压力、气体中含水量有关。气体压力高，含水量低，则绝缘强度就高。SF_6 用于电流互感器中时，气体压力一般选为 $0.3 \sim 0.4$ MPa。SF_6 气体在高温电弧作用下会分解出一些有害物质，一般有亚硫酸氟（SOF_2）、硫酸氟（SO_2F_2）、四氟化碳（CF_4）、氟化氢（HF）、四氟化硫（SF_4）、三氟化铝（AlF_3）及六氟化钨（WF_6）等，这些物质对金属、陶瓷和玻璃等都有腐蚀作用，有的对人体健康有害。因此，必须控制其分解物的浓度。

根据 SF_6 气体的以上特点，设计制造 SF_6 互感器应注意以下几点：

（1）不能用纤维性固体绝缘材料，因为这种材料极易造成气体放电。SF_6 互感器所使用的一些绝缘材料需耐 SF_6 气体的腐蚀，且不影响 SF_6 气体的绝缘性能。目前其绝缘材料一般为以三氧化二铝为填料的环氧树脂浇注成型固体，或者为粘胶聚酯薄膜，或其他不受 SF_6 气体腐蚀的绕包绝缘。

（2）所有高压电极及接地零部件的表面要有较大的曲率半径，以降低表面电场强度，提高放电电压，必要时需在电极间增加屏蔽电极，以改善电场。

（3）绝缘件要排除在电场之外，要有可靠的屏蔽措施。

（4）机加工零部件表面粗糙度要适当，应尽量避免表面微小的突出。

（5）绝缘体表面要光滑，防止表面滑闪放电。

（6）密封要可靠，防止气体泄漏，一般年漏气量控制在 0.3% 以下。

设计制造 SF_6 互感器的关键技术有两点：一是电极形状及屏蔽措施，二是密封结构。为选择合理的电极形状，一般要进行严格的电场计算，以控制各个部位电场强度值。密封结构包括密封材料及密封面的加工。密封材料通常用乙丙橡胶，密封垫的断面以"O"形居多，密封面加工要光滑平整，且尺寸公差要严格控制，装配时配以密封胶以增强密封可靠性。焊缝要无微孔，无裂纹，并应做 X 射线检查。另外，SF_6 型电流互感器的制作场所环境条件要求很高，一般应控制日降尘量、温度及湿度等，同时要保持有一定正压值。为此，互感器生产厂房应有空气调节、过滤和除湿设备。SF_6 互感器内的气体应由专用的充气设备充入和抽出。SF_6 气体的泄漏须用检漏仪检测。

四、电流互感器在规定的使用环境和运行条件下的主要技术要求

（一）额定电压
电流互感器的额定电压是指互感器一次绕组所接线路的线电压，不是一次绕组两端承受的电压，只是标志一次绕组对二次及地的绝缘水平的基准技术数据。

（二）额定一次电流
额定一次电流是决定互感器误差性能和温升的一个技术要求，它取决于系统的额定

电流。额定一次电流的标准值有（单位：A）：1，5，10，15，20，30，40，50，60，75，100，160（150），200，315（300），400，500，630（600），800（750），1 000，1 250（1 200），1 600（1 500），2 000，2 500，3 150（3 000），4 000，5 000，6 300（6 000），8 000（7 500），10 000，12 500（12 000），16 000（15 000），20 000，25 000。

（三）额定二次电流

额定二次电流的标准值为 1 A 和 5 A。IEC 标准还规定有 2 A 的。它取决于二次设备的标准化。

（四）额定电流比

额定电流比是额定一次电流与额定二次电流之比，一般不以其比值表示，而是写成比式，例如 150 A/5 A 等。

（五）额定连续热电流

额定连续热电流是指一次绕组连续流过的而不使互感器温升超过规定限值的电流。通常互感器的额定一次电流即是额定连续热电流，但在某些情况下，额定连续热电流须大于额定一次电流。

（六）额定负荷（或额定输出）

额定负荷是规定互感器准确级的二次回路阻抗，以伏安数表示，它是二次回路在规定功率因数和额定二次电流下所汲取的视在功率。在规定的额定负荷下，互感器所供给二次回路的视在功率（在规定功率因数下以伏安数表示）称额定输出（俗称额定容量）。额定负荷以伏安表示时与额定输出相等。额定输出的标准值有：5 VA，10 VA，15 VA，20 VA，25 VA，30 VA，40 VA，50 VA，60 VA，80 VA，100 VA。IEC 标准规定的标准值规格较少，只有 2.5 VA，5 VA，10 VA，15 VA，30 VA，主要是国外的继电器与仪表的消耗功率比我国小得多的缘故。

（七）测量准确级及其误差限值

电流互感器在变换电流时，由于有励磁电流产生而必然出现误差，这个误差包括电流比值误差和相位差两部分。电流比值误差也称电流误差，电流误差以百分数表示，其定义如下式

$$f = \frac{K_n I_2 - I_1}{I_1} \times 100\% \tag{5-9}$$

式中　K_n——额定电流比；

　　　I_2——实际二次电流；

　　　I_1——实际一次电流。

相位差即二次电流与一次电流两相量之间的差。当二次电流相量超前一次电流相量时，相位差为正值，反之为负值。

衡量电流互感器的误差大小及性能优劣的标准之一是准确级。准确级是在规定的条件下不超过规定误差限值的一个等级。测量用电流互感器准确级是以在额定电流下所规定的电流误差的百分数来标称的。国家标准所规定的准确级有 0.1，0.2，0.5，1，3，5 级，还有特殊使用要求的准确级 0.2S 和 0.5S 级。准确级所规定的条件及误差限值如表 5-2 所列。

表 5-2　准确级所规定的条件及误差限值

准确级	额定电流百分数（%）	误差限值		额定输出 S_n 的变化范围
		电流误差 ±（%）	相位差 ±（′）	
0.1	5	0.4	15	（25% ~ 100%）S_n
	20	0.2	8	
	100 ~ 120	0.1	5	
0.2	5	0.75	30	（25% ~ 100%）S_n
	20	0.35	15	
	100 ~ 120	0.2	10	
0.5	5	1.5	90	（25% ~ 100%）S_n
	20	0.75	45	
	100 ~ 120	0.5	30	
1	5	3	180	（25% ~ 100%）S_n
	20	1.5	90	
	100 ~ 120	1.0	60	
3	50 ~ 120	3.0	不规定	（50% ~ 100%）S_n
5	50 ~ 120	5.0	不规定	（50% ~ 100%）S_n
0.2S	1	0.75	30	（25% ~ 100%）S_n
	5	0.35	15	
	20	0.2	10	
	100 ~ 120	0.2	10	
0.5S	1	1.5	90	（25% ~ 100%）S_n
	5	0.75	45	
	20	0.5	30	
	100 ~ 120	0.5	30	

（八）保护准确级及其误差限值

电流互感器除承担着电力系统的电流与电能测量外，最重要的任务是，在系统发生故障时传递电流信息给继电保护装置而切除故障。前者是在系统正常运行时工作的，即互感器在额定电流下工作，后者则在过电流下工作。由于在过电流情况下，互感器铁芯磁密较高，且磁通波形、励磁电流波形畸变较大，所以二次电流中的谐波含量较大，对继电器动作不利。为此，保护准确级误差的定义不能用电流的相量来表示，只能用电流的有效值表征，国家标准和 IEC 都规定为复合误差，其定义如下式

$$\varepsilon_c = \frac{100}{I_1} \sqrt{\frac{1}{T}\int_0^1 (K_n i_2 - i_1)^2 \mathrm{d}t} \qquad (5\text{-}10)$$

式中 I_1——一次电流有效值;

i_1、i_2——一、二次电流瞬时值;

T——一个周期的时间;

K_n——额定电流比值。

保护准确级用准确限值系数电流下的复合误差的百分数及其后加字母"P"(表示保护)来标称。保护用互感器的标准准确级有 5P 和 10P。准确限值系数即能满足规定复合误差要求的最大一次电流与额定一次电流的比值。准确限值系数的标准值为 5,10,15,20,30。通常,在产品铭牌上或技术文件中将准确级及其相应的准确限值系数合起来书写,例如 5P20,表示在准确限值系数为 20 的条件下复合误差限值为 5%。保护准确级的误差限值如表 5-3 所列。

表 5-3 保护准确级的误差限值

准确级	电流误差 ±(%) (一次电流额定时)	相位差 ±(′) (一次电流额定时)	复合误差(%) (一次电流额定时)
5P	1	60	5
10P	3	—	10

过去的国家标准,保护用电流互感器曾经是规定 10% 倍数——在规定的额定负荷下电流互感器的电流误差为 -10% 时,一次电流对额定一次电流的倍数。其准确级标称为 B 级。显然,由于 P 级规定的是复合误差,限制了二次电流中的谐波含量,另外,即使电流各量都为正弦波,则按相量图求解而得复合误差为电流误差和相位差(以弧度值表示)的相量和,因此 P 级比只规定电流误差的 B 级要求要严格,即提高了互感器性能,使继电保护更加可靠。

(九)短时热电流与动稳定电流

电流互感器是串联在线路上的,当发生短路故障时线路电流比额定电流大很多倍,这样大的电流通过互感器,一方面产生热效应,另一方面产生机械效应(电动力),所以电流互感器必须具有承受这些效应的能力。互感器承受这些效应的能力是用短时热电流和额定动稳定电流的大小来表征的。在 1 s 内所能承受且无损伤的一次电流有效值,称为额定短时热电流。能承受电磁力的作用而无电的或机械损伤的一次电流峰值,称为额定动稳定电流。一般情况下,额定动稳定电流值为短时热电流的 2.5 倍。实际上,在电力系统中往往要求互感器具有承受 1 s 以上的短时热电流的能力。由于短时发热过程可视为绝热过程,因此大于 1 s 的短时热电流 $I^2 t$ 可按相等原则来换算成额定短时(1 s)热电流值,但是其额定动稳定电流仍为大于 1 s 时的动稳定电流值。例如,电流互感器要求承受 3 s、50 kA 的短时热电流,动稳定电流 125 kA,则其额定短时(1 s)热电流值为 $\sqrt{3} \times 50$ kA,此时动稳定电流值仍为 125 kA。

(十)仪表保安系数(FS)

电流互感器测量二次绕组回路通常所接仪表的过载能力是有限的,仪表精度越高,过载能力越小。因此,必须规定测量二次绕组的过电流特性,使测量仪表不致在过电流下烧坏或产生机械损伤。国家标准和 IEC 标准对此用仪表保安系数来表示。额定仪表保安电流与额定一次电流的比值称为仪表保安系数。额定仪表保安电流即测量用互感器在带二次额定负荷时,其复合误差不小于 10% 的最小一次电流值。仪表保安系数越小,对仪表安全越有利。仪表保安系数通常为 5、10。

电流互感器还有其他技术要求,如绝缘水平、局部放电水平等,它们的具体要求在有关标准中有规定。电流互感器的国家标准 GB 1208 基本上等效采用了 IEC185 标准,因此国家标准与 IEC 的差别不大。

五、改善电流互感器误差特性所采用的方法

电流互感器的误差是由励磁电流造成的,计算误差的基本解析式如下

$$f_1 = \frac{-(IN)_0}{(IN)_1}\sin(\alpha + \varphi) \times 100\% \tag{5-11}$$

$$\delta_1 = \frac{(IN)_0}{(IN)_1}\cos(\alpha + \varphi) \times 3\ 440 \quad (') \tag{5-12}$$

式中　f_1——电流误差(%);

δ_1——相位差(');

$(IN)_0$——励磁磁势;

$(IN)_1$——一次磁势;

α——二次回路阻抗角;

φ——铁芯材料损耗角。

式(5-11)和式(5-12)还可用互感器的结构参数和二次负荷参数来表达,表达式如下

$$f_1 = \frac{-I_2 Z_2 L_c}{2\pi f \mu A_c N_{2n}(IN)_1}\sin(\alpha + \varphi) \times 100\% \tag{5-13}$$

$$\delta_1 = \frac{I_2 Z_2 L_c}{2\pi f \mu A_c N_{2n}(IN)_1}\cos(\alpha + \varphi) \times 3\ 440 \quad (') \tag{5-14}$$

式中　I_2——二次电流;

Z_2——二次回路总阻抗;

L_c——铁芯磁路长度;

f——频率;

μ——铁芯材料导磁率;

A_c——铁芯截面面积;

N_{2n}——额定二次绕组匝数;

$(IN)_1$——一次磁势。

由式(5-13)和式(5-14)可以看出,影响误差的因素很多,其中如二次回路总阻抗主要取决于二次负荷的大小,显然,要减小误差就要减小二次负荷,因此要根据使用情况规定合理的二次负荷值。对于互感器本身,减小误差的途径主要是选择合适的一次磁势即一次安匝,增大铁芯截面面积,且选用导磁率较好的硅钢片,同时设法减小铁芯磁路长度。这些结构参数往往要由互感器总的经济技术指标来决定选取。减小误差的另一途径是采

用一些误差补偿方法。误差补偿方法有很多,电力用互感器较为普遍采用的方法有匝数补偿、磁分路补偿、小铁芯补偿和短路匝补偿等四种。

(一)匝数补偿

减少二次绕组的匝数,即增大了二次电流,因而产生一正的误差补偿值,以补偿负误差(任何互感器没有补偿前,电流误差总是负的,相位差总是正的)。误差补偿值按下式计算

$$f_b = \frac{N_b}{N_{2n}} \times 100\% \tag{5-15}$$

式中　N_b——补偿匝数,即减去的二次绕组匝数;

　　　N_{2n}——二次绕组额定匝数。

当二次绕组额定匝数较少时,减少一匝补偿值太大,这时往往采用分数匝补偿。分数匝补偿常用以下两种方法来实现。

1. 多根导线并绕

二次绕组用两根或多根相同截面的导线并绕,其中一根导线比额定匝数少绕一匝,此时误差补偿为

$$f_b = \frac{1}{n}\frac{1}{N_{2n}} \times 100\% \tag{5-16}$$

式中　n——导线根数,一般为 2 或 3。

导线数量为 3 时绕制不太方便,也可以用不同截面的多根导线并绕,这时误差补偿值按下式计算

$$f_b = \frac{1}{N_{2n}}\frac{r_b}{r_a + r_b} \times 100\% \tag{5-17}$$

式中　r_a——少绕一匝的导线电阻;

　　　r_b——绕满芯匝的导线电阻。

可以看出,用多根不同截面的导线并绕,可以实现调整所需的补偿值。

2. 用双铁芯或在铁芯端面钻孔

众所周知,一个绕组的电气匝数,是由导线穿过铁芯内窗孔及其所包围铁芯的截面多少来决定的。如图5-22 所示,设导线最后一匝只绕在铁芯 A 上,其截面面积为 S_A,则这个二次绕组的匝数为 $\left[(N_{2n} - 1) + \dfrac{S_A}{S_A + S_B} \right]$($S_B$ 为另一铁芯截面面积),则其误差补偿值为

$$f_b = \frac{N_b}{N_{2n}} \times 100\%$$

$$= \frac{N_{2n} - \left[(N_{2n} - 1) + \dfrac{S_A}{S_A + S_B} \right]}{N_{2n}} \times 100\%$$

$$= \frac{1 - \dfrac{S_A}{S_A + S_B}}{N_{2n}} \times 100\% = \frac{1}{N_{2n}} \times \frac{S_B}{S_A + S_B} \times 100\% \tag{5-18}$$

实际应用中,由于两铁芯磁性能可能相差较大,从而使实际的误差补偿值偏离式(5-18)

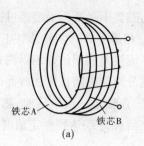

铁芯A   铁芯B

(a)

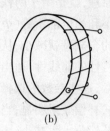

(b)

图 5-22　二次绕组接线示意图

计算值较远。在铁芯端面适当位置钻孔,则二次绕组导线最后一匝(或开头一匝)从孔中穿过,如图 5-22(b)所示,亦得到分数匝补偿。设少绕一匝的那部分铁芯(图 5-22(b)所示的孔内侧部分)截面面积为 S_b,磁路长度为 L_b,整个铁芯的截面面积为 S,磁路长度为 L,则其误差补偿值为

$$f_b = \frac{1}{N_{2n}} \times \frac{S_b}{S} \times \frac{L}{L_b} \times 100\% \tag{5-19}$$

通常,匝数补偿只对电流误差起补偿作用,对相位差不补偿。但在某些情况下,如补偿匝数太多,或少绕一匝的铁芯截面面积太大,减匝补偿后铁芯磁密将增大到不能忽略的值时,铁芯励磁电流的增加也较为明显,则再不能认为匝数补偿不能对相位起补偿作用,此时以上简单的误差补偿计算式也不适用。

(二)磁分路补偿

匝数补偿值不随一次电流而变化,因此只能平移误差曲线。采用磁分路补偿则可以使误差随电流变化曲线拉平一些,即在小电流时,误差补偿值较大,而在 100% ~ 120% 额定电流时,误差补偿值较小。磁分路补偿最初应用于叠片方形铁芯,后来也用于圆环形铁芯。叠片方形铁芯磁分路的结构如图 5-23 所示。

磁分路由几片硅钢片式普通薄钢板制成。在有磁分路的铁芯柱(称为上芯柱)上装有一次绕组和一部分二次绕组,无磁分路的铁芯柱(称为下芯柱)上只有另一部分二次绕组,两部分二次绕组(匝数不等)串联连接引出,其绕组布置如图 5-24 所示。

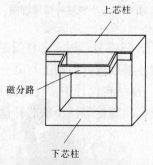

图 5-23　叠片方形铁芯磁分路的结构示意图

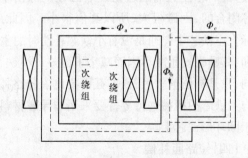

图 5-24　磁分路补偿原理图

磁分路补偿的原理,就是由于两铁芯柱的磁势不平衡而磁通通过磁分路,因而使两铁芯柱内的磁通的大小和相位都不等(Φ_a 和 Φ_b 相量不等),两铁芯柱上磁通的励磁安匝也不相等,这样,它们的合成量就减小,从而使电流误差和相位差均得到减小。显然,可以充分利用磁分路磁化特性的非线性,适当选择磁分路的磁路长度和截面面积等参数,就可使误差曲线拉平。通常,这些参数的选择原则是,在较小一次电流时,磁分路处于高磁导率区段工作,磁阻较小,补偿效果明显;当一次电流接近或达到额定值时,磁分路趋于饱和,磁导率低,磁阻大,补偿值大大减小。

在圆环形铁芯中,磁分路也是环状的,故称圆环磁分路,圆环磁分路补偿结构如图 5-25 所示。先在主铁芯绕所需补偿匝数(N_b),然后外套磁分路片,再继续在磁分路和主铁芯上绕线至规定二次绕组的匝数。圆环形铁芯磁分路的参数,如补偿匝数 N_b、截面面积与磁路长度等的选择原则同叠片铁芯磁分路相同,但通常磁分路的片宽与主铁芯片宽相同。由于圆环形铁芯在电流互感器中应用较广,所以圆环磁分路补偿方法应用也很普遍,但多应用在低压互感器中。由于磁分路的磁

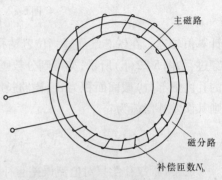

图 5-25　圆环磁分路补偿原理图

性能受退火工艺的约束较大,因此理论计算的准确度较差,实际应用中现场调整磁分路参数是较频繁的。

(三)小铁芯补偿

在叠片方形铁芯的磁分路补偿结构中,如果把磁分路的截面加大,同时使磁路与主铁芯隔离,这时磁分路成为一个独立磁路的铁芯,这就是小铁芯补偿,其结构如图 5-26 所示。小铁芯补偿的原理基本上同磁分路补偿相同,由于主铁芯和小铁芯之间有非磁性间隙,上芯柱主漏磁通在小铁芯内流通,因其磁阻小,而漏磁通值较大,下芯柱的漏磁通是经非磁性间隙由小铁芯闭合的,因磁阻大,所以其值很小。因此,

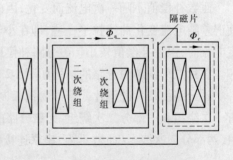

图 5-26　小铁芯补偿原理图

实际上主铁芯中磁通是没有小铁芯补偿时的主磁通与有小铁芯补偿时上芯柱漏磁通的相量和,其励磁安匝减小因而减小了误差。小铁芯补偿的各参数选择原则上与磁分路补偿相同,只是补偿值较大,铁芯截面要比磁分路补偿大些。在结构设计中要注意的是,小铁芯与主铁芯的机械夹持零件要采用非导磁材料,如铝或铜质螺栓等。小铁芯补偿也广泛用于圆环形铁芯上。

(四)短路匝补偿

在电流互感器的铁芯上用导线绕 1～2 匝,绕组两端短接,就构成短路匝补偿。短路匝补偿的原理是,因短路绕组的短路电流同二次绕组电流一样是去磁磁势,所以磁势平衡

方程式中增加了一个去磁磁势(短路绕组的电流与匝数的乘积),即互感器又增加了一个误差分量,使互感器的电流误差和相位差都得到补偿。显然,这个误差补偿值对电流误差不起好作用,而使负误差越来越大,对相位差则起好的补偿作用。因此,短路匝补偿一般只在特殊需要补偿相位差的时候才采用。现代互感器普遍采用优质冷轧硅钢片,相位差一般不会太大,所以很少采用。短路匝补偿往往与磁分路补偿或小铁芯补偿方法一起使用,以得到满意的补偿效果。

六、电流互感器极性规定和误差测量方法

电流互感器的极性就是指一次绕组和二次绕组的端子标志,也就是指两个绕组之间电流方向的关系。国家标准 GB 1208 关于电流互感器的端子标志是这样规定的:用字母 L 表示一次绕组出线端子,字母 K 表示二次绕组出线端子,例如 L_1—L_2、K_1—K_2,其极性关系为标有 L_1 和 K_1 的各出线端子在同一瞬间具有同一极性。所谓同一极性,即当电流都同时从两个端子进入绕组,它们所产生的磁通方向是一致的。所以说,这种端子标志实质上就是按照减极性所规定的,即一次电流从 L_1 端进入绕组,二次电流从 K_1 端流出经外部回路至 K_2 端进入绕组,两者所产生的磁通方向相反。端子标志是电流互感器使用中接线正确的保证,极性有错,将使互感器接线错误,会造成仪表及继电保护不能正常工作。同时,制造上只有极性正确才能进行误差试验。因此,电流互感器的端子标志必须检查正确。电流互感器的端子标志检验,也即极性检查,常采用以下两种方法。这些方法与变压器极性的测定方法是一样的。

电流互感器误差用比较法测量,即被试互感器和标准电流互感器的二次电流同时输入到误差检验器(误差电桥)进行比较,其原理接线如图 5-27 所示。

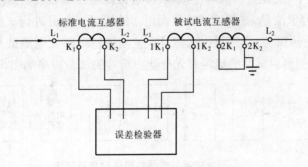

图 5-27 试验原理接线图

标准互感器与被试互感器的电流比应相同,自身准确级至少应比被试互感器规定准确级高两级,被试互感器所接负荷的偏差不应超过 ±3%。误差试验前应先检查互感器的极性并进行退磁。退磁可按互感器的具体情况采用大负荷退磁法或强磁场退磁法。以前国产的误差检验器有 HE5 或 HE6 型,目前已发展到 HE18 型,可测到 0.2 级互感器的误差。互感器的实际误差除由误差检验器所读出的误差外,还应包括标准互感器的自身误差及检验等设备的误差。对于准确级 3 级、5 级,也允许采用双电流表法测量,即在标准互感器和被测互感器二次回路内各接电流表,用以测量二次电流来计算误差。

第四节　电流互感器的试验

一、试验项目及试验程序

（一）电流互感器绝缘试验的试验项目
（1）二次绕组的直流电阻测量；

（2）绕组及末屏的绝缘电阻测量；

（3）极性检查；

（4）变比测量；

（5）励磁特性曲线试验；

（6）主绝缘及电容型末屏对地的 $\tan\delta$ 及电容量的测量；

（7）交流耐压试验；

（8）局部放电试验。

（二）试验程序
（1）应在试验开始之前检查试品的状态并进行记录，有影响试验进行的异常状态时要研究并向有关人员请示调整试验项目。

（2）详细记录试品的铭牌参数。

（3）应根据交接或预试等不同的情况依据相关规程规定从上述项目中确定本次试验所需进行的试验项目和程序。

（4）一般情况下，应先进行低电压试验，再进行高电压试验；应在绝缘电阻测量之后，再进行 $\tan\delta$ 及电容量测量，这两项试验数据正常的情况下方可进行试验电压较高的局部放电测试和交流耐压试验；交流耐压试验后宜重复进行局部放电测试和介损及电容量测量，以判断耐压试验前后试品的绝缘有无变化。推荐的试验程序如图 5-28 所示。

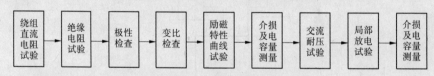

图 5-28　电流互感器绝缘试验推荐程序

（5）试验后要将试品的各种接线、盖板等进行恢复。

二、试验方法及标准

（一）二次绕组的直流电阻测量
试验方法：测试电流互感器一次绕组的直流电阻时，采用大电流直阻测试仪（测量电流应大于 100 A，一般采用测量高压开关回路的电阻测试仪）；电流互感器二次回路的直流电阻测试，通常采用单桥或双桥电阻测试仪。测量的电流互感器一、二次绕组的直流电阻与初始值或出厂值比较，应无明显差别。

(二)绕组及末屏的绝缘电阻测量

试验方法:采用 2 500 V 的摇表分别测量电流互感器一、二次绕组以及末屏的绝缘电阻。绕组的绝缘电阻不应低于初始值或出厂值的 60%,电容型电流互感器的末屏绝缘电阻值不应小于 1 000 MΩ,小于 1 000 MΩ 时,应做 2 kV 下的介损试验。在测量一次绕组的绝缘电阻时,应将末屏接地,在测量末屏的绝缘电阻时,一次绕组不接地;在测量二次绕组的绝缘时,应将摇表接在被试绕组上,将其他非测试的绕组短接接地。

(三)极性检查

试验方法:同变压器极性检测方法一致(详见第二章第八节)。

(四)变比测量

试验方法:同变压器变比检测方法一致(详见第二章第七节)。

(五)励磁特性曲线试验

电流互感器(CT)伏安特性是指电流互感器一次侧开路,二次侧励磁电流与所加电压的关系曲线,实际上就是铁芯的磁化曲线,因此也叫励磁特性。它是检查互感器的铁芯质量的依据,通过鉴别磁化曲线的饱和程度,可计算 10% 误差曲线,并可判断互感器的二次绕组有无匝间短路。

试验方法:试验时,将电流互感器一次侧开路,从电流互感器本体二次侧施加电压,可预先选取几个电流点,逐点读取相应电压值。通入的电流或电压以不超过制造厂技术条件的规定为准。当电压稍微增大一点而电流增大很多时,说明铁芯已接近饱和,应极其缓慢地升压或停止试验,根据试验数据绘出伏安特性曲线。试验接线如图 5-29 所示。一般的电流互感器电流加到二次电流的额定值时,电压已达 400 V 以上,单用调压器无法升到试验电压,一般情况下还必须再接一个升压变(其高压侧输出电流需大于或等于电流互感器二次侧额定电流)升压及一个 PT 读取电压。励磁特性曲线与同类型互感器特性曲线或制造厂提供的特性曲线相比较,应无明显差别。注意,试验前应将电流互感器二次绕组引线和接地线均拆除。

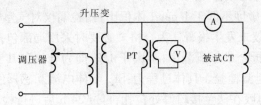

图 5-29　CT 励磁特性曲线试验接线

(六)主绝缘及电容型末屏对地的 tanδ 及电容量的测量

试验方法:对于电容型电流互感器,介损测量应采用正接法(参见第二章第三节变压器介损试验),即在一次侧加电压,从末屏处取信号;对非电容型电流互感器(如充油型)应采用反接法进行测量,测量时拆除一次侧引线;对于 SF₆ 型电流互感器,若主绝缘为电容型,且存在末屏引出时,应采用正接法测量电流互感器的介损和电容值。主绝缘 tanδ (%)不应大于表 5-4 中的数值,且与历年数据比较,不应有显著变化。

表 5-4　主绝缘 tanδ(%)的取值

电压等级(kV)		20~35	66~110	220	330~500
大修后	油纸电容型	—	1.0	0.7	0.6
	充油型	3.0	2.0	—	—
	胶纸电容型	2.5	2.0	—	—
运行中	油纸电容型	—	1.0	0.8	0.7
	充油型	3.5	2.5	—	—
	胶纸电容型	3.0	2.5	—	—

(七)交流耐压试验

试验方法:同变压器交流耐压试验方法一致(详见第二章第四节)。

(八)局部放电试验

试验方法:同变压器局部放电试验方法一致(详见第二章第九节)。

(九)SF_6 气体电流互感器的试验

1.气体微水含量试验

试验周期:交接时;投产后每半年测量 1 次,运行 1 年如无异常,3 年测 1 次;大修后;必要时。

试验方法:将 SF_6 气体微水测试仪同 SF_6 型电流互感器的气体密度计的表阀相连接,在仪器上读出数据,换算成 20 ℃时的体积分数。对于新设备和大修后充入气体的电流互感器,需静置 48 h 方可测量。

试验要求:SF_6 气体的微水含量在交接时和大修后不大于 150 μL/L,运行中不大于 300 μL/L。

2.SF_6 型电流互感器气体泄漏试验

试验周期:交接时,大修后,必要时。

试验方法:采用灵敏度不低于 1 ppm(体积比)的检漏仪对气室密封部分、管道接头等处进行检测,SF_6 检漏仪未发生报警认为合格。必要时采用局部包扎法,待 24 h 后检测每个包扎腔内 SF_6 含量折合成年泄漏率,不大于 1% 即为合格。其实施程序是:抽真空检验→注入 SF_6 气体→泄漏检验。具体过程为:SF_6 气体电流互感器经真空检漏并静置 SF_6 气体 24 h 后,用塑料薄膜在法兰接口等处包扎,再过 24 h 后进行检测,然后折合成年泄漏率,不大于 1% 即为合格,则认为该气室漏气率合格。

三、原始记录与正式报告的填写要求

(1)原始记录的填写要字迹清晰、完整、准确,不得随意涂改,不得留有空白,并在原始记录上注明使用的仪器设备名称及编号。

(2)当记录表格出现某些项目确无数据记录时,可用"/"表示此格无数据。

(3)若确属笔误,出现记录错误时,允许用"单线划改",并要求更改者在更改旁边签名。

（4）原始记录应由记录人员和审核人员二级审核签字；正式报告应由拟稿人员、审核人员、批准人员三级审核签字。

（5）原始记录的记录人与审核人不得是同一人，正式报告的拟稿人与审核/批准人不得是同一人。

（6）原始记录及正式报告应按规定存档。

第六章 变压器继电保护配置和保护装置介绍

第一节 变压器继电保护配置

当电力变压器在运行过程中,其内部和外部发生故障时,为防止事故扩大,造成变压器严重损坏,降低对电网的影响,应配置能够迅速反应和切除故障的继电保护。

电力变压器在遇到下列故障和异常时,相应的继电保护装置应动作:

(1)变压器绕组及其引出线的相间短路和中性点直接接地侧的单相接地故障。

(2)变压器绕组的匝间短路。

(3)外部相间短路引起过电流。

(4)中性点直接接地系统电力网中,外部接地短路引起的过电流及中性点过电压。

(5)超铭牌容量运行。

(6)变压器油位降低,内部故障的产气及产生油流。

(7)变压器温度升高或冷却器系统故障。

按《电力装置的继电保护和自动装置设计规范》(GB 50062—1992)的规定,对上述这些故障和异常运行应设置以下具体继电保护装置:

(1)以400 kVA为界限,对400 kVA及以下的配电变压器,一般不设继电保护,而是采用高压熔断器保护方式(也有熔断器保护设置范围扩大到1 000 kVA及以上的配电变压器)。400 kVA以上的配电变压器,如果高压侧的投切不是设置的熔断器方式,而是设置的断路器,这时应装设电流速断主保护和过电流后备保护(当过流保护动作时间小于0.5 s时,可不装速断保护)。

(2)对大中型电力变压器(一次侧采用断路器的),都应装设电流速断主保护和过电流后备保护,用以避免变压器的引出线、套管、油箱内部短路故障,以及外部相间短路引起的变压器过电流故障。其中,3 150 kVA及以下变压器可装设三相式反时限过电流保护及速断保护;6 300 kVA及以下可装设三相过电流、二相速断定时保护;8 000 kVA及以上大型变压器中的升压变压器及灵敏度达不到要求的降压变压器,可采用低电压启动和复合电压启动的过电流保护方式。

(3)对10 000 kVA及以上单独运行的变压器或6 300 kVA及以上并联运行变压器或工业企业中的重要变压器或2 000 kVA及以上的变压器,当其速断保护灵敏度达不到要求时,均要装设三相纵联差动保护,用以保护变压器的引出线、套管及油箱内部,避免短路故障。

(4)对110 kV级中性点直接接地的变压器,低压侧外部单相接地装设的保护如下:

①对直接接地运行的变压器,应装设由两段组成的零序电流保护。

②对可能接地运行,也可能不接地运行的变压器,若是全绝缘变压器,既要装设零序电流保护,也要装设零序电压保护;若是分级绝缘变压器,当中性点装设放电间隙时,应装设零序电流保护和零序电压保护,当中性点不能装设放电间隙时,可装设两段零序电流保护和一套零序电流、电压保护。

③对高压侧为单电源,低压侧无电源的降压变压器,可不装设零序保护。

(5)对10 kV级低压侧中性点接地变压器(Y,yn0),对低压侧单相接地短路的保护,可直接利用高压侧的三相式过流保护或低压侧的三相式过流保护,当高、低压侧过流保护都不能满足灵敏度要求时,可装设中性线上的零序电流保护。

(6)对10~35 kV级中性点非直接接地系统,变压器的低压侧无中性点引出接地,当发生单相接地时,其接地电容电流很小,所以只设线路的单相接地保护,动作于信号(按规定可继续运行1 h),没有零序保护设置问题。

(7)对400 kVA及以上的所有变压器,并联运行或单台运行作为其他负载的备用电源时,都应该装设单相式超铭牌容量运行保护,动作于信号。

(8)对800 kVA及以上的油浸电力变压器及400 kVA及以上的厂用油浸电力变压器,以及变压器的有载调压开关,均应设置气体继电器,用以保护变压器内部及开关,避免内部的故障。

(9)对变压器温度升高和冷却系统故障,可按变压器标准规定装设保护,动作于信号或跳闸。

小浪底电厂变压器继电保护配置情况如下:

(1)小浪底电厂变压器数量、型号和用途见表6-1。

表6-1 小浪底电厂变压器数量、型号和用途

变压器型号	额定容量(kVA)	数量(台)	用途	类型
SSP10 - 360000/220	360 000	6	发电机升压变压器	油浸式
DC8 - 850/18/√3	850	6	发电机励磁变压器	干式
DCZ9 - 1670/18/√3	5 010	2	厂用变压器	干式
SCZ9 - 5000/35	5 000	1	厂用变压器	干式
SFZ9 - CY - 20000/200	20 000	1	厂用变压器	油浸式
SCB8 - 1250/10	1 250	2	厂用变压器	干式
SCB8 - 1600/10	1 600	2	厂用变压器	干式
SCBZ8 - 1000/10	1 000	5	厂用变压器	干式
SCZ8 - 315/10	315	3	照明变压器	干式
SC - ZD - 315/10.5	315	2	发电机停机制动电源	干式
SCB - 400/10	400	4	厂用变压器	干式

(2)小浪底变压器保护配置:

①小浪底主变压器保护配置(见图6-1):主变差动、主变零序电流、220 kV零序电压、

低阻抗、主变速断过流、断路器失灵、主变高压侧非全相、主变轻瓦斯、主变重瓦斯、变压器压力释放阀动作、主变温度高、主变冷却器全停和主变油位异常保护。

②小浪底油浸式厂用变压器保护配置：纵联差动、零序电流、220 kV 零序电压、低压过流、速断过流、断路器失灵、断路器非全相、轻瓦斯、重瓦斯、变压器压力释放阀动作、温度高。

③干式 18 kV 和 35 kV 厂用变压器保护配置：电流速断、过电流、过负荷、高压零序和温度高保护。

④10 kV Y/Y₀ 接线的厂用变压器保护配置：电流速断、过电流、高压侧零序和低压侧零序；其他接线组别的厂用变压器保护配置：电流速断、过电流。

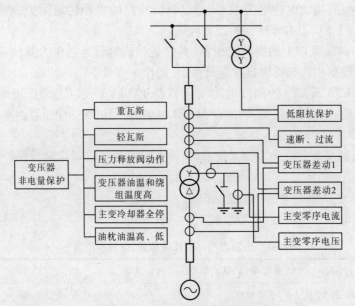

图 6-1　小浪底主变压器保护配置图

第二节　变压器的差动保护

差动保护是变压器内部或保护范围内出现故障时的主保护，主要反映变压器油箱内部、套管和引出线的相间和接地短路故障，以及绕组的匝间短路故障。差动保护能迅速断开变压器两侧开关，避免事故进一步扩大和变压器严重损坏，但在保护变压器内部故障时，保护灵敏性没有瓦斯气体继电器高。为了消除保护变压器外部故障的死区，其电流回路的接线范围应与相邻保护（如发电机或母线差动）的电流回路接线形成重叠区。变压器在运行中进行注滤油等工作时，差动保护仍可投入运行。

一、差动保护基本原理

如图 6-2 所示，电流互感器 CT1 和 CT2 分别为电流 I_n 和 I_m 的测量点，同时确定差动保护的保护范围。

在 CT1 和 CT2 之间发生的故障称为区内故障,差动保护应迅速动作;在 CT1 和 CT2 保护范围以外发生的故障称为区外故障,差动保护不应动作。当不计励磁电流、CT 误差、其他干扰电流,正常运行或区外故障时,按常规以流出保护区的电流为正方向,则测得电流 $I_n = -I_m$,即差电流 $I_d = I_n + I_m = 0$;但区内故障时,$I_n \neq -I_m$,$I_d \neq 0$。双绕组变压器差动保护的基本动作表达式为

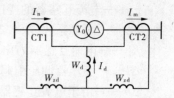

图 6-2　变压器差动保护原理图

$$I_d = \left| \sum_{i=1}^{n} \dot{I}_i \right| > I_{op} \quad (\text{动作电流}) \tag{6-1}$$

变压器在空载投入或切除区外故障时,在电源侧将会产生很大的励磁涌流;短路电流使 CT 产生较大的误差;有载调压变压器在调节变压器分接头时会改变差动保护各侧的电流平衡条件;变压器各侧的组别不同将使它们的电流之间存在相位差。变压器差动保护采用以下不同动作原理的装置,以满足可靠性和灵敏性的要求。

二、差动保护的整定方法

(一)比率制动差动保护

带比率制动特性的差动保护的动作特性,通常用直角坐标系上的一条折线表示。该坐标系纵轴为保护的动作电流 I_{op},横轴为制动电流 I_{res},如图 6-3 所示。折线 ACD 的左上方为保护的动作区,折线的右下方为保护的制动区。

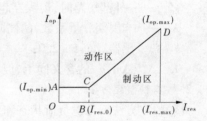

图 6-3　比率纵差保护动作特性曲线

这一动作特性曲线由纵坐标 OA、拐点的横坐标 OB、折线 CD 的斜率 S 三个参数所确定。OA 表示无制动状态下的动作电流,即保护最小动作电流 $I_{op.min}$。OB 表示起始制动电流 $I_{res.0}$。对于动作特性的三个参数,目前在实际整定过程中有两种方法。

1. 第一种整定方法

折线上的任一点动作电流 I_{op} 与制动电流 I_{res} 之比 $I_{op}/I_{res} = K_{res}$ 称为差动保护的制动系数。由图 6-3 中各参数之间的关系可以导出,制动系数 K_{res} 与折线斜率 S 之间的关系如下式所示

$$S = \frac{K_{res} - I_{op.min}/I_{res}}{1 - I_{res.0}/I_{res}} \quad \text{或} \quad K_{res} = S(1 - I_{res.0}/I_{res}) + I_{op.min}/I_{res} \tag{6-2}$$

从图 6-3 可见,对动作特性具有一个折点的差动保护,折线的斜率 S 是一个常数,而制动系数 K_{res} 则是随制动电流 I_{res} 而变化的。在实际应用中,通过保护装置的参数调节整定折线的斜率来满足制动系数的要求。

1)差动保护最小动作电流的整定

最小动作电流应大于变压器额定负载时的不平衡电流,即

$$I_{op.min} = K_{rel}(K_{er} + \Delta U + \Delta m)I_N/n_a \tag{6-3}$$

式中　I_N——变压器额定电流;

n_a——电流互感器的变比;

K_{rel}——可靠系数,取 1.3 ~ 1.5;

K_{er}——电流互感器的比误差,10P 级取 0.03 × 2,5P 级和 TP 级取 0.01 × 2;

ΔU——变压器调压引起的误差,取调压范围中偏离额定值的最大值(百分值);

Δm——由于电流互感器变比未完全匹配产生的误差,初设时取 0.5。

在工程使用的整定计算中可取 $I_{op.min} = (0.2 \sim 0.5)I_N/n_a$。一般工程宜采用不小于 $0.3I_N/n_a$ 的整定值。根据实际情况,确有必要也可大于 $0.5I_N/n_a$。

2)起始制动电流的整定

起始制动电流宜取

$$I_{res.0} = (0.8 \sim 1.0)I_N/n_a \tag{6-4}$$

3)动作特性折线斜率 S 的整定

差动保护的动作电流应大于外部短路时流过差动回路的不平衡电流。变压器种类不同,不平衡电流的计算也有较大的差别。以双绕组变压器为例,有

$$I_{unb.max} = (K_{ap}K_{cc}K_{er} + \Delta U + \Delta m)I_{k.max}/n_a \tag{6-5}$$

式中 K_{cc}——电流互感器的同型系数,$K_{cc} = 1.0$;

$I_{k.max}$——外部短路时,最大穿越短路电流周期分量;

K_{ap}——非周期分量系数,两侧同为 TP 级电流互感器取 1.0,两侧同为 P 级电流互感器取 1.5 ~ 2.0;

K_{er},ΔU,Δm,n_a 的含义同上,但 $K_{er} = 0.1$。

2. 第二种整定方法

此种整定方法不考虑负荷状态和外部短路时的电流互感器的误差,使不平衡电流与穿越性电流成正比变化,比率制动特性 CD 通过原点,因此制动系数 K_{res} 为常数;当 K_{res} 和 $I_{res.0}$ 确定后,$I_{op.min}$ 随之确定,不必另行计算。此法计算简单,安全可靠,但偏于保守。

(1)按下式计算制动系数 K_{res},即

$$K_{res} = K_{rel}(K_{ap}K_{cc}K_{er} + \Delta U + \Delta m) = S \tag{6-6}$$

式中 K_{rel}、K_{ap}、K_{cc}、K_{er}、ΔU、Δm 的含义及取值同上,但 $K_{er} = 0.1$。

(2)画一条通过原点斜率为 K_{res} 的直线 OD,在横坐标上取 $OB = (0.8 \sim 1.0)I_N/n_a$,此即起始电流 $I_{res.0}$。

(3)在直线 OD 上对应 $I_{res.0}$ 的 C 点纵坐标值 OA 为最小动作电流 $I_{op.min}$。折线 ACD 即为差动保护的动作特性曲线。

上述两种整定方法中,如果 $I_{op.min}$ 和折线(CD)斜率 S 的整定不是连续调节的,则 $I_{op.min}$ 和 S 的整定值应取继电器整定的并略大于计算值的数值。

(二)灵敏系数的计算

差动保护的灵敏系数应按最小运行方式下差动保护区内变压器引出线上两相金属性短路计算。根据计算得到最小短路电流 $I_{k.min}$ 和相应的制动电流 I_{res},在动作特性曲线上查得对应的动作电流 I_{op},则灵敏系数为要求 $K_{sen} \geqslant 2$。

三、谐波闭锁

因变压器励磁涌流中包含大量的非周期分量,并以二次谐波为主。国内变压器保护

也采用二次谐波作为闭锁判据。谐波制动回路可以单独整定,其优点是电路简单,整定方便;缺点是CT(电流互感器)深度饱和和环流故障也可能产生二次谐波,影响保护动作。整定值可用差电流中的二次谐波分量与基波分量的比值表示,通常称这一比值为二次谐波制动比。根据经验,二次谐波制动比可整定为15%～20%。

四、涌流间断角闭锁

按鉴别涌流间断角原理构成的变压器差动保护,根据运行经验,间断角可取为60°～70°。有时还采用涌流导数的最小间断角 θ_d 和 θ_w,其闭锁条件为

$$\theta_d \geqslant 65°, \theta_w \leqslant 140°$$

第三节　变压器的后备保护

为了避免变压器外部短路故障(如相间短路)对变压器的影响,作为瓦斯、差动保护的后备,可根据变压器容量大小和在系统中的作用,分别采用过流保护、复合电压启动的过流保护、负序电流保护、阻抗保护及零序电流保护等作为后备保护。

一、变压器零序电流、间隙零序电流和零序电压保护

大型变压器在正常运行时中性点电压为零,只有在故障情况下中性点承受 $U_x/\sqrt{3}$ 的电压,为降低大型变压器的造价,绕组中性点的绝缘水平比绕组首端要低,变压器中性点需要直接接地运行。同时,要限制电厂或变电站中性点接地的数量和容量,目的是限制系统接地故障的短路容量和零序电流水平,有些运行变压器中性点不接地,为使变压器中性点的绝缘在故障时不遭到损坏,设计时,变压器的零序电流保护、变压器间隙零序电流保护与变压器零序电压保护一起构成了反映零序故障分量的变压器零序保护,作为变压器绕组、引线、相邻元件接地故障的后备保护,成为变压器后备保护中的重要组成部分,同时也是整个电网接地保护中不可分割的一部分。

(一)变压器零序保护配置原则

(1)对高中压侧中性点直接接地的自耦变压器和三绕组变压器采用零序过流保护,取自变压器中性点的零序CT安装无方向零序保护,在主变两侧分别装设零序保护,为了满足选择性可增设零序方向元件。方向元件用各断路器侧CT的自产零序电流,主变中性点零序电流互感器的极性接线可以将中性点零序电流保护分为指向本侧母线或主变侧,采用断路器处的零序电流保护,一般高中压侧方向指向各自的母线,但当中压侧无电源时,高压侧零序方向可指向主变。指向母线保护的范围以断路器电流互感器安装处开始,需与线路零序保护配合;指向主变,要同主变另一侧的出线接地保护相配合,比较麻烦。采用主变中性点处的零序电流保护,则保护的范围比断路器处零序电流保护宽一些。小浪底电厂目前运行的主变中性点零序电流保护无方向,这样整定配合较清晰方便,一是限跳开母联断路器,二是限跳开本侧开关。

(2)若有不止1台变压器时,运行方式往往只允许1～2台接地运行,设计时采用中性点零序电流继电器与经相邻变压器中性点零序电流继电器控制的零序电压继电器配合

使用的变压器保护方案。保护回路设计上先跳中性点不接地变压器,然后跳中性点直接接地的变压器,以防止不接地系统故障点的间歇性弧光过电压危及电气设备的安全。为避免造成全厂所有变压器全部被切的严重后果,保护时间应逐级配合,先跳开母联或分段断路器,再经零序电压元件跳开中性点不接地主变,最后经零序电流元件跳开中性点接地主变。

(3)对中性点有可能直接接地运行,也有可能不接地运行的主变,因失去接地中性点引起的电压升高,应装设相应的保护装置。在直接接地时用零序电流保护,在中性点不接地运行时用零序电压保护或装设放电间隙保护,放电间隙保护起到过电压保护作用,当放电间隙被击穿形成零序电流通路时,利用接在放电间隙回路的零序电流保护,切除该变压器。变压器采用放电间隙保护时,放电间隙装于变压器中性点与地线之间,有棒形、球形、角形等多种形式,实际安装中以棒—棒形用得最多。零序电压保护动作电压按发生单相接地故障时保护安装处可能出现的最大零序电压整定,当有关中性点接地变压器切除后才动作,经短延时动作于跳开变压器各侧断路器。

(二)变压器零序电流保护的整定计算

变压器接地保护方式及其整定值的计算与变压器的形式、中性点接地方式及所连接系统的中性点接地方式密切相关。

1. 带方向的零序电流保护(方向指向本侧母线)

带方向的零序电流保护的定值计算公式为

$$I_{dz0} = K_k K_{fz} I'_{dz0} \tag{6-7}$$

式中　K_k——可靠系数,取 1.1~1.5;

　　　K_{fz}——零序电流分支系数(分支系数指在相邻线路短路时,流过本线的短路电流占流过相邻线路短路电流的分数);

　　　I'_{dz0}——本侧母线上线路零序电流 I 段或最后一段的动作电流,如线路采用单相重合闸,则此 I 段动作值应指躲开非全相运行 I 段而言。

2. 不带方向的零序电流保护

除按上述的配合方式与本侧母线上出线的零序电流保护的最后一段配合外,还应与变压器其他侧的零序电流保护相配合,定值计算公式为

$$I_{dz0} = K_k K_{fz} I''_{dz0} \tag{6-8}$$

式中　I''_{dz0}——变压器另一侧的零序电流保护动作电流。

保护灵敏度校验时,灵敏度计算式为

$$K_{lm} = I_{do.min} / I_{dz0} \tag{6-9}$$

式中　$I_{do.min}$——母线故障时,流过变压器的最小零序电流;

　　　I_{dz0}——零序电流保护动作电流。

3. 变压器零序电流保护的动作时间

动作时间按较相应配合保护段时间大一个时间级差整定。但当两台变压器并列运行,而其中一台主变压器的中性点不接地时,还应增加首先跳开中性点不接地变压器的跳闸回路,即先经 t_1 时间跳开中性点不接地的变压器,再经($t_1 + \Delta t$)时间跳开中性点接地的变压器。有时为了加速切除母线故障(当母线无母差保护时),或为了作为开关失灵保护

的后备保护,也可增加先跳母联开关的一个时间段,一般取动作时间为 0.5 s。

(三)变压器零序电压保护

在并列运行的变压器中,为保护中性点不接地变压器的安全运行,采用下述保护方案,即中性点接地运行变压器的零序电流元件经过零序电压元件后,以较短的时限 t_1 切除中性点变压器。若此时零序电流仍未消失,则以较长时限 $(t_1 + \Delta t)$ 切除中性点接地的变压器。此种保护方式将不会出现短暂的中性点不接地系统,因此其零序电压也不会太高,故保护的电压定值为较小值,即按下述调价计算:

(1)按与变压器零序电流保护范围配合,使零序电压保护不至于限制零序电流的保护范围,即

$$U_{dz0} = I_{dz0} Z_{b0} / K_k \tag{6-10}$$

式中　I_{dz0}——变压器零序电流保护动作电流($3I_0$);

$\quad\quad Z_{b0}$——装设零序电流保护变压器的零序阻抗;

$\quad\quad K_k$——可靠系数,取 1.3~1.5。

(2)按躲过正常运行的最大不平衡电压整定,一般正常运行的不平衡电压为 3~5 V(以实际测量为准),即

$$U_{dz0} = K_k \Delta U_{bP} \tag{6-11}$$

式中　K_k——可靠系数,取 2;

$\quad\quad \Delta U_{bP}$——正常运行的不平衡电压(一般为 3~5 V)。

或按经验公式整定

$$U_{dz0} = (0.05 ~ 0.1)3U_{0e} / n_{Y.H0}$$

式中　U_{0e}——电压互感器一次额定电压,中性点直接接地系统中,U_{0e} 为额定相电压 $U_{\varphi e}$;

$\quad\quad n_{Y.H0}$——电压互感器零序电压变比,中性点直接接地系统中,$n_{Y.H0} = U_{\varphi e}/0.1$。

灵敏度校验:灵敏度计算式为

$$K_{lm} = U_{do.min} / U_{dz0} \tag{6-12}$$

式中　$U_{do.min}$——母线故障时,变压器的最小零序电压。

(3)变压器中性点经放电间隙接地时零序电压保护的整定。

对于并列运行中性点不接地的变压器,其中性点可以经放电间隙接地。此时,为防止变压器过电压,可采用零序电压保护,或用零序电流保护。当采用零序电压保护时,电压定值整定为 180 V,动作时间为 0.5 s,动作后跳开变压器各侧开关。当采用变压器零序电流保护时,动作电流 $I_{dz0} \leq 100$ A(一次电流),动作时间为 0.3~0.5 s,动作后跳开变压器各侧开关。

二、变压器过电流保护

(一)过电流保护装置的设置及整定

为防止变压器纵差保护区外部相间短路引起的过电流,并作为变压器主保护的后备保护,这种保护装于电源侧。当变压器内部发生故障时,作为后备保护,当主保护拒动时,断开变压器各侧断路器。保护的动作电流整定值应躲过最大负荷电流及负荷电动机自启动最大电流。

过电流保护整定电流的大小,具体确定的依据如下:

(1)对容量较小的降压变压器,不带低电压启动,过电流保护的动作电流,按避越可能流过变压器的最大负载电流来整定,即

$$I = (K_k/K_r)I_{max} \qquad (6\text{-}13)$$

式中　I——变压器过电流保护动作电流;

　　　K_k——可靠系数,取 1.2~1.3;

　　　K_r——返回系数,取 0.85;

　　　I_{max}——变压器最大负载电流,A。

(2)对并联运行的变压器,变压器的最大负载电流 I_{max} 按切除一台变压器时产生的超铭牌容量运行电流计算。当各台变压器容量相等时,上式中的 I_{max} 可计算如下

$$I_{max} = [m(m-1)]I_e \qquad (6\text{-}14)$$

式中　I_e——变压器额定电流;

　　　m——并列变压器台数。

(3)对降压变压器,当考虑负荷电动机启动时的最大电流时,变压器的最大负载电流 I_{max} 可计算如下

$$I_{max} = KI \qquad (6\text{-}15)$$

式中　I_{max}——考虑电动机启动时的最大负载电流;

　　　I——变压器的正常运行最大负载电流,A;

　　　K——自启动系数(对 110 kV 降压变电所,6~10 kV 侧取 1.5~2.5;35 kV 侧取 1.5~2)。

(二)过电流保护的接线方式

过电流保护接线方式可以采用两相式或三相式。对小接地电流系统,一般采用两相式,如变压器 Y,d 连接,为提高后面发生短路时的保护灵敏度,可采用两相三继电器的接线方式;对大接地电流系统,过电流保护一般采用三相式接线方式。

(三)常用的几种过电流保护装置

为了提高过电流保护装置的灵敏度,根据变压器的运行方式和容量大小,常采用如下几种过电流保护装置:

(1)带低电压启动的过电流保护装置:通常用于升压变压器和大容量降压变压器。

(2)复合电压启动的过电流保护装置:通常用于升压变压器和灵敏度达不到要求的降压变压器。

(3)负序过电流保护装置:通常用于大容量升压变压器和系统联络变压器。

三、变压器过负荷保护

变压器过负荷保护主要是防御变压器在对称负载运行中的超铭牌容量运行保护,超铭牌容量运行保护主要用于 400 kVA 及以上的配电变压器,其只需用一相电流,延时作用于信号。

四、变压器的过励磁保护

当变压器电压升高或频率降低时都将造成磁密增加,导致变压器铁芯饱和,这种铁芯

饱和称为变压器的过励磁。变压器过励磁时造成铁芯过热,严重时烧毁铁芯。过励磁保护根据变压器的特性曲线和不同的允许过励磁倍数发出报警或切除故障。过励磁保护只有在超高压变压器上才装设,其具有反时限特性,以充分发挥变压器的过励磁能力。

五、断路器失灵保护

小浪底水电厂断路器失灵保护电流判别元件取高压侧独立 CT 的相电流,只用快速返回的电气量保护启动失灵保护,非电量保护不启动失灵保护。启动失灵保护由保护动作、电流判别及开关跳闸位置与合闸位置串联的方式组成,保证开关在确有失灵情况发生时启动失灵保护,失灵保护动作将启动母线保护,由母线保护来切除拒动断路器所在母线上的所有断路器。

第四节　小浪底水电厂主变压器保护装置介绍及动作情况

小浪底水电厂主变压器保护装置选用许继 WFB-800A 系列微机保护,采用完全独立的双主双后配置,分两块屏布置,A 屏配置 1 个非电量保护箱、1 个电气量保护箱;B 柜配置 1 个电气量保护箱,其保护与 A 屏中的电气量保护箱完全一致。另外,在 4 号主变压器保护装置改造前,已将高压侧断路器的操作箱更换成 ZFZ-812 型三相双跳闸操作箱,其内部还配备了电压切换箱。该操作箱装配在离开关站距离不远的线路保护室 220 kV 进线断路器操作屏上。

(1)变压器纵联差动保护采用比率及二次谐波制动,作为变压器绕组及其引出线故障的主保护。动作时间:0 s;动作对象:跳开高压侧断路器(TCB)、发电机出口断路器(GCB)、发电机灭磁开关(FMK)和停机。

(2)高压侧零序方向过流保护分 2 段,其动作值可单独整定,零序电流取自主变中性点电流互感器(变比 400/1)。第Ⅰ段动作电流 7.375 A,整定时间为 4 s 和 4.5 s;Ⅱ段动作电流 1.95 A,整定时间为 6 s 和 6.5 s。第Ⅰ段 4 s 和Ⅱ段 6 s 动作跳开 220 kV 母联断路器,第Ⅰ、Ⅱ段 4.5 s 和 6.5 s 动作跳开高压侧断路器(TCB)、发电机出口断路器(GCB)、发电机灭磁开关和停机。

(3)高压侧中性点间隙零序电压电流保护在同一母线上的主变中性点不接地的情况下,中性点直接接地的变压器由于某种原因跳闸后,为保护中性点不接地的变压器的中性点绝缘,在中性点过压或经放电间隙放电的情况下,经延时动作跳开各侧断路器。动作时间:0.5 s;动作对象:动作跳开高压侧断路器(TCB)、发电机出口断路器(GCB)、FMK(灭磁开关)并停机。

(4)变压器低阻抗保护,分 2 段,其动作值可单独整定,带方向判断,指向母线;第Ⅰ段不带方向,设置Ⅰ段时限,动作时间:0.5 s;动作对象:跳开小浪底升压站 220 kV 母联断路器。第Ⅱ段动作时间:1.0 s;动作对象:跳开 TCB、GCB、FMK,停机。

(5)变压器过负荷保护。动作时间:0~10 s 可调;动作对象:发告警信号。

(6)重瓦斯保护。动作时间:0 s;动作对象:跳开 TCB、GCB、FMK,停机。

(7)轻瓦斯保护。动作时间:0 s;动作对象:发告警信号。

(8)压力释放保护。动作时间:0 s;动作对象:发告警信号。

(9)上层温度保护设 2 段时限。动作时间:0 ~ 600 min 可调;动作对象:第 1 时限 t_1。(0 s)发告警信号,第 2 时限 t_2:(30 min)经冷却器全停回路启动,跳各侧断路器。

(10)冷却器全停保护。动作时间:10 min;动作对象:跳各侧断路器 TCB、GCB、FMK,停机。

第五节　变压器保护的校验

由于微机保护采用了相电流突变量启动元件,所以采用突然加入电流,使启动元件动作,进入故障处理程序后,进行定值的检验。对于差动保护,可以用每相差电流的有效值或零序电流作为辅助启动元件使保护启动,进入故障处理程序。此时,可以采取缓慢升高电流的方法进行差动保护定值的检验。对于后备保护,如阻抗保护,为了防止系统振荡时保护误动,必须采用相电流突变量启动元件。检验保护时,采用突然加入电压、电流的方法使启动元件动作,进入故障处理程序后进行阻抗保护动作特性的检测。

一、差动保护定值的检验

(一)从高压侧 CT(电流互感器)二次回路通入电流

对于差动保护,变压器各侧 CT 二次回路均接成 Y 形,由软件补偿各侧电流的相位和幅值。这样做主要是因为采用 Y 形接线后,CT 断线的判别和电流互感器二次接线变得简单,减少了现场接错线的可能;但这种接线也使差动保护定值的检验变得复杂。当变压器各侧 CT 均采用 Y 形接线时,根据保护装置的要求,变压器 Y 侧接线的二次电流需要校正相位。以 Y/△—11 接线为例,其校正方法如下

$$\dot{I}'_A = (\dot{I}_A - \dot{I}_B)/\sqrt{3} \tag{6-16}$$

$$\dot{I}'_B = (\dot{I}_B - \dot{I}_C)/\sqrt{3} \tag{6-17}$$

$$\dot{I}'_C = (\dot{I}_C - \dot{I}_A)/\sqrt{3} \tag{6-18}$$

式中,$\dot{I}_A$、$\dot{I}_B$、$\dot{I}_C$ 为变压器 Y 侧 CT 二次电流;$\dot{I}'_A$、$\dot{I}'_B$、$\dot{I}'_C$ 为校正相位后的各相电流,即保护装置参与运算的电流。现场调试时,为了使试验接线简单、方便,通常采用从某一侧电流回路中分别通入单相电流的方法,如从变压器高压侧二次电流回路 A 相通入单相电流。由式(6-16)可得 $\dot{I}'_A = \dot{I}_A/\sqrt{3}$,即保护装置参与运算的电流 $\dot{I}'_A$ 为通入保护装置的电流 $\dot{I}_A$ 的 $1/\sqrt{3}$。根据上述分析,从变压器高压侧 CT 二次回路通入单相电流时,检验差动保护定值的方法为:

(1)设定值单上的差动保护定值为 I_d;

(2)计算出通入保护装置的二次电流应为 $I'_d = I_d/\sqrt{3}$;

(3)采用突然加入电流的方法,通入 $0.9I'_d$ 时,保护装置可靠不动作,通入 $1.05I'_d$ 时保护装置可靠动作。

(二)从中低压侧 CT 二次回路通入电流

变压器各侧 CT 采用 Y 形接线后,必须对各侧 CT 二次电流进行平衡补偿。电流平衡

补偿由软件来完成。中、低压侧平衡补偿以高压侧二次电流不变为基准。各侧平衡系数：高压侧平衡系数为 1，中压侧平衡系数为 $K_{bm} = I_{nh}/I_{nm}$，低压侧平衡系数为 $K_{bl} = I_{nh}/I_{nl}$。I_{nh}、I_{nm}、I_{nl} 分别为高、中、低压侧二次额定电流。从中压侧电流回路中分别通入单相电流，如从 A 相中通入单相电流 $\dot{I}_A$，装置实际参与运算的电流 $\dot{I}'_A = K_{bm} \dot{I}_A$。根据上述分析，从变压器中压侧 CT 二次回路通入电流时，检验差动保护定值的方法为：

（1）设定值单上差动保护定值为 I_d；

（2）计算出通入保护装置的二次电流应为 $I'_d = I_d / K_{bm}$；

（3）采用突然加入电流的方法，通入 $0.9I'_d$ 时，保护装置可靠不动作，通入 $1.05I'_d$ 时保护装置可靠动作。

（三）从低压侧 CT 二次回路通入电流

从变压器低压侧 CT 二次回路通入电流进行试验的方法与中压侧相同。实际上，也可以通过改变控制字的方法来进行试验，即整定 $K_{ph} = 1$，这样不存在系数问题，即从二次回路实际通入的电流也就是装置参与运算的电流。现场工作时，考虑到更改控制字容易发生试验后忘记把控制字改回来的情况，造成"误整定"的隐患，通常采用不改变控制字而进行系数换算的方法进行试验。

二、差动保护比例制动特性试验

差动保护在外部故障时，各侧电流互感器磁饱和程度有可能不一致而出现很大的不平衡电流，这种不平衡电流是差动电流，使差动保护误动。为了防止差动保护在外部故障时误动，微机型变压器保护普遍采用了比率制动特性。比率制动特性的基本原理是通过引入制动电流 Iz_d，使保护的差动电流动作值 I_{dz} 随 Iz_d 的增大按一定的比率增大。为防止内部严重故障时电流互感器饱和造成差动保护拒动或动作迟缓，变压器差动保护一般都带有差动电流速断特性。比率制动特性一般都采用折线型特性，表达折线型比率制动特性采用动作方程（解析法）和特性曲线（图形法）两种方法，确定折线型比率制动特性曲线形状的主要参数包括：起始动作电流值（也称为启动电流）I_{dz0}、拐点电流值 I_g、比率制动系数 K_z。简单的折线型特性为两段式，复杂的折线型特性为三段式或多段式。

带差动电流速断特性的两段式动作特性方程为

$$\begin{cases} I_{dz} > I_{dz0} & \text{当 } I_{dz} < I_g \text{ 时} \\ I_{dz} > I_{dz0} + K_z(I_{dz} - I_g) & \text{当 } I_{dz} \geq I_g \text{ 时} \\ I_{dz} > I_g \end{cases} \qquad (6\text{-}19)$$

三、复合电压（方向）过流保护检验

投入复合电压、复合电压（方向）过流保护的软硬压板，投入变压器高、低压侧电压硬压板，将其他保护退出。

（一）过流元件动作值测试

将方向投退控制字置"0"，方向元件退出，将复合电压选择控制字置"0"，延时整定为最小，将本侧复合电压的动作电压整定为非零任意值。分别从 A、B、C 相施加动作电流，

0.95 倍时保护可靠不动,1.05 倍时保护可靠动作,并施加 1.2 倍动作电流测试动作时间。

(二)低压元件动作值测试

将过流元件加 1.2 倍动作电流,将负序电压整定到最大,施加三相电压 57.7 V,然后逐渐降低三相电压至保护动作,此时所加的相电压满足 $U = U_{op}/\sqrt{3}$(U 为施加电压,U_{op} 为动作电压整定值),0.95 倍时保护可靠不动,1.05 倍时保护可靠动作。

(三)负序电压元件动作值测试

将过流元件加 1.2 倍动作电流,将低电压整定到最小,负序电压整定为某一值 U_{2op},分别从 $U_A U_n$、$U_B U_n$、$U_C U_n$ 施加电压至保护动作,此时所加电压应满足 $U = 3U_{2op}$(U 为施加电压,U_{2op} 为负序动作电压整定值),0.95 倍时保护可靠不动,1.05 倍时保护可靠动作。

(四)TV 断线闭锁控制测试

将高压侧 TV 断线闭锁控制字整定为 0,从高压侧 TV 二次保护输入端施加电压使 TV 断线和复合电压条件都满足,再施加电流使复合电压过流保护条件满足,复合过流保护应动作;将 TV 断线闭锁控制字整定为 1,按照上面的方法施加电流、电压,复合过流保护应不动作。

(五)方向元件检验

以方向指向变压器为正方向,将延时整定为最小,方向投退控制字整定为 1,方向电压选择整定为 0,即方向取本侧。方向元件接 90°接线进行测试,施加电流至 I_C、I_n 端子,电流值为 1.2 倍整定值,施加电压至 U_a、U_b 端子,改变电压或电流相位,正方向动作,反方向不动作。

(六)变压器差动保护动作的检查判断和处理

(1)变压器差动保护动作的原因如下:

①主变内部故障及其套管引出线故障。

②保护的二次侧故障。

③电流互感器开路或短路。

(2)差动保护动作后的检查如下:

①首先检查主变及其套管引出线有无故障痕迹和异常现象,如:气体继电器的轻重瓦斯保护动作如何,压力释放阀动作否,油温、油位有无变化,油箱等有无变形,套管及引出线有无炸裂及变形等。

②检查站内直流系统是否有两点双重接地而引起误动,检查方法是先查一下差动动作后的继电器触点是否打开,如果打开,测量出口中间继电器线圈两端有无电压,有电压说明直流系统两点双重接地,引起误动。

③如果直流系统良好,查差动保护跳闸回路和保护二次侧有无短路,而形成差动保护的误动(此情况时中间继电器线圈两端有电压,同时差动保护触点均已返回)。

④检查电流互感器是否开路或端子是否接触不良。

(3)差动保护动作后的处理如下:

①如明显是变压器内部故障,应停止运行。

②如果是引出线故障应及时更换。

③如果出口中间继电器线圈两端没有电压,应是变压器内部故障,应停止运行。

④如果是直流系统两点重复接地,要及时清除接地点。

⑤如果是二次侧线路的短路,应及时清除短路点。

(七)差动保护与瓦斯保护的比较

差动保护和瓦斯保护都是变压器的主保护。从设计原理上看是不同的:差动保护是按循环电流原理设计的,瓦斯保护是根据变压器内部故障产气和油流设计的。瓦斯保护是变压器独有的保护方式,而差动保护还可以应用到发电机、线路上。从它们的保护作用和保护范围上看,差动保护是高、低压两侧之间的电气部分的故障保护,包括引线、绕组、大电流接地系统的故障保护。瓦斯保护主要是保护变压器内部的故障,包括绕组的匝间、铁芯和开关等变压器内部所有部位的过热性故障和放电性故障,其保护的灵敏度比差动高,不严重的匝间故障差动反映不出来。但瓦斯保护不能反映套管和引出线上的故障,瓦斯保护的抗干扰性要差。差动保护不能代替瓦斯保护,因为瓦斯保护能反映变压器内部的任何故障,包括铁芯故障、油位降低等非电路部分的故障,而差动保护对这些故障不会产生反应。另外,即使电路部分发生故障,但故障轻微或金属过热性故障,在相电流上其量值表现不大的情况下,差动保护都不会有反应,也就是说,在灵敏度方面,差动保护也不如瓦斯保护灵敏。瓦斯和差动保护二者相配合,内部故障严重时两种保护同时启动,可从瓦斯和差动保护二者先后动作的情况看故障的性质和状况。变压器故障处理参看第四章。

第七章 小浪底水电厂变压器典型故障原因分析

第一节 发电机机端厂用变压器谐振过电压的分析和解决措施

小浪底水力发电厂6台发电机组中性点全部采用经消弧线圈接地形式,如前面所述3号和6号发电机出口接有厂用变压器(以下称厂变),厂变由三个单相容量为1 670 kVA的变压器组成。

2002~2005年期间,在3号和6号发电机出口的厂变高、低压侧发生多次严重的对地放电现象,厂变多处烧损。为了找到发电机18 kV系统放电的原因,小浪底电厂与科研单位进行了一系列现场试验测试及分析,并针对性地采取了一些技术措施。

一、发电机18 kV系统放电情况

(一)发电机18 kV系统主接线

发电机18 kV系统主接线如图7-1所示。

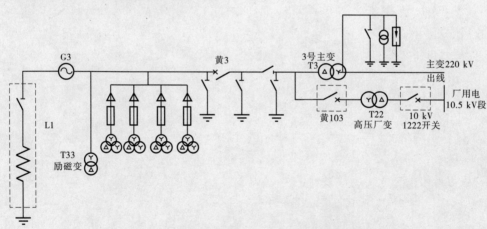

图7-1 发-变组单元接线图(以3号发电机系统为例)

发电机G3中性点经调匝式消弧线圈L1接地。T33为发电机出口励磁变,在发电机出口共接有4组电压互感器(PT),1号和4号PT接线形式为Y/Y/△,1号PT的开口三角用于继电保护,4号PT的开口三角用于L1的控制。在发电机出口黄3断路器后接有主变T3和厂变T22,厂变T22与发电机出口18 kV母线通过黄103断路器连接。

主变T3的220/18 kV接线形式为Y_N,d11,厂变T22的18/10 kV接线形式为Y,d11。在厂变低压侧通过长约60 m的三根截面面积为120 mm²单芯电缆连至10 kV母线侧,通

过断路器 K4 接至厂用电 10 kV 母线。

（二）放电现象

1. 过电压事件 1

2002 年 6 月 4 日，在 6 号发电机并网运行的条件下投厂用电，合上黄 106 开关对 T24 厂变送电，开关合闸后厂变低压侧 a、b 相向变压器外罩放电，c 相高压侧向变压器外罩、零线以及铁芯夹件放电，发电机差动保护动作跳开开关事故停机。

2. 过电压事件 2

2004 年 4 月 6 日，在 3 号发电机并网条件下，合上黄 103 开关对 T22 厂变送电，黄 103 开关合闸后，厂变低压侧 a、b 相对地放电，发电机差动保护动作跳开开关事故停机。

3. 过电压事件 3

2004 年 4 月 29 日，2004 年 4 月 6 日，发电机在并网条件下，合上黄 106 开关对 T24 厂变送电，18 kV 黄 106 开关合闸后，厂变高压侧 A 相对中性线放电，低压侧 a 相电缆终端及电缆进线绝缘板烧伤比较严重。b、c 相引出线处烧伤比较严重。进行处理后做了试运行试验。试验过程为：断开主变高压侧开关和厂变低压侧开关，合上发电机出口断路器以及厂变高压侧开关，机组带厂变零起升压。当机组电压升到其额定电压的 75% 左右时，厂变低压侧 b 相有异常放电。

4. 过电压事件 4

2005 年 9 月 15 日，发电机在并网条件下，合上黄 103 开关对 T22 厂变送电，黄 103 开关合闸后厂变低压侧 b 相对地放电，烧伤严重。

从以上四种放电情况可以看出：发电机系统在并网条件下投厂变及 10 kV 母线系统，会引起厂变发生放电；发电机系统在并网条件下投厂变，厂变也会发生放电；发电机带主变和厂变，机组零起升压过程中会发生厂变放电。造成上述放电情况的原因可以从两个方面进行分析，一方面是发电机 18 kV 系统，另一方面是厂变自身问题。

二、发电机 18 kV 系统仿真分析

（一）发电机系统初步仿真分析

系统仿真分析计算采用了 ATP-EMTP 软件（Alternative Transient Process，Electro-Magnetic Transient Process）建模进行，对发电机 18 kV 系统所建的仿真模型如图 7-2 所示。

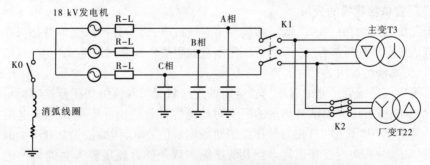

图 7-2　小浪底电厂发电机 18 kV 系统建模原理图（以 3 号发电机为例）

根据消弧线圈的工作特性选取一个固定电感串联电阻对其建模。发电机模型等效为理想的三相电压源与阻抗串联,在发电机出口三相分别连接对地电容,表示发电机系统对地的电容参数。模型中发电机出口断路器,以一个三相时控开关 K1 表示。厂变与 18 kV母线之间的开关以一个三相时控开关 K2 表示。发电机系统中的主变和厂变根据设备铭牌参数采用"BCTRAN"子程序建模。

1. 模型中参数的确定

由发电机交流耐压试验数据可以推算出发电机对地电容,由此估算所得发电机系统对地电容电流大约为 15.878 A。根据发电机额定参数计算出发电机定子绕组阻抗等效参数 $Z = (0.47 + j0.972)\Omega$。

当消弧线圈在最大挡位运行时,正常工作条件下发电机中性点长时间的位移电压不超过相电压的 10%,由此条件可以计算出消弧线圈电阻 R 的最大值,近似取值为 50 Ω,系统消弧线圈当前运行挡位对应电感取值为 1.897 3 H。

由主变试验数据可知,其介损数值相对较小,故其对地回路的影响可忽略不计。由主变试验数据 C_X 可以得出高、低压绕组对地电容数值,根据等效法则得出变压器对地等效电容为 0.033 μF。

由现场测试数据计算出厂变高、低压侧电容值,根据等效法则求出其对地等效电容为0.002 35 μF。

根据以上各部分计算结果,可以求出发电机 18 kV 系统对地电容参数为 4.902 35μF,发电机对地电容电流为 15.99 A。

需要说明的是,在估算发电机对地电容电流时,忽略 70 m 离相封闭母线的对地电容。

2. 仿真分析

根据以上建立的系统模型,对发电机正常运行过程进行仿真分析。从对发电机零起升压的过程仿真来看,正常情况下 18 kV 系统中性点位移电压较小,不会发生谐振。

利用建立系统模型对发电机并网条件下的厂变合闸过程进行分析。对厂变高压侧开关 K2 在 A 相电压负的最大值时合闸(对应仿真分析时间为 $t = 0.03$ s)操作过程进行仿真分析表明,发电机系统三相电压、厂变 10 kV 侧三相电压及厂变 18 kV 侧中性点电压波形正常。

综上所述,发电机 18 kV 系统在正常升压及并网条件下合闸投入厂变时,不会发生系统谐振,产生过电压。

(二)厂变单独建模的分析

由于几次故障均在厂变高、低压两侧发生对地放电,为了分析厂变本身是否存在因参数匹配造成过电压的可能性,考虑到变压器本身的阻抗特性和对地绝缘情况,对厂变单独建模分析,仿真模型如图 7-3 所示。

该模型中仅考虑变压器的漏抗与各绕组的绝缘状况。漏抗由变压器铭牌标示阻抗特性值计算得出,电容由介损试验测量的厂变对地电容计算得出。厂变低压侧电缆每相对地电容估算为 0.048 6 μF,直接与低压绕组对地电容值并联,得数值为 0.051 4 μF。

根据以上模型,对厂变在正常运行及低压侧空载条件合高压侧开关的情况进行了仿真分析。其中,合闸操作考虑了两种典型情况,即在高压侧某相电压过零时刻和该相电压峰值时刻。仿真分析表明,正常运行时 18 kV 系统发生谐振过电压的可能性不大;但对厂

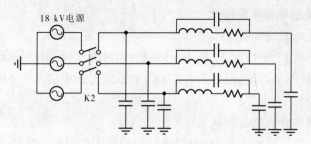

图 7-3　厂变单独模型图

变合闸操作的分析来看,合闸脉冲的峰值较大。

为了验证仿真分析结论,对厂变和发电机 18 kV 系统相关的参数进行了现场测试和试验分析。

三、发电机 18 kV 系统现场试验

(一)厂变参数测试

根据厂变低压侧电缆相关参数,估计得出每相电缆对应电容大小为 0.048 6 μF。经配网电容电流测试仪测量,厂变低压侧三相对地电容值大小为 0.17 μF。

发电机系统厂变绕组间电容测量采用了在高压侧施加电压,测量低压侧电压的方法。测量原理接线如图 7-4 所示。厂变三相接线方式为 Y,d11,试验时将其高压侧三相抽头及中性点接头并联加一电压源,在二次侧将三相绕组并联后测量对地电压。

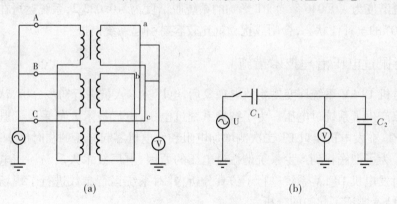

(a) (b)

图 7-4　试验接线及等效电路

根据试验数据可以推得绕组间电容等于 8.96 nF(8 960 pF)。

厂变绕组漏抗通过测量相间电压、电流、功率参数,计算求得。每两相间测量两次,利用测量数据平均值进行计算,计算结果见表 7-1。

表 7-1　厂变漏抗测量结果

参数	A 相结果	B 相结果	C 相结果
电阻 $R(\Omega)$	0.52	0.457	0.47
感抗 $X(\Omega)$	4.11	4.34	4.37

(二)发电机系统电容电流测试

1. 配网电容电流测试仪测试

在机端投入 1 组 PT 的情况下,利用配网电容电流测试仪对 3 号机组对地电容电流进行测试,取三次测量的平均值,得出发电机 18 kV 系统对地电容为 5. 618 μF,电容电流为 18. 35 A。

2. 消弧线圈调谐特性试验测试

在发电机单元带厂变和主变(均为空载),机端投入 2 组 PT,PT 开口三角侧接灯泡的情况下,根据系统参数及试验数据计算得出该系统的电容电流为 18. 29 A。

在发电机出口 PT 全部投入,PT 开口三角侧不接灯泡的情况下,根据系统参数及试验数据计算得出系统等效电容电流为 17. 855 A。

3. 发电机系统电容电流测试试验结论

通过配网电容电流测试仪测得发电机系统的电容电流为 18. 35 A(仅 1 号 PT 接入系统),通过消弧线圈调谐特性试验测得发电机系统的电容电流为 18. 29 A(1 号和 2 号 PT 接入系统),应该说两种试验方法所测结果基本一致,中间的误差可以认为由 2 号 PT 引起。发电机系统正常运行情况下四组 PT 均投入运行,通过调谐特性试验测得当四组 PT 全部投入运行时系统的电容电流为 17. 855 A。

试验表明:一般情况下 PT 对系统电容电流及补偿特性的影响可以忽略不计,但对于脱谐度本来就较小的系统,就不能忽略 PT 的影响。在测试的发电机系统中,不计 PT 影响的系统脱谐度为 -0. 046 5,计 PT 影响的系统脱谐度为 -0. 023 2,系统运行在几乎接近脱谐度为"0"的全补偿状态,合闸或扰动就比较容易引起系统谐振。

四、谐振过电压治理技术措施

在发电机 18 kV 系统厂变发生放电现象后,电厂技术人员进行初步分析,认为是发生了谐振现象产生了系统过电压。为了抑制系统过电压,电厂技术人员采取了退出部分发电机出口 PT、在发电机出口 PT 二次侧增加电阻和发电机零起升压的临时措施,取得了较好的效果。为了彻底找到产生系统谐振过电压的原因,电厂技术人员与河南电力试验研究院共同对发电机 18 kV 系统进行了仿真分析,并对系统运行参数进行了现场试验和测试,得出的结论验证了起初的分析。

对发电机 18 kV 系统的仿真分析和现场测试表明,系统在正常运行时不会发生谐振,但系统运行在接近脱谐度为"0"的全补偿状态时,如果进行投入机端厂变的运行操作,在极端情况下,会发生系统谐振,从而产生过电压,造成机端厂变的放电现象。

为了抑制系统运行操作中的谐振过电压现象,采取了将发电机中性点消弧线圈挡位由原 8 - 9 挡(对应补偿电流 17. 44 A)调至 7 - 8 挡(对应补偿电流 15. 9 A)的技术措施。采取此措施后,进行现场试验,未发生谐振过电压。

对厂变绝缘情况及运行环境的分析也表明,厂变绝缘存在薄弱的地方,受到运行环境潮湿的影响,因此改善厂变的运行环境,同时提高厂变绝缘薄弱点的绝缘水平也是必要的技术措施。

第二节 变压器器身及母线的场强不均匀
产生放电引起保护动作的处理

一、故障现象、原因分析和处理

(一)故障现象1

小浪底水电厂高备变差动保护动作,变压器高、低压侧开关断开,10 kV 厂用电 13、Ⅲ、10 段母线失压,Ⅲ、Ⅳ段厂用电备自投动作,9、10 段厂用电备自投动作。

现地检查发现高备变低压侧出线进入环氧树脂绝缘板封堵的共箱母线(见图7-5),共箱母线的封堵绝缘板发生沿面放电痕迹,造成变压器相间接地短路,差动保护动作跳开两侧开关。现场对封堵共箱端部的环氧绝缘板进行了查看,发现环氧绝缘板的表面 B、C 相发生沿面放电,造成两相接地短路,差动保护动作切除故障。经进一步分析认为,原变压器低压侧共箱母线在设计安装时,在变压器低压侧母排上用 PE 热缩母排绝缘管套装后,进入低压侧共箱内,共箱与变压器连接处用环氧绝缘板进行了封堵。套有热缩绝缘管的变压器低压侧母排与环氧绝缘板之间存在一定的间隙,这样一来,热缩绝缘管和环氧绝缘板的介电系数比空气高 3 ~ 5 倍,由于电场强度与介电常数是成反比的,所以空气中内部电场强度也比热缩绝缘管和环氧绝缘板高 3 ~ 5 倍,而气体的耐电强度本来就比热缩绝

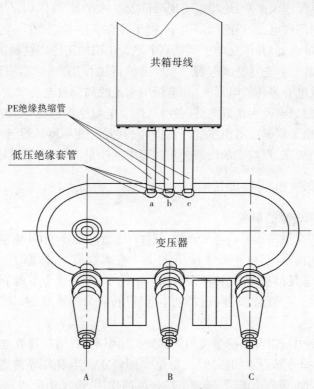

图 7-5 高备变低压侧出线共箱母线示意图

缘管和环氧绝缘板低得多，所以热缩绝缘管和环氧绝缘板之间的空气就很容易游离。空气游离之后，产生的带电粒子再撞击环氧板的分子，对环氧绝缘板的绝缘产生侵蚀，使环氧绝缘板的绝缘性能下降。另外，共箱端部的封堵环氧绝缘板暴露在户外，雨雪及灰尘在环氧绝缘板表面的附着会加速侵蚀的作用。由于这种连锁反应或称恶性循环，最后就会在环氧绝缘板表面发生沿面放电，导致绝缘的击穿。

（二）故障现象 2

小浪底反调节电站用负荷变压器型号：SGB10 - 500/10，额定容量 500 kVA，接线组别 △/Y$_0$ - 11。在变压器的安装施工中，作业人员没有严格按照标准进行施工，没有对变压器的二次接线进行有效的整理，厂变低压侧中性线上的零序电流互感器二次线距离变压器 A 相线圈端部只有 1.5 cm，使变压器线圈的分布场强发生畸变，造成变压器线圈的局部放电，使变压器线圈绝缘损坏，引起电站 10 kV 厂用电系统单相接地保护动作。

（三）故障现象 3

小浪底反调节电站 9 号机组励磁变压器型号：SCB9 - 800，额定容量 800 kVA，接线组别 Y/△ - 11。同样，在变压器的安装施工中，作业人员没有严格按照标准进行施工，没有对变压器的二次接线进行有效的整理，机组的励磁变压器铁芯测温电阻引出线距离变压器 A 相线圈端部很近，使变压器线圈的分布场强发生畸变，造成变压器线圈的局部放电，使变压器线圈绝缘损坏，发电机定子接地保护动作停机。对发生线圈局部绝缘受损的变压器进行环氧刷涂处理后正常。

通过上述的故障现象来看，绝缘中出现局部放电的起因，可以从介质的电气击穿理论加以探讨。所谓局部放电，就指绝缘结构中，由于存在某些缺陷，在一定的外施电压作用下，它会首先发生放电，但并不立即扩展至整个绝缘结构的击穿。这种只限于绝缘弱点处的放电，叫做局部放电。它对绝缘起着一种缓慢的侵蚀作用，一旦发展到严重时，即可烧毁变压器。局部放电有多种放电形式，在电场中常见的局部放电有气泡放电、悬浮电位放电、绝缘表面和夹层放电及尖角放电等，各种局部放电对绝缘都有一定的破坏作用。

因此，为防范由于局部放电引发变压器损坏的事故，变压器的设计、制造和安装各环节需符合规程规范要求，严格控制安装施工过程中的质量，采取有效措施。

二、绝缘局部放电的物理过程

（一）气体间隙击穿的形成

气体在正常情况下是很好的绝缘介质，气体的原子（或分子）正常状况下内部储能最小。但是电极之间的电压（电场强度）若超过某一临界数值，气体原子吸收了外部能量而被激励，其极限状态是游离，即气体原子放出自由电子，本身变为正离子，它们均可参与导电，就使气体介质会突然地丧失绝缘性能，电导陡增，此为气体被"击穿"。

1. 非自持放电

如果放电是由电场以及外部游离因素共同作用引起的，则这种放电即为非自持放电。在这种情况下，去掉外部游离的作用后，放电立即停止。当有外界游离作用（碰撞、高温或光射）时，就使阴极激放出电子，随着电场强度的作用，电子由阴极跑向阳极，这时电子要与气体分子碰撞，其能量可使气体分子分裂为正离子和新的电子。新电子积累了足够的动能,同样可使气体分子游离。结果在从阴极到阳极的路上(气体间隙)电子的数目越来越多,形成电子崩。电子崩内的电子数目随电子在气体间隙跑过的距离,按指数函数增长,此为电子崩式的放电,用公式可表示为

$$n_a = n_o e^{\alpha} a \tag{7-1}$$

式中 n_a——单位时间到达阳极单位面积内电子数;

  n_o——起始游离的电子数;

  α——电子在电场方向跑过单位长度时,所发生游离的碰撞次数(电子空间游离系数);

  a——电极间的距离。

或用放电电流表示为

$$I_a = I_o e^{\alpha} a$$

可见,当外部游离因素不存在($I_0 = 0$)时,则$I_a = 0$,亦即放电不能维持下去。

2. 自持放电

只靠电场作用就能维持气体间隙中的放电电流,即为自持放电。

阴极释放出电子,在奔向阳极的途中形成电子崩,崩内电子及离子数目随电子跑过的距离按指数规律增长。由于电子迁移率甚大,所以电子以极大的速度跑在崩头部分,而在电子崩尾部遗留下大部分正离子。在电子崩发展过程中,电子和正离子的密度都不断地增加,空间电荷越来越强烈地使崩头和崩尾的电场强度加强。当发展到某一临界状态时,可能产生一些新的电子崩。新崩和初崩汇合构成一个迅速向阳极扩展的具有正负带电粒子的混合质通道。这就是阴极流注的发展过程。

同样,在初崩尾部的高电场区域内,如果条件具备,同样可以构成一些新的电子崩。在初崩尾部新电子崩和初电子汇合后,就形成向阴极方向发展的阴极流注。

流注即气隙放电通道。流注的形成,亦即气隙放电通道的发展过程。此过程一旦完成,放电过程便获得了独立继续发展的能力。外界游离因素是否存在,已经无关紧要。因此,自持放电条件也就是流注形成的条件。

可用公式表示为

$$n_a = n_o \frac{e^{\alpha_0}}{1 - r(e^{\alpha_0} - 1)} \tag{7-2}$$

式中 r——一个正离子撞出阴极时,从阴极释放电子或然率;

  其他符号意义同前。

或用放电电流表示为

$$I_a = I_o \frac{e^{\alpha_0}}{1 - r(e^{\alpha_0} - 1)} \tag{7-3}$$

由上式可见,自持放电条件为

$$r(e^{\alpha_0} - 1) = 1 \tag{7-4}$$

其物理意义是:一个电子从阴极跑到阳极,在间隙中出现($e^{\alpha_0} - 1$)个正离子,若间隙上的电压能使$r(e^{\alpha_0} - 1)$的值为1,在这种情况下($e^{\alpha_0} - 1$)个正离子将恰好从阴极新释放出一个电子,从而抵偿了原电子的减少额,因而继续产生前述的电子崩过程。这样只要靠

电场就能维持间隙中的放电电流。

由非自持放电转变到自持放电的电场强度及电压称为起始的电场强度和电压。在比较均匀的电场中,它们相当于气隙发生击穿的电场强度和电压。不均匀电场中起始电压小于击穿电压,电场越不均匀,二者差别越大。在正常气压下的空气泡,起始电场强度为20 kV/cm。

(二)油浸式变压器油间隙击穿的特点

变压器油为各种碳氢化合物的混合物,油中局部放电情况较复杂,或是电子崩在高电场强度作用下与油的分子发生碰撞游离,或是伴随有气泡(如水分及原有气体存在)性局部放电过程。油的起始放电电压要比气泡性放电为高,放电电荷大得多,放电持续时间也较长。

在不均匀电场下,随着外施电压逐渐上升,油间隙首先出现间歇性放电,随后发展到连续性放电,达到稳定游离阶段。电压更高时,对于油纸组合的绝缘,可能转化为沿纸(纸板)介质的表面放电,导致绝缘闪络。油间隙在近于均匀电场中是火花形式的直接击穿,而在不均匀电场中,先是高电场区域的局部放电,而后发展为整个油间隙的火花击穿,直至转为电弧。

油质对油浸绝缘的局部放电影响极大,目前一般较纯的油击穿强度可达 240～300 kV/cm,经过长期运行的油,其击穿强度要降低到 200 kV/cm 以下。这主要由油中含水分多少决定。当有纤维杂质时,水分的影响更大,单位容积中只要含水 0.01%,就可使绝缘强度降低到 1/8,可见油的净化是何等重要。

(三)局部放电的电气特征

关于局部放电的电气特征,可用等效电路图 7-6 来说明。

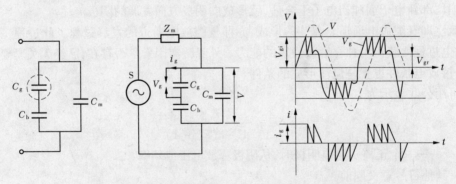

C_g—局部放电处的等值电容;V_g—C_g 上的电压;i_g—C_g 放电电流;
C_b—与 C_g 直接串联的那部分介质电容;C_m—绝缘介质其余部分电容;
S—交流电源;Z_m—对局部放电脉冲而言的电源阻抗

图 7-6 局部放电等效电路图

若外施电压为 V,则 C_g 上的电压 $V_g = V \dfrac{C_b}{C_g + C_b}$,当 V 按工频交流电压波形变化时,V_g 亦相应变化。设 V 的幅值由零值按正方向上升,V_g 亦随之上升,当 V_g 上升到该间隙的起始放电电压 V_{gi} 时,C_g 便第一次放电。与此同时,C_g 上的电压迅速下降,当降至间隙放电

熄灭电压值 V_{gr} 时,放电才停止。此放电时间相当短,对于油中局部放电,约为 10 μs(10^{-5} s)数量级,对于气泡性局部放电,约为 0.1 μs(10^{-7} s)数量级。它们远小于 50 周波的半波时间 104 μs。此放电波形可看成脉冲波。间隙放电停止后,其上电压仍随外施电压幅值继续上升而上升。此时间隙上的电压值是由外施电压及间隙放电后剩余电荷共同决定的。当间隙上的电压又升到 V_{gi} 值时,便发生第二次放电。这样间隙电压随外施电压的变化,可发生多次放电。条件是 $V_g = V_{gi}$,通常是 $V_{gi} > V_{gr}$。若外施电压 $V \gg V_{gi}$,且 V_{gi} 与 V_{gr} 越接近时,则每个周波中的放电脉冲数也越多。局部放电脉冲就是 C_g 上的电荷中和过程,其放电电荷一般很小,均在皮库仑的数量级,用(pC)表示。气泡性放电的电荷一般为 102 ~ 103 pC,而油中的放电电荷可达 104 ~ 106 pC。

三、变压器绝缘局部放电产生的原因

变压器绝缘局部放电的产生是由于绝缘结构中存在着一定弱点,这弱点或是由于设计不慎,或是由于制造维修不当,或是因运行管理不善所造成的。

(1)绝缘材料中存在着空穴或空腔,其内通常是充满了气体。绝缘浸漆后,由于漆膜严密,油往往不能进入此空腔内,当在一定电场强度作用下,会使空穴处首先放电。

(2)对于多种介质串联的组合绝缘,在其他条件相同时,各点场强值与介质常数成反比。除非它们的厚薄比例和介质常数相同,否则它们不能耐受高电压,会在绝缘薄弱处首先放电,然后另一个介质也被损毁。

(3)油纸绝缘内油膜或油 – 隔板式绝缘结构中的油隙部分,如线圈端部绝缘、引线绝缘、线间及匝间绝缘等,在较高的外施电场强度作用下,会首先放电。

(4)绝缘结构中由于设计或制造上的原因,在某些区域,如匝绝缘中导线表面有尖角、毛刺,油箱及金属构件中出现尖角,或者纸筒与垫块之间、线匝与垫块接触部位均存在尖楔状的角形油隙,这些地方会出现过高的电场强度,而首先放电。

(5)由于绝缘浸漆不良,某些线圈或浸漆绝缘件中出现漆瘤,而漆瘤内的气体击穿强度较低,可能首先放电。

(6)变压器油中存在着悬浮状态的气泡,气泡中的气体介电常数和击穿强度均比油低许多,气泡处可能首先放电。

(7)变压器油中由于存在含水分的杂质,易沿电场方向排成断续性"小桥",该处发热严重,是因油的电导增加,介损 $\tan\delta$ 增大,就促使水分更易汽化,产生气泡,使油中出现气泡性放电。

(8)外界环境条件也有影响,当绝缘结构中温度或气压突然大幅度下降时,油中溶解气体的能力显著降低,原处于溶解状态的可能变为悬浮状,很易引起气泡性局部放电。

(9)配变中金属部件或导体之间电气连接不良,也易在该处首先放电。

(10)长期持续地过负荷,会产生过高的温度,线圈绝缘容易碎裂,该处易首先放电。而局部放电本身会使绝缘介质分解出更多气体,从而进一步发展了局部放电,形成恶性循环,直接造成整个绝缘结构的击穿烧毁。

四、局部放电对绝缘的损害

(一)对固体介质的损害

固体介质中空穴的局部放电是全封闭性的,若放电一面与电极接触,则是半封闭的,而电极尖端处,油与隔板绝缘的油隙,沿固体介质表面放电,均是开放性的。其中开放性放电危害最严重,极易发展成介质表面闪络,导致整个绝缘的击穿。局部放电对绝缘的侵蚀作用有两种:一种是较快出现的间接损坏,使纸绝缘出现较大的气泡;另一种是较慢的直接损坏,引起绝缘碎裂和炭化。

(二)对变压器油的损害

(1)油的氧化:局部放电的高温,使化学性能不稳定的变压器油加速氧化过程,如油色变成深暗,油变浑浊,黏度、酸度、灰分都增加,特别是生成有机性酸类,进一步发生化合作用。由于酸中的水分分解出后形成无水性质的一些不同类型的凝结化合物,从油中分离出,即为油泥。油泥沉积或附着在线圈和铁芯上,严重影响散热,而温度每增高 10 ℃,氧化速度增加一倍,极易引起热击穿。

(2)油的电解:由于局部放电对油的电解作用,产生了原子氧、臭氧、一氧化氮、二氧化氮等气体,使绝缘介质受到严重氧化作用。当遇到水分,又产生硝酸等酸类,其腐蚀性更强烈。同时,酸类分子在电场作用下极易离解出自由电子,增加了油的电导率,使介损 $\tan\delta$ 增大,油温更高,绝缘进一步劣比,最后形成全部绝缘结构的击穿烧毁。

五、防止变压器绝缘局部放电的措施

为防止变压器因绝缘的局部放电造成烧毁事故,控制设计、制造、安装和检修各环节的质量,落实各环节的措施:

(1)加强绝缘监督,提高修试质量。

①切实做好绝缘的浸漆烘干工艺,大力推广远红外烘干工艺,以减少漆瘤,彻底消除绝缘物内的水分及气泡。

②严格控制施工操作工艺,消除变压器磁路、电路以及绝缘结构配合中的缺陷。

③认真执行有关绝缘监督的各项规程,严格交接与预防性试验周期、项目、标准。尽早发现匝间、层间等纵绝缘处的局部放电缺陷,并及时处理。

(2)对于油浸式变压器应加强油务监督,做好油品试验工作。

变压器油在绝缘中起绝缘作用和散热作用,许多变压器事故都是由于油质劣化所造成的。油的绝缘强度是检验油的电气性能的重要项目。必须加强油务监督:

①经常保持油的干燥洁净,不准水分杂质的存在。

②控制变压器的运行油温不超过规定的温度。

③严禁任意混油。不同牌号的油混合时必须事先做混油试验,混合油质不能劣于安全性较差的一种,按实测凝固点决定是否可用。

④要严格按三年试验周期做好变压器油的全部试验项目。

⑤当发现变压器内有特殊响声,油温不正常、油色显著浑浊、油内进水、错加入其他油类或对油质有怀疑时,应随时进行油化验监督。

（3）加强运行管理，抓好计划检修。

①加强变压器的定期巡视与负荷高峰季节的重点巡视，严密监视油色、油位、油温变化。

②配变专管人员都要有健全的变压器技术资料档案，根据变压器预试结果及存在缺陷，及时安排好大小修计划，做到应修必修，修必修好，保证质量。

③根据对事故"三不放过"原则，严肃认真地做好变压器事故分析与统计报告，明确责任，吸取教训，采取措施。

第三节 小浪底水电厂高备变差动保护误动作的原因分析

小浪底水电厂主要厂用电系统如图7-7所示，从图中可以看出，小浪底电厂厂用电共有四段，正常情况下四段厂用电源分段运行，其中Ⅰ段厂用电源（T21）为外来电源；Ⅱ段厂用电源（T22）为3号机组机端厂变；Ⅲ段厂用电源（T23）为220/10 kV高备变经厂用13段电源；Ⅳ段厂用电源（T24）为6号机组机端厂变。

一、事故前运行方式

（1）小浪底电厂首台6号机组于2000年1月9日投入运行，其余5台机组还在安装过程中，由于黄河下游干旱少雨，为保证黄河下游不断流，小浪底持续向下游供水，库区水位降至发电机组死水位以下，6号机组停止运行处于检修状态，发电机出口接地刀闸在投。

（2）电厂外来施工电源额定电压为6 kV，电厂厂用电系统额定电压为10 kV，需对外来线路进行改造，外来厂用电源尚未形成。

（3）全厂仅通过一路220/10 kV高备变（T23）进行供电。

二、事故现象

2000年7月14日，中控室计算机监控系统报出大量的报警信号，全厂照明消失，切换到事故照明，高备1开关和厂用13段进线电源1023开关断开，全厂机组各动力配电盘柜和直流系统的交流进线电源均失压，水泵、油泵和空压机均无法启动。查看电厂计算机监控系统报警信号，发现有高备变T23差动保护动作信号，现场查看高备变保护装置上差动保护动作红灯亮。

三、事故处理

在恢复电厂厂用电的过程中，只有6号机组机端厂变（T24）可以通过6号主变进行供电，由于当时6号机组在检修状态，黄6开关的两侧电动分合的接地刀闸在合闸位置，全厂动力电源消失，无法电动断开，因此不能投运。加上地下厂房渗漏泵因电源消失无法启动，水位上涨较快，直接威胁渗漏排水泵的控制盘柜和动力盘柜的安全。现场对高备变及开关母线一次设备进行检查，未发现明显故障点，查看220 kV母线、线路故障录波装置

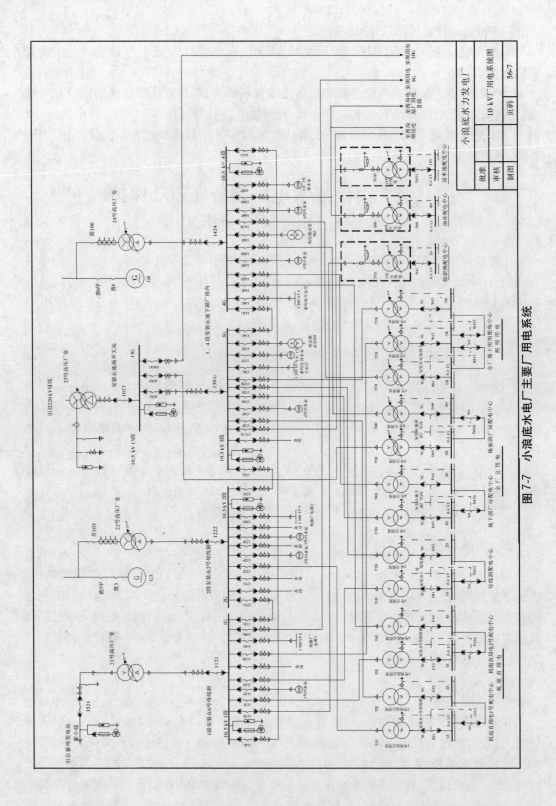

图 7-7 小浪底水电厂主要厂用电系统

所录的波形,三相电压波形对称,I_a、I_b 两相电流略有突变,I_c 相电流正常,可判定是由区外故障引起高备变差动保护误动作。加上现场形势危急,决定对高备变进行一次强送,复归保护动作信号后,合上高备 1 号开关,高备变送电正常。对 10 kV 母线充电正常后,陆续恢复了地下厂房直流、油、水和风系统设备的电源。在恢复到小浪底泄洪建筑物的供电时,发现 10 段厂用电的照明负荷开关 10G08 上有电流速断保护动作信号,进一步对开关本体进行检查发现一只烧焦的老鼠,由此可断定高备变差动保护误动作是由小动物通过未封堵好的电缆洞进入开关柜引起短路造成的。

四、事故调查和分析

(1)小浪底高备变参数:型号为 SFZ9 – CY – 20000/200,额定容量 $S_N = 20$ MVA,额定电压 $U_{1N}/U_{2N} = 220 \pm 8 \times 1.25\%$ kV/10.5 kV,接线组别为 Y/△ – 11,变压器为有载调压形式,由沈阳变压器生产。

(2)变压器保护装置简述:小浪底高备变的保护采用奥地利 ELIN 公司生产的 DRS 性微机保护。该保护每个周期采样 12 个点,被保护装置发生故障时,12 个采样点的值均大于整定值时,保护动作,跳开开关;只要将变压器的接线组别输入人机界面的整定区内,CPU 通过软件的计算平衡相角差造成的差流;为补偿可能产生的零序电流,整定时可根据需要原则或根据中性点是否投入选择零序过滤器;通过设置二次和五次谐波的制动系数可靠闭锁变压器空载投运时激磁涌流造成的误动作;在变压器受到系统扰动,产生高次谐波且达到闭锁值时,变压器发生故障,保护仍将可靠动作。保护的缺点是人机界面的在线监测和查询不完善,不能在线查看变压器高低压侧 CT 的差流。

(3)事故发生后,对区外故障造成差动保护误动的几种情况进行检查:整定值不合理造成变压器差动保护误动作,差动速断定值和二次谐波制动的比率差动定值选择不正确造成误动作;差动回路电流互感器(CT)二次侧接线不正确,如相序接反,CT 极性接反等,对微机保护来说,将变压器的接线组别误整定;电流互感器特性不良,在较大的短路电流的作用下易发生饱和等。

对高备变的定值进行检查,定值整定同设计院下达的定值通知单一致,定值整定正确。

对高备变高、低压侧的电流互感器极性进行了检查,极性接线正确;用相位表对变压器高、低压侧的电流回路进行了测量,结果相量图如图 7-8 所示。图中 I_{YA}、I_{YB}、I_{YC}、$I_{\triangle A}$、$I_{\triangle B}$、$I_{\triangle C}$ 分别为变压器高、低压侧电流。

I_{YA}、I_{YB} 和 I_{YC} 三相对称,相位差互差 120°。$I_{\triangle A}$、$I_{\triangle B}$ 和 $I_{\triangle C}$ 三相对称,相位差互差 120°。

I_{YA} 超前 $I_{\triangle A}$ 30°,I_{YB} 超前 $I_{\triangle B}$ 30°,I_{YC} 超前 $I_{\triangle C}$ 30°。

从相量图 7-8 上可看出,变压器的接线组别应为 Y/△ – 1 点接线(相量图见图 7-9)。而变压器的使用说明书和铭牌上标注的接线组别为 Y/△ – 11 接线(相量图见图 7-10)。为进一步证实变压器的接线组别,将变压器停运,用试验的方法测量变压器的组别,试验方法和接线图如图 7-11 所示。

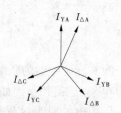

图 7-8　高备变高、低压侧电流相量图

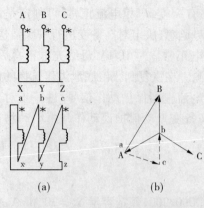

图 7-9 Y/△ -1 点接线相量图

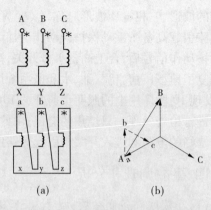

图 7-10 Y/△ -11 点接线相量图

将相位表的电压线圈接于变压器高压侧,其电流线圈经一可变电阻接入低压的对应接线套管上。当变压器高压侧通入三相交流电时,在低压侧感应出一个一定相位的电压,由于接的是电阻性负载,所以变压器低压侧电流与电压同相。因此,测得的变压器高压侧电压对低压侧电流的相位就是高压侧电压对低压侧的相位。结果证明,变压器的接线组别为 Y/△ -1 点接线。为什么变压器铭牌上接线组别为 Y/△ -11,而实际变成了 Y/△ -1 呢?

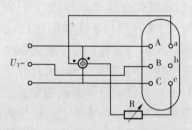

图 7-11 相位表确定变压器接线组别

通过对施工过程的调查和了解,变压器接线组别由 Y/△ -11 变成 Y/△ -1 的原因是 Y/△ -11 接线在变压器外部三相电源的连接上,相序应为面向变压器高压侧从左到右为 A、B 和 C,并且变压器在整个小浪底电厂升压站受电核相前就已经安装完毕,按照设计图纸,与 220 kV 升压站的母线连接自西向东方向为 A、B 和 C 三相电压,而实际与电网进行受电核相后,220 kV 升压站的母线自西向东方向为 C、B 和 A 三相电压。施工人员只是简单地在变压器高低压套管的将军帽上刷上相序色标,并无改变变压器与母线的实际接线。这样变压器的高压侧实际连接的电源从左向右为 C、B 和 A,变压器的接线组别也就由 Y/△ -11 变成 Y/△ -1。

微机型变压器差动保护装置在进行变压器两端的电流采样计算时,为消除变压器高、低压侧的相角差产生的不平衡电流,对变压器高压侧的电流进行相角的处理,处理后的相位与低压侧一致,大小相等。对于联结组别为 Y/△ -11 的变压器处理方法为 $I_{YA1} = I_{YA} - I_{YB}/\sqrt{3}$,$I_{YB1} = I_{YB} - I_{YC}/\sqrt{3}$,$I_{YC1} = I_{YC} - I_{YC}/\sqrt{3}$($I_{YA1}$、$I_{YB1}$、$I_{YC1}$ 为微机保护处理后的高压侧电流)。

而实际变压器的联结组别为 Y/△ -1,这样变压器高、低压侧的相角差由原来的 30° 变为 60°。电流相量图如图 7-9 所示。

厂用电的照明负荷开关 10G08 的保护定值为:电流速断保护 7.28 A,CT(电流互感器)变比为 200/5,厂用电高备变差动保护的定值为 0.2 A,高压侧 CT(电流互感器)变比为 600/1。

10G08 开关故障断开时,一次侧电流至少达到了 $7.28 \times 200 \div 5 = 291.2(A)$。

变压器的差流 $I_2 = I_{YA} - I_{YB}/\sqrt{3} = 292.1 - 600 \div 1.732 = 0.28(A)$。大于高备变的保护定值,因此差动保护动作。

将微机差动保护定值整定表中变压器的联结组别由 $Y/\triangle - 11$ 改为 $Y/\triangle - 1$,消除了保护区外发生故障时误动作的隐患。

五、防止变压器差动保护误动作的对策

对于新建或设备更新改造的发电厂和变电站的原因造成的变压器保护误动作情况,应严格按照国家相关标准、文件或者厂家说明书执行,每一个流程均需要严格把关。特别是变压器初次投运,一定要带负荷查看差电流,根据现场负荷情况再适当调整定值。由于变压器的励磁涌流或和应涌流造成变压器差动保护误动作的,可调整差动保护启动门槛定值和调整差动保护二次谐波制动系数定值。对于 P 类电流互感器(TA)的暂态饱和特性造成的变压器差动保护误动作,可采用以下几点改进方法:采用 D 类、PR 类带气隙的或者是 TPY 类的,或者是电流变换器等抗暂态饱和的电流互感器(TA);提高微机继电保护装置抗饱和的能力,特别是抗暂态饱和的能力。近年来,微机保护装置的应用日益广泛,但是变压器主保护的误动原因仍是多方面的。我们只有在安装调试过程中把每一环节工作做细,按照检验条例和有关规程规定,严把整组试验关,积极采取相应措施,是可以提高变压器差动保护的可靠性的,或者完全可以避免变压器在运行中差动保护的误动作。

第四节 变压器色谱在线监测装置的应用

一、概述

主变在电力系统中占有重要位置,它的安全运行直接影响到电力系统的安全。作为设备检查重要手段的电气预防性试验,只能在停电状况下进行,主变运行状况下的安全与否就主要依靠色谱试验。按国标规定,定期对主变进行气相色谱试验,就能根据油中特征气体的情况结合设备运行情况对变压器的状态有所判断。但同时由于实验室色谱工作是人为取样试验,它就不可能特别密集、连续地反映主变的状态,色谱在线监测就可以弥补定期离线试验的不足。

在线色谱分析原理与实验室色谱分析相同,它是将在线色谱仪通过管路直接与主变相连,根据设定的试验周期,定期自动进行取样、试验及数据采集分析工作。在线色谱分析与实验室色谱试验相比,具有试验周期短、试验环境封闭、受人为因素影响小等优势,因此越来越广泛地应用在电力行业。小浪底水力发电厂 2006 年 4 月为 6 号主变增设了一套色谱在线监测系统,实现了对主变 8 种油中溶解气体和微水的在线监测。

二、在线监测原理

(一)主变色谱在线监测系统

主变色谱在线监测系统主要由现地监测仪、分析控制主机、连接管路和通信线缆组

成。与其他监测系统比,色谱在线监测系统的主要环节在于油气分离和气体检测,其余环节都是数据的处理和分析。

小浪底主变色谱在线监测系统采用从主变中部取油、底部回油的油样采集方案。利用不锈钢管路将主变现地监测仪取油口与主变中部阀门连接,出油口与主变底部阀门连接,组成了封闭的主变色谱在线监测油路系统。现地监测仪采集到的数据通过通信电缆送到分析控制主机,实现对监测数据的综合分析。当检测到数据异常时,系统还能发出报警信息。

(二)在线监测原理

现地监测仪 Transfix 主要由脱气模块、光声光谱分析模块、数据转换控制模块、数据存储模块、通信模块、显示模块、温度补偿模块和输出模块组成,其结构组成见图7-12。油样泵入脱气模块,经过脱气得到的气样进入光声光谱分析模块。经光声光谱分析模块处理后,将得到的电信号传送给高精度 ADC,CPU 控制其工作并且得到相应的数字信号,随后根据温度补偿模块的信号,对数据进行修正,修正后的数据存放于数据存储模块。当主机通信时,将数据传送给主机。和传统的气相色谱分析仪比较,Transfix 采用了领先的"动态顶空平衡"法进行油气分离,光声光谱技术进行气体检测。

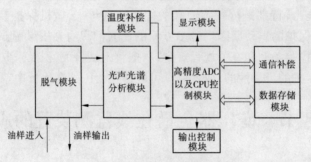

图 7-12　现地监测仪内部模块图

1. 油气分离

图 7-13 是 Transfix 的油气分离模块,即脱气模块。油样泵入脱气模块后,在脱气的过程中,采样瓶内的磁力搅拌子不停地旋转,搅动油样脱气;析出的气体经过检测装置后返回采样瓶的油样中。在这个过程中,光声光谱分析模块间隔测量气样的浓度,当前后测量的值一致时,认为脱气完毕。这种脱气方式满足 ASTM3612 标准及 IEC 相关标准。

2. 气体检测

Transfix 利用光声光谱技术实现主变油中故障气体的检测。光声光谱是基于光声效应的一种光谱技术。光声效应是由分子吸收电磁辐射(如红外线等)而产生的。气体吸收一定量电磁辐射后,其温度也相应升高,但随即以释放热能的方式退激,释放出的热量使气体及周围介质产生压力波动。若将气体密封于容器内,气体温度升高,则产生成比例的压力波。检测压力波的强度可以测量密闭容器内气体的浓度。

光声光谱原理如图 7-14 所示。一个简单的灯丝光源可提供包括红外谱带在内的宽带辐射光,采用抛物面反射镜聚焦后进入光声光谱测量模块。光线经过以恒定速率转动的调制盘,将光源调制为闪烁的交变信号。由一组滤光片实现分光,每一个滤光片允许透过一个窄带光谱,其中心频率分别与预选的各气体特征吸收频率相对应。

图 7-13　脱气模块

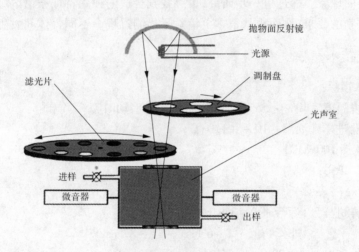

图 7-14　光声光谱原理图

如果在预选各气体的特征频率时可以排除各气体的交叉干扰,则通过对安装滤光片的圆盘进行步进控制,就可以依次测量不同的气体。经过调制后的各气体特征频率处的光线以调制频率反复激发样品池中的气体分子,被激发的气体分子会通过辐射或非辐射两种方式回到基态。对于非辐射驰豫过程,体系的能量最终转化为分子的平动能,引起气体局部加热,从而在气池中产生压力波(声波),使用微音器可以检测这种压力变化。声光技术就是利用光吸收和声激发之间的对应关系,通过对声音信号的探测来了解吸收过程的。光吸收激发的声波的频率由调制频率决定,而其强度则只与可吸收该窄带光谱的特征气体的体积分数有关。因此,建立气体体积分数与声波强度的定量关系,就可以准确计量气池中各气体的体积分数。

由于光声光谱测量的是样品吸收光能的大小,因而反射光、散射光等对测量干扰很小,尤其在对弱吸收样品以及低体积分数样品的测量中,尽管吸收很弱,但不需要与入射光强进行比较,因而仍然可以获得很高的灵敏度。光声光谱分析模块见图7-15。

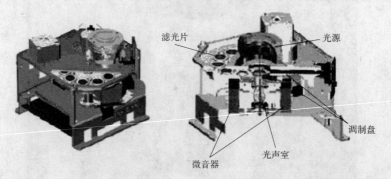

图7-15　光声光谱分析模块图

　　观查变压器故障气体的分子红外吸收光谱可以发现,其中存在不同化合物分子特征谱线交叠重合的现象。通过进一步研究,可寻找到合适的独立特征频谱区域,以满足检测各种气体化合物的要求,从而也从根本上消除了检测过程中不同气体间发生干扰的问题。

三、系统技术参数

(一)技术指标:

温度:环境温度 $-40 \sim +55$ ℃($-10 \sim +55$ ℃启动时);

　　　仪器进样处油温 $-10 \sim +110$ ℃;

湿度:10% $\sim$ 100% RH;

防护等级:IP56;

净重:81 kg;

油压:油样进样处,运行时 $0 \sim 3$ bar($0 \sim 45$ psi);

　　　　　　　非运行时 $-1 \sim 6$ bar($-15 \sim 87$ psi);

外壳尺寸:760 mm × 600 mm × 350 mm(高×宽×深)。

(二)测量范围

系统能检测到的气体及其检测范围见表7-2。

(三)校准范围

氢气(H_2):6 $\sim$ 2 000 ppm;

其他:LDL $\sim$ 50 000 ppm。

(四)精度

$\pm 10\%$ 或 ± 1 ppm。

(五)相关技术指标

交流电源:110 V AC $\sim$ 240 V AC,46 $\sim$ 63 Hz,单相最大电流值8 A。

仪器内置存储器可存储至 10 000 个记录,按每小时一次的采样周期计算可存储一年的检测数据。

仪器面板配有红色、黄色用户设置报警、注意值指示灯。

表 7-2 系统检测气体范围

气体种类	检测范围
氢气（H_2）	6～5 000 ppm
二氧化碳（CO_2）	2～50 000 ppm
一氧化碳（CO）	1～50 000 ppm
甲烷（CH_4）	1～50 000 ppm
乙烷（C_2H_6）	1～50 000 ppm
乙烯（C_2H_4）	1～50 000 ppm
乙炔（C_2H_2）	1～50 000 ppm
氧气（O_2）	10～50 000 ppm
微水（H_2O）	0～100%（RS）

仪器配有三个继电器输出接点,用户可根据气体含量、微水值、产气速率、变化趋势或气体比值等判别标准,设置该接点的工作状态。

Modem、RS－485、USB 及串口通信方式便于数据下载。

校验周期:2 年(可由用户自行校验或由英国 Kelman 公司技术服务部门进行校验)。

采样周期:最小采样周期是 1 h 一次,用户可以在上位机,根据实际情况自己设定。

四、数据分析

运行主变油中含有的气体,其主要来源有以下几个方面:

(1)空气的溶解。油中总含气量与设备的密封方式、油的脱气程序等因素有关,隔膜密封的变压器根据其注油、脱气方式与系统严密性而定,状况良好时,油中总含气量一般低于 3%。

(2)正常运行下产生的气体。主变在正常运行下,绝缘油和固体绝缘材料由于受到电场、热、湿度、氧的作用,随运行时间会发生速度缓慢的老化现象,其老化产生的气体主要为碳的氧化物（CO、CO_2）,其次为氢和烃类气体,这些气体大部分溶解在主变油中。

(3)故障运行下产生的气体。当主变内部存在潜伏性故障时,氢、烃类和碳的氧化物产气速率会加快,随着故障的持续发展,分解的气体不断溶解到油中,使油中故障气体含量不断累积,最终达到饱和并析出气泡,进入瓦斯继电器中。

在线监测仪得到试验数据后,根据产气的累计性、产气的速率、产气的特征性来判断变压器是否处于正常运行状态。主变内部的绝缘材料分解产生的气体多达 20 多种。根据主变内部故障诊断的需要,主要针对变压器油中溶解组分中永久性气体（H_2、CO、CO_2）和气态烃（CH_4、C_2H_6、C_2H_4、C_2H_2）进行分析。不同的故障分解产生的特征气体不同,故障严重程度不同,特征气体产生的量也不同。变压器不同类型故障产气特征的一般规律如表 7-3 所示。

表 7-3 变压器故障产气特征

故障类型		主要成分	次要成分
过热	油	CH_4、C_2H_4	H_2、C_2H_6
	油 + 绝缘纸	CH_4、C_2H_4、CO、CO_2	H_2、C_2H_6
电弧放电	油	H_2、C_2H_2	CH_4、C_2H_4、C_2H_6
	油 + 绝缘纸	H_2、C_2H_2、CO、CO_2	CH_4、C_2H_4、C_2H_6
油中电火花放电		C_2H_2、H_2	—
油、纸绝缘中局部放电		H_2、CH_4、CO	C_2H_6、CO_2
进水受潮或油中气泡放电		H_2	—

为了检验在线监测数据的有效性,在系统投运初期,对在线监测数据和离线实验室数据进行了对比,详细情况见表 7-4 和表 7-5。

表 7-4 在线监测数据和离线实验室数据对比

日期及时间 (年-月-日 T 时)	仪器	气体组分浓度($\mu L/L$)							
		H_2	CO	CO_2	CH_4	C_2H_6	C_2H_4	C_2H_2	总烃
2006-06-13 T07:00	在线	14.7	523	2 152	54.8	11.6	22.5	0.8	89.7
	离线	6.1	472	1 803	51.3	5.19	20.36	0	76.9
2006-08-02 T07:00	在线	14.3	524	1 983	57.5	9.5	22.9	0.8	90.7
	离线	9.56	532	1 906	62.03	7.02	25.46	0	94.51
2006-11-03 T07:00	在线	8.7	519	1 978	56	8.7	21.4	0.4	86.5
	离线	21	520	1 821	47.19	5.22	18.44	0	70.9
2007-04-19 T07:00	在线	7.9	521	1 901	56.2	7.9	21.1	0.5	85.7
	离线	0	641.5	1 560.8	42.93	3.71	13.34	0	59.98

表 7-5 微水(H_2O)含量试验对比数据

试验时间 (年-月-日)	2006-06-13	2006-08-02	2006-11-03	2007-04-19	数据来源
试验结果	9.2	8.8	3.6	3.8	河南电力试验研究所
	6.5	5	5	5	Transfix

数据表明,Transfix 监测数据与离线试验数据偏差在可以接受的范围内,可以为设备检修决策提供参考。近 5 年的系统运行表明,系统运行稳定,数据变化趋势稳定,与离线试验数据变化趋势基本一致,可以为逐步利用在线监测数据判断主变运行情况积累经验。

第五节　SLZ8 – 315/10.5 型干式变铁芯夹件连接螺杆发热分析及处理

小浪底电厂地下厂房的工作照明系统由三台型号相同的 SLZ8 – 315/10.5 型树脂绝缘干式变压器供电,变压器的主要技术参数为:额定容量 315 kVA,额定电压 10 500/400 V,额定电流 17.3/455 A,冷却方式自然风冷,连接组别 Y,yn0,有载调压方式,总质量 1 380 kg。

一、问题发现

2006 年 1 月,工作人员进行正常的设备发热情况检查,所使用的红外热像仪为 FLIR 公司的 ThermaCAM P30,在检查中发现,1 号照明变铁芯夹件的上部以及下部的外端连接螺杆有发热现象,发热部位在图 7-16 所示位置。最高温度已经高出铁芯温度约 70 ℃,于是进行了设备的红外图片拍摄,如图 7-17 所示。

图 7-16　设备图片

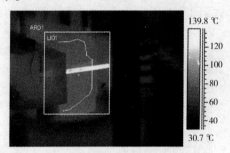

图 7-17　设备发热红外图

对图 7-17 进行分析处理,采集温度分布线 Li01,如图中所示,该分布线起点在变压器的铁芯上,经过铁芯夹件上部的外端连接螺杆,然后再回到铁芯。

温度分布曲线 Li01 如图 7-18 所示,很明显,该曲线上所对应的最高温度即是连接螺杆的发热温度,为 152 ℃,而铁芯的温度平均在 80 ℃左右,说明连接螺杆发热现象已经十分严重。

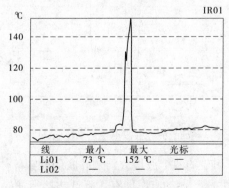

图 7-18　发热时的线温图

随后检查 2 号、3 号照明变,发现有同样的发热现象存在。

二、问题分析验证

干式变铁芯夹件连接螺杆的发热是由于变压器零序磁通和漏磁通共同作用的结果,其中零序磁通作用最为明显,原因如下:因该干变的联结组别为 Y,yn0,在三相负荷不平衡时低压绕组内就有零序电流流通,相应地就有零序磁通存在,此零序磁通及漏磁通穿过上下夹件与旁螺杆所形成的闭合环,感应出零序和漏磁电势,进而在此闭合回路内产生循环电流。该电流量值较大,流经铁芯夹件连接螺杆时,因螺杆截面小电阻值相对较大,焦耳热功率相对就大,从而造成连接螺杆严重发热。

要有效消除连接螺杆发热,就必须减小或切断该感应电流。如果不及时消除发热现象,照明变很有可能烧损,造成严重的电力事故,因此必须及时对其进行技术改造。

为了验证上述分析的正确性,我们做了两种改造方案。

方案一:在照明变铁芯夹件连接螺杆的外部,在预留的螺孔位置,并联一根较大的软铜导体,截面面积为 180 mm^2,对原有的连接螺杆进行分流,以消除发热。

设备图片如图 7-19 所示,红外图片如图 7-20 所示。

图 7-19　并联软铜导体图

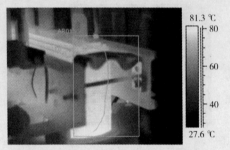

图 7-20　并联导体后的红外图

我们在图 7-20 中取温度分布线 Li01,所得出的温度曲线如图 7-21 所示。

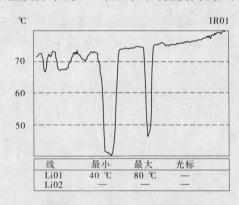

线	最小	最大	光标
Li01	40 ℃	80 ℃	—
Li02	—	—	—

图 7-21　并联导体后的线温图

图 7-21 中,温度下降明显的两个波形分别是并联的软铜导体的温度曲线和原有的连接螺杆的温度,说明采用并联导体的方案能有效降低连接螺杆的发热。

方案二：将照明变铁芯夹件连接螺杆与夹件的槽钢之间进行绝缘处理，使流经螺杆的电流回路断开，以消除发热。

绝缘处理的方案为：对连接螺杆的中部，用 ϕ 18 mm 的绝缘热缩管包裹，两端紧固螺帽与上槽钢之间加装厚 1.5 mm、外径 40 mm 的环氧垫圈，这样就有效地切断了循环电流的流通通道。

绝缘处理后的红外图片如图 7-22 所示。

在图 7-22 中取温度分布线 Li01，所得出的温度曲线如图 7-23 所示。

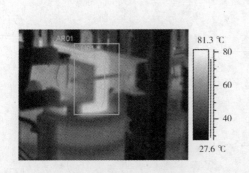

线	最小	最大 …
Li01	53 ℃	74 ℃

图 7-22　绝缘处理后的红外图　　　　图 7-23　绝缘处理后的线温图

图 7-23 中，温度下降明显的波形便是原有的连接螺杆的温度曲线，说明采用绝缘处理的方案同样能有效降低连接螺杆的发热。

三、方案比较

（1）方案一的优缺点。

优点：照明变的结构没有改动，只是在其外部并联导体，方便简单。

缺点：连接螺杆感应电流仍然存在，变压器损耗没有降低。

（2）方案二的优缺点。

优点：连接螺杆感应电流得到消除，变压器损耗得到降低。

缺点：照明变的结构有所改动，工艺过程较多，实施起来较为复杂。

（3）总结：方案二能有效降低干式变的损耗，同时也能达到消除设备发热的效果，因此拟对照明变按照方案二进行改造。

四、实施效果

（1）将干式变铁芯夹件连接螺杆依照方案二进行改造并投入运行后，第二天立即进行检查，以保证环境温度和负荷电流均没有太大的变化，结果发热现象已经得到消除。

（2）三台 SLZ8 – 315/10.5 型干式照明变都实施了同样的技术改造，设备隐患全部消除。

（3）此次改造避免了设备发热引起的设备火灾事故和照明系统的中断事故，保证了变压器的安全稳定运行，为安全生产提供了可靠的保证。

五、总结

消除电气设备的发热方法有很多种,常规都是采用增大连接部位的接触面积和减小接触电阻的方法。基于本次设备发热的原因是此种干式变的零序磁通和漏磁通,穿越铁芯夹件与连接螺杆闭合环路产生感应电势,从而在此闭合回路产生较大的环流,致使连接螺杆发热。因此,处理发热现象的方案就比较独特,上述处理方案既能使连接螺杆的发热现象得到消除,又能使变压器的损耗得到有效降低。

参 考 文 献

[1] 机械工业出版社发行室. 变压器基础知识[M]. 北京:机械工业出版社,2008.

[2] 操敦奎. 变压器运行维护与故障分析处理[M]. 北京:中国电力出版社,2008.

[3] 李丹娜. 电力变压器应用技术[M]. 北京:中国电力出版社,2009.

[4] 郭清海. 典型变压器故障案例分析与检测[M]. 北京:中国电力出版社,2010.

[5] 李明. 电动机与变压器应用技术[M].3 版. 北京:电子工业出版社,2009.

[6] 西南电业管理局试验研究所. 高压电气设备试验方法[M]. 北京:水利电力出版社,1984.

[7] 辽宁科学技术出版社《变压器手册》编委会. 电力变压器手册[M]. 沈阳:辽宁科学技术出版社,1989.

[8] 杨中地. 大型变压器渗漏油技术处理[J]. 变压器,1997,34(3).

[9] 李沛业. 变压器的故障检测及分析[J]. 东北电力技术,2004(8).

[10] 王梦云,凌愍. 大型电力变压器短路事故统计与分析[J]. 变压器,1997,34(10).

[11] 王世阁. 变压器套管故障状况及其分析[J]. 变压器,2002,39(7).

[12] 舒乃秋,武剑利,王晓琪. 频率响应分析法检测电力变压器绕组变形的理论研究[J]. 变压器,2005(10).

[13] 陈曾田. 电力变压器保护[M]. 北京:中国电力出版社,1989.

[14] 王祖光. 间断角原理的变压器差动保护[J]. 电力系统自动化,1979,3(1).

[15] 中国工程建设标准化协会电气专委会. 电流互感器和电压互感器[M]. 北京:中国电力出版社,2011.